"十二五"职业教育国家规划教材修订版

建筑装饰材料、构造与施工实训指导

（第 2 版）

主　编　崔丽萍

副主编　伊丽娜　托　娅　张汉军

参　编　牛小卓　刘　波　曲宏升

　　　　郭志峰　刘瑞兵

北京理工大学出版社
BEIJING INSTITUTE OF TECHNOLOGY PRESS

内 容 提 要

本书为"十二五"职业教育国家规划教材修订版。本书为配合建筑装饰材料、构造与施工课程教学编写。全书按照建筑装饰工程技术专业对构造知识教学的基本要求，有针对性地设计了 12 个项目，其中单元 1 为建筑构造详图单项训练，阐述 4 个项目，包括基础施工图识读与绘制、墙体构造施工图识读与设计、建筑楼梯构造设计、平屋顶排水防水构造设计；单元 2 为建筑装饰构造详图单项训练，阐述 3 个项目，包括墙面装饰施工图识读与绘制、楼地面装饰施工图识读与绘制、顶棚装饰施工图识读与绘制；单元 3 为建筑与装饰构造综合实训，阐述 4 个项目，包括多层砖混结构住宅建筑施工图识读与绘制、框架结构办公建筑施工图识读与绘制、住宅建筑装饰施工图识读与绘制、办公建筑装饰施工图识读与绘制。此外，本书附录中收录了 6 项实训参考资料，包括常用装饰构造设计参考尺寸、常用建筑与装饰构造材料图例、常用建筑与装饰构造及配件图例、建筑与装饰建筑施工图中常用符号、建筑与装饰建筑施工图中常用图线的线型、线宽及用途、《建筑工程设计文件编制深度规定》部分摘录。

本书主要满足技能型人才培养培训的建筑装饰工程技术专业的教学要求，可作为教学辅助用书；同时还可供高等职业院校室内设计技术、建筑设计技术、建筑工程技术、工程造价、工程监理、建筑工程管理、建筑经济管理等建筑类专业教学使用，并可供相关工程技术人员参考。

图书在版编目(CIP)数据

建筑装饰材料、构造与施工实训指导 / 崔丽萍主编 . —2 版 . —北京：北京理工大学出版社，2021.1
ISBN 978 - 7 - 5682 - 7947 - 5

Ⅰ. ①建…　Ⅱ. ①崔…　Ⅲ. ①建筑材料－装饰材料－高等职业教育－教学参考资料　Ⅳ. ①TU56

中国版本图书馆 CIP 数据核字(2019)第 253649 号

出版发行 / 北京理工大学出版社有限责任公司
社　　　址 / 北京市海淀区中关村南大街 5 号
邮　　　编 / 100081
电　　　话 / (010)68914775(总编室)
　　　　　　82562903(教材售后服务热线)
　　　　　　68948351(其他图书服务热线)
网　　　址 / http：//www.bitpress.com.cn
经　　　销 / 全国各地新华书店
印　　　刷 / 北京紫瑞利印刷有限公司
开　　　本 / 787 毫米×1092 毫米　1/8
印　　　张 / 23.5
字　　　数 / 514 千字
版　　　次 / 2021 年 1 月第 2 版　2021 年 1 月第 1 次印刷
定　　　价 / 55.00 元

责任编辑 / 李玉昌
文案编辑 / 李玉昌
责任校对 / 周瑞红
责任印制 / 边心超

图书出现印装质量问题，请拨打售后服务热线，本社负责调换

第 2 版前言

本书自 2015 年出版以来，经有关院校使用，反应良好。根据各院校教材使用情况，以及高职教育改革和建筑装饰工程技术发展需要，为了体现新的国家标准和技术规范，融建筑新材料、新技术、新工艺、新规范、新标准、新成果于一体，使教材更具内容翔实、案例典型、可操作性强、指导性强，根据职业能力要求及教学特点，我们对本书进行修订。

本次修订对原有章节不做的大的变动，全书按照建筑装饰工程技术专业对构造知识教学基本要求，分 3 个单元，11 个项目，其中单元 1 为建筑构造详图单项训练，内容包括 4 个项目训练，即基础施工图识读与绘制、墙体构造施工图识读与设计、建筑楼梯构造设计、平屋顶排水防水构造设计；单元 2 为建筑装饰构造详图单项训练，内容包括 3 个项目训练，即墙面装饰施工图识读与绘制、楼地面装饰施工图识读与绘制、顶棚装饰施工图识读与绘制；单元 3 为建筑与装饰构造综合实训，内容包括 4 个项目训练，即多层砖混结构住宅建筑装饰施工图识读与绘制、框架结构办公建筑施工图识读与绘制、住宅建筑装饰施工图识读与绘制和办公建筑装饰施工图识读与绘制。本次修订主要依据在教材使用过程中，针对内容和插图中发现的错误和问题，进行修改、增减、充实和完善。

本教材由内蒙古建筑职业技术学院崔丽萍担任主编，由内蒙古建筑职业技术学院伊丽娜、托娅、张汉军担任副主编，负责全书的统稿和定稿，包头市永大建筑装饰有限责任公司牛小卓、内蒙古佰宸建筑工程有限公司刘波、内蒙古诚阳建筑工程有限公司曲宏升、内蒙古建筑职业技术学院郭志峰、内蒙古建筑职业技术学院刘瑞兵参与了本书部分内容的编写工作。具体编写分工为：崔丽萍、刘波编写绪论、单元 2 的项目 3、单元 3 的项目 3，张汉军编写单元 1 的项目 1、单元 3 的项目 2，伊丽娜、曲宏升编写单元 2 的项目 1、单元 2 的项目 2，托娅、牛小卓编写单元 3 的项目 4，郭志峰编写单元 1 的项目 2、单元 1 的项目 3、单元 1 的项目 4，刘瑞兵编写单元 3 的项目 1。

本书编写过程中，参考了有关书籍和图片资料，得到了不少建筑装饰设计与施工单位的大力支持，在此一并致以感谢。

由于编者水平有限，书中难免有不足之处，敬请广大读者不吝指教。

编　者

第1版前言

建筑装饰材料、构造与施工是建筑装饰工程的重要技术组成部分，建筑装饰设计就是将各种建筑装饰材料按照一定的构造层次，通过科学施工技术连接，实现建筑装饰功能。实践证明，建筑装饰工程技术专业学习和能力培养，除要求掌握设计原理外，还需要大量实践训练。

《建筑装饰材料、构造与施工实训指导》是根据《高等职业学校专业教学标准（试行）》对建筑装饰工程技术专业课程设置的要求，为了配合建筑装饰材料、构造与施工课程教学，根据原来的《建筑与装饰构造实训指导》（崔丽萍主编，北京理工大学出版社2010年12月出版）修订编写的一本指导教材。全书按照建筑装饰工程技术专业对构造知识教学的基本要求，有针对性地设计了12个项目以及若干课题，充分考虑对材料、构造和施工知识掌握的要求。目的是加强对建筑构造层次及所用材料和连接方法等构造知识的理解，培养学生的实际动手能力，培养学生正确识读和绘制建筑与装饰施工图的能力，培养学生专业的基本技能和岗位能力。

本教材以高职高专建筑装饰工程技术专业人才培养目标、人才培养规格和相关国家现行规范规定为依据，以掌握基本原理与实际动手能力和专业的基本技能训练相结合为目标编写而成；主要为了满足技能型人才培养培训的建筑装饰工程技术专业的教学要求，同时还可供高等职业院校室内设计技术、建筑设计技术、建筑工程技术、工程造价、工程监理、建筑工程管理、建筑经济管理等建筑类专业教学使用，并可供相关工程技术人员参考。

本教材在编写过程中力求体现以下特点：

1. 教材内容的设计是根据职业能力要求及教学特点，与建筑行业的岗位相对应，体现新的国家标准和技术规范，融建筑装饰新材料、新技术、新工艺、新规范、新标准、新成果于一体，具有内容翔实、案例典型、可操作性强、指导性强、适用面广等特点。

2. 项目的设计注重实用为主，内容精选，充分体现了项目教学与训练的改革思路，把专业知识、动手能力、专业技能作为培养目标的核心。如：建筑构造实训项目是以基础、墙体、楼梯、屋顶等建筑构件为载体设计的；建筑装饰构造实训项目是以墙面、地面、顶棚等为载体设计的；综合实训项目是以常见的多层砖混结构住宅建筑施工图、框架结构办公建筑施工图、厂房建筑施工图、住宅建筑装饰施工图和办公建筑装饰施工图为载体设计的。而课题选择则具有一定的针对性和典型性，便于学生学习巩固所学知识。

3. 教材充分体现实训教材特点，每个课题内容选择都是实际工程案例，并且都有成果安排、作业要求、绘图深度和考核点等指导性建议，便于学生和教师使用。

4. 教材最后列出实训参考资料，包括常用装饰构造设计参考尺寸，常用建筑与装饰构造材料图例，常用建筑与装饰构造及配件图例，建筑与装饰建筑施工图中常用符号，建筑与装饰建筑施工图中常用图线的线型、线宽及用途，《建筑工程设计文件编制深度规定》部分摘录，便于读者查询。

本教材由内蒙古建筑职业技术学院崔丽萍担任主编；内蒙古建筑职业技术学院伊丽娜、张汉军担任副主编，负责全书的统稿和定稿；包头市永大建筑装饰有限责任公司牛小卓、内蒙古建筑职业技术学院刘瑞兵和郭志峰参与编写；内蒙古建筑职业技术学院杨青山主审全书。具体分工为：崔丽萍编写绪论、附录、单元2中项目3顶棚装饰施工图识读与绘制、单元3中项目4住宅建筑装饰施工图识读与绘制；张汉军编写单元1中项目1基础施工图识读与绘制、单元3中项目2框架结构办公建筑施工图识读与绘制；伊丽娜编写单元2中项目1墙面装饰施工图识读与绘制、项目2楼地面装饰施工图识读与绘制；牛小卓编写单元3中项目5办公建筑装饰施工图识读与绘制；刘瑞兵编写单元3中项目1多层砖混结构住宅建筑施工图识读与绘制、项目3厂房建筑施工图识读与绘制；郭志峰编写单元1中项目2墙体构造施工图识读与设计、项目3建筑楼梯构造设计、项目4平屋顶排水防水构造设计。

建筑装饰施工图部分构造和施工图内容在编写过程中得到了内蒙古建校设计院刘鹰岚和包头市永大建筑装饰有限责任公司同仁的指导与审阅，在此表示感谢。由于编者水平有限，编写时间仓促，书中错误之处在所难免，恳请读者批评指正。

编　者

目　　录

绪　论

建筑装饰材料、构造与施工是高职高专建筑装饰工程技术专业以建筑制图、建筑材料、建筑测量、建筑力学等课程为基础开设的一门职业技能课程，具有很强的实践性和综合性。学生在学习时，需要去现场进行认识，熟悉建筑与装饰构造层次及各层所用材料和连接方法等，同时需要通过单项和专项实训项目练习，加强对建筑与装饰构造知识的理解，才能做到结合实际工程中新材料、新技术和新工艺，运用基本知识，解决生产实际问题。

一般建筑工程设计分两个阶段进行，即初步设计阶段和施工图设计阶段。对于技术要求复杂的项目，可在两设计阶段之间，增加技术设计阶段。

（1）初步设计阶段。设计人员接受任务书后，首先要根据业主建造要求和有关政策性文件、技术条件等进行初步设计。它包括效果图、平面图、立面图、剖面图等图样，文字说明及工程概算。初步设计应具备施工图设计的条件。

（2）施工图设计阶段。在已经批准的建筑设计方案图的基础上，进行建筑、结构、设备等工种之间的相互配合、协调，从施工要求的角度对设计方案具体化，为施工提供完整和正确的技术资料。

根据专业分工的不同，建筑工程施工图可分为建筑施工图，简称建施；结构施工图，简称结施；设备施工图，简称设施。设备施工图又可分为给水排水施工图，简称水施；采暖通风施工图，简称暖施；电气施工图，简称电施。

建筑工程施工图按专业顺序编排，图纸内容应按主次关系、逻辑关系有序排列，一般为：图纸目录、建筑施工图、结构施工图、设备施工图等。

建筑工程施工图是建筑设计总说明、总平面图、建筑平面图、立面图、剖面图和详图等的总称。其主要表明拟建工程的平面、空间布置，以及各构件的大小、尺寸、内外装修和构造做法等。

建筑装饰施工图由装饰设计说明、装饰平面施工图、装饰立面施工图、装饰剖面施工图和详图组成。建筑工程施工图和装饰工程施工图中，详图就是根据构造设计确定的方案绘制而成的，建筑与装饰构造设计就是根据使用功能，选择材料、构造层次和连接方法。

本教材就是为了配合建筑装饰材料、构造与施工课程教学，按照高职教育培养目标，以职业能力培养为核心，以职业技能训练为重点，突出建筑工程技术应用能力培养，围绕建筑行业的设计员、施工员、预算员、安全员、材料员、资料员等职业岗位的职业标准和岗位需求而编写的指导性教材。

教材中，实训项目和课题的设计充分体现了项目教学与训练的改革思路，结合实际工程项目要求的构造知识，把专业知识、动手能力、专业技能作为培养目标的核心。目的是通过实训项目练习，加强对建筑与装饰构造层次及所用材料和连接方法等构造知识的理解，注重训练学生的实际动手能力，确定构造方案能力；绘制和识读建筑与装饰施工图的能力；指导建筑与装饰施工的能力；进行建筑与装饰工程量计量与计价的能力，培养学生专业的基本技能和岗位能力。

本教材按照建筑装饰工程技术专业对构造知识的要求，有针对性地设计了11个项目以及若干课题，通过实训，让学生了解建筑工程施工图的分类、施工图设计程序、施工图内容等，同时巩固所学知识。

单元1 建筑构造详图单项训练

内容提要

本单元主要针对建筑构造课程内容设计，在学习建筑构造时，需要学生去现场进行认识，熟悉建筑构造层次及各层所用材料和连接方法等，同时需要通过专项实训项目练习来加强理解。

本单元依据建筑工程项目对建筑构造知识的要求，安排了4个建筑构造单项案例训练，包括基础施工图识读与设计、墙体构造施工图识读与设计、建筑楼梯构造设计和平屋顶排水防水构造设计，并提供了部分设计参考资料。

教学目标

- 学生可通过实训作业（可选做部分），巩固已学的相关建筑构造知识；
- 掌握建筑构造详图设计的内容，提高识读与绘制施工图能力。

项目案例导入

建筑构造详图项目设计是为了使学生熟悉建筑构造设计的内容，全面训练其识读、绘制施工图的能力。本章的4个实训项目，可由教师根据实际情况选择进行。

项目1 基础施工图识读与绘制

教学目标

- 通过基础施工图识读，熟悉基础施工图的内容；
- 重点掌握基础类型、基础埋深、断面形式和尺寸等内容；
- 训练识读和绘制基础施工图的能力；
- 具有指导基础施工的能力；
- 具有进行基础工程量计量的能力。

项目案例导入

基础是建筑物最下部的承重构件，承受建筑物的全部荷载。基础的类型和构造方法选择对建筑安全影响很大，应根据不同的使用要求和结构类型选择。基础常用构造类型有独立基础、条形基础、筏形基础、箱形基础和桩基础等，如图1-1所示。

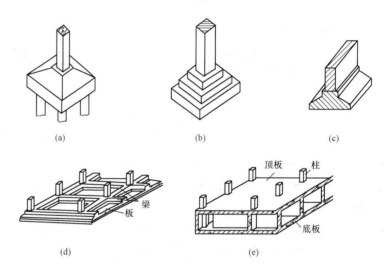

图1-1 基础形式

(a)桩基础；(b)独立基础；(c)条形基础；(d)筏形基础；(e)箱形基础

基础设计内容包括基础埋深、断面形式和尺寸确定等。基础断面尺寸确定的主要依据是建筑荷载和结构计算理论。

基础施工图内容包括基础平面图、基础详图及必要的设计说明。其是施工放线、开挖基坑（基槽）、基础施工、计算基础工程量的依据。

基础作为建筑物最下部的承重构件，应满足足够的强度和稳定性要求，同时，还应满足防潮、防水、耐腐蚀、抗冻等方面的设计要求。因此，在进行基础设计时，应充分考虑材料选择、构造方案和施工方法的确定等方面。

基础施工图案例，如图1-2～图1-8所示。

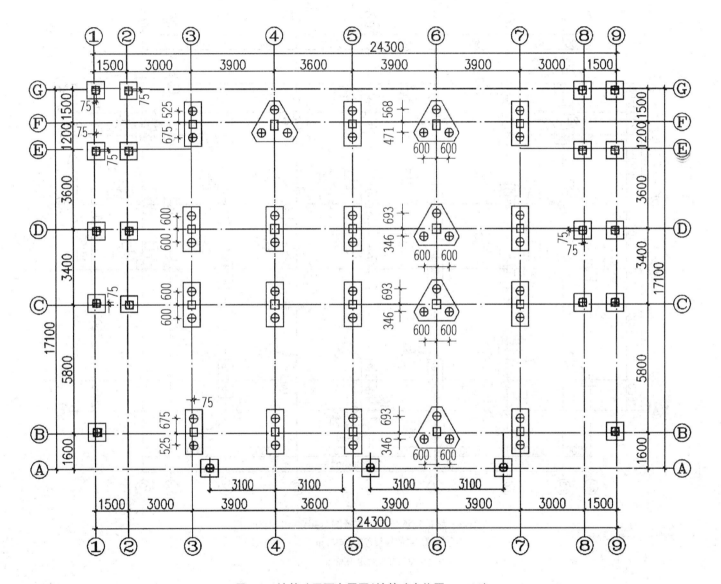

图 1-2 桩基础平面布置图(桩基础定位图 1∶100)

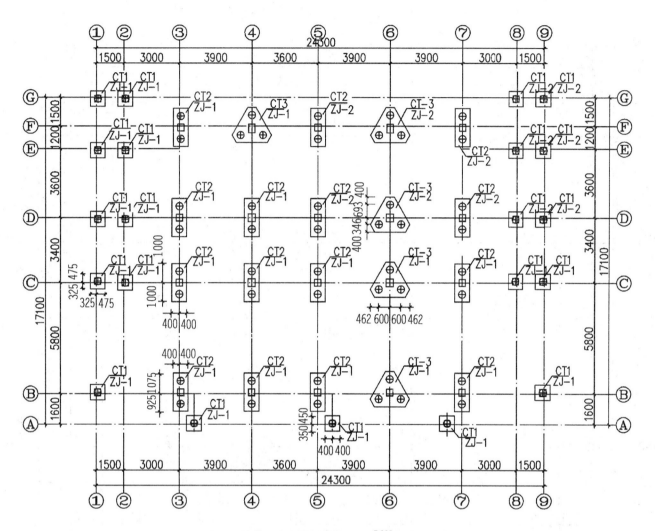

图1-3 桩基础承台平面布置图 ($\nabla\frac{-3.000}{}$) 1:100

注：ZJ—1的桩长暂定为19.7 m；
    ZJ—2的桩长暂定为22 m。

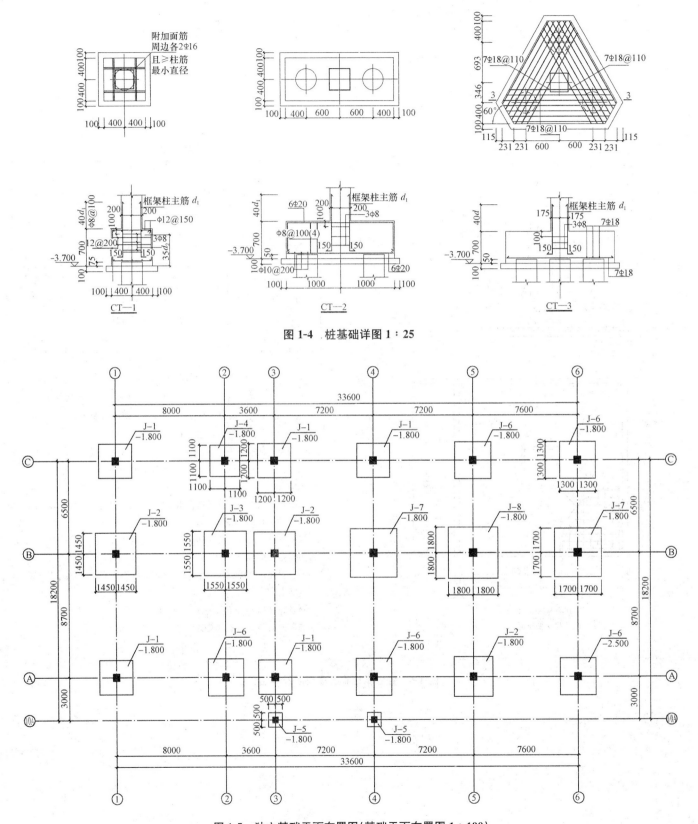

图 1-4　桩基础详图 1∶25

图 1-5　独立基础平面布置图(基础平面布置图 1∶100)

基础明细表

编号	A	B	h_1	h_2	h_3	A_{s1}	A_{s2}
J—1	2400	2400	300	400		$\Phi 12@180$	$\Phi 12@180$
J—2	2900	2900	300	400		$\Phi 14@130$	$\Phi 14@130$
J—3	3100	3100	300	400		$\Phi 14@130$	$\Phi 14@130$
J—4	2200	2200	300	400		$\Phi 12@180$	$\Phi 12@180$
J—5	1000	1000	300	100	200	$\Phi 12@200$	$\Phi 12@200$
J—6	2600	2600	300	400		$\Phi 14@150$	$\Phi 14@150$
J—7	3400	3400	300	500		$\Phi 16@150$	$\Phi 16@150$
J—8	3600	3600	300	500		$\Phi 14@100$	$\Phi 14@100$

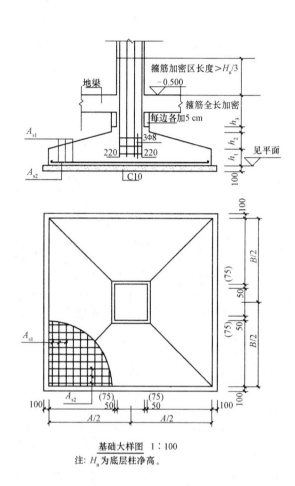

基础大样图 1:100
注:H_n 为底层柱净高。

基础施工说明

1. 本工程采用独立基础,基础持力层为③层黏土,地基承载力特征值 $f_{ak}=260\ \text{kPa}$。基坑开挖后,若发现实际情况与此不符,请及时通知勘察、设计部门共同研究处理。

2. 根据地质勘察报告,基础持力层层面起伏不大。若在施工开挖基坑时,发生挖到设计标高时出现未达到持力层等情况,必须继续挖至设计持力层。

3. 基槽开挖施工应做好场地排水工作,基坑开挖至设计标高,不得长期暴露,更不得积水。

4. 基槽开挖到设计标高后,应及时通知地质勘察单位、设计单位、甲方共同验槽,合格后方可施工。

5. 本工程独立基础、基础梁混凝土强度等级均为C25,垫层采用C10素混凝土。

6. 钢筋等级:Φ 为 HPB300,Φ 为 HRB335。

7. 其余详见结构施工总说明。

图 1-6 独立基础施工图说明及详图

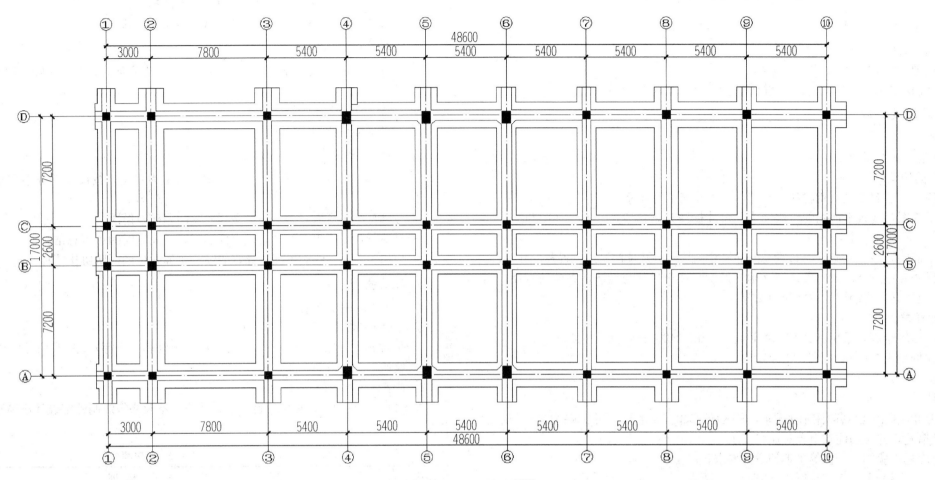

图 1-7 条形基础平面布置图($\frac{-1.800}{\triangledown}$)1:100

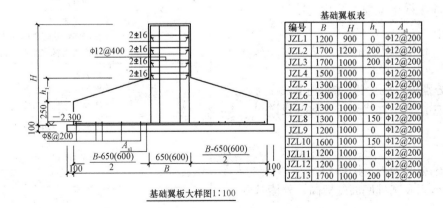

基础翼板大样图1:100

图 1-8 条形基础施工图说明及详图

注：基础梁的配筋见梁配筋图。

基础翼板表

编号	B	H	h_1	A_{s1}
JZL1	1200	900	0	Φ12@200
JZL2	1700	1200	200	Φ12@200
JZL3	1700	1000	200	Φ12@200
JZL4	1500	1000	0	Φ12@200
JZL5	1300	1000	0	Φ12@200
JZL6	1300	1000	0	Φ12@200
JZL7	1300	1000	0	Φ12@200
JZL8	1300	1000	150	Φ12@200
JZL9	1200	1000	0	Φ12@200
JZL10	1600	1000	150	Φ12@200
JZL11	1200	1000	0	Φ12@200
JZL12	1200	1000	0	Φ12@200
JZL13	1700	1000	200	Φ12@200

任务:基础构造实训

基础实训作业完成成果

(1)基础平面布置图(比例 1∶100);

(2)基础剖面图(比例 1∶20);

(3)桩基础平面布置图及桩基础承台配筋图(比例 1∶100 及 1∶20)。

实训作业要求及深度

1.作业内容

本作业包括基础施工图识读与绘制。

2.基础施工图识读

(1)看设计说明,了解基础所用材料、地基承载力及施工要求等;

(2)看基础平面图与建筑平面图的定位轴线及尺寸标注是否一致,基础平面图与基础详图是否一致;

(3)看基础平面图要注意基础平面布置与内部尺寸关系,以及预留洞的位置及尺寸等;

(4)看基础详图要注意竖向尺寸关系,基础的形状、详细尺寸与做法,钢筋的直径、间距与位置,以及地圈梁、防潮层的位置和做法等。

3.绘制作业要求

(1)用白纸、铅笔绘制,采用 A2(2 号)幅面(594 mm×420 mm)图纸一张;

(2)平面图比例采用 1∶100,详图采用 1∶20。

4.绘图深度

(1)设计说明:

①对地基土情况提出注意事项和有关要求,概述地基承载力、地下水水位和持力层土质情况;

②地基处理措施,并说明注意事项和质量要求;

③对施工方面提出验槽、钎探等事项的设计要求;

④垫层、砌体、混凝土、钢筋等所用材料的质量要求;

⑤防潮(防水)层的位置、做法,构造柱的截面尺寸、材料、构造,混凝土保护层厚度等。

(2)基础平面图:

①绘制基础平面布置图,表示建筑朝向的指北针,标注纵横定位轴线及其编号和定位轴线间的尺寸和总尺寸,如图 1-9 所示;

②绘制基础的平面布置和内部尺寸,即墙厚,基础梁、柱、基础底面的形状、尺寸及其与定位轴线的关系;

③虚线表示暖气、电缆等沟道的路线位置,穿墙管洞应分别标明其尺寸、位置与洞底标高;

④剖面图的剖切线及其编号,对基础梁、柱等构件,应注写构件代号,以便查找详图;

⑤对桩基础,应绘制桩基础平面布置图。

(3)基础详图:

①基础剖面图中轴线及其编号,若为通用剖面图,则轴线圆圈内可不编号;

②绘制基础剖面的形状、详细尺寸与做法,标注室内地面及基础底面的标高,外墙基础还需要注明室外地坪的标高,如图 1-10 所示;

③室内地面及基础底面的标高,外墙基础还需要注明室外地坪的标高,如有沟槽者,还应标明其构造关系;

④钢筋混凝土基础应标注钢筋直径、间距及钢筋编号,现浇钢筋混凝土基础还应标注预留插筋、搭接长度与位置及箍筋加密等;

⑤对桩基础,应表示承台、配筋及桩尖埋深等;

⑥防潮层的位置及做法,垫层材料等(也可用文字说明)。

实训时间分配(参考)

本项目以课外作业的形式进行,大纲计入学时为 2 学时,学生实际需用 6 天时间完成。

(1)施工图识读(2 天);

(2)基础平面布置图绘制(2 天);

(3)基础剖面图绘制(2 天)。

实训步骤和方法

(1)本实训项目按教学班人数分组,学生以组为单位,按设计任务书和指导书要求进行施工图识读。

(2)教师按组进行一对一辅导,做到发现问题随时解决。

(3)针对学生暴露出来的具有代表性的问题,固定时间进行总结。

(4)以组为单位抄绘施工图,评定成绩,培养学生的团队协作精神。

实训成绩考评

1.成绩考核评分方法

设计成绩主要综合考虑以下几个方面:

(1)平时成绩(包括纪律表现、学习态度、出勤和安全等),占 30%。

(2)绘制图纸,占 70%。

2.成绩评定标准(参考)

根据以上考核项目,按优、良、中、及格、不及格等级制评定设计成绩。评分等级及标准参见表 1-1。

表 1-1 评分等级及标准

评分等级	评 分 标 准
优	• 内容完整、正确; • 图纸正确无误,图面清洁、有条理,图面效果美观; • 图面各类标注完整、准确
良	• 内容正确; • 图纸正确无误,图面清洁、有条理,图面效果较美观; • 图面各类标注完整、准确
中	• 内容正确; • 图纸正确,图面较清洁、有条理; • 图面各类标注较完整、准确
及格	• 基本达到绘图量及内容正确; • 图纸设计正确,图面较清洁; • 图面各类标注较完整
不及格	• 不能按时完成绘图量及内容的基本要求; • 图面不清晰,各类标注不完整

知识要点准备(基础构造设计参考资料)

教材相关内容的基础类型、构造等,基础施工图或由指导教师根据当地情况指定。

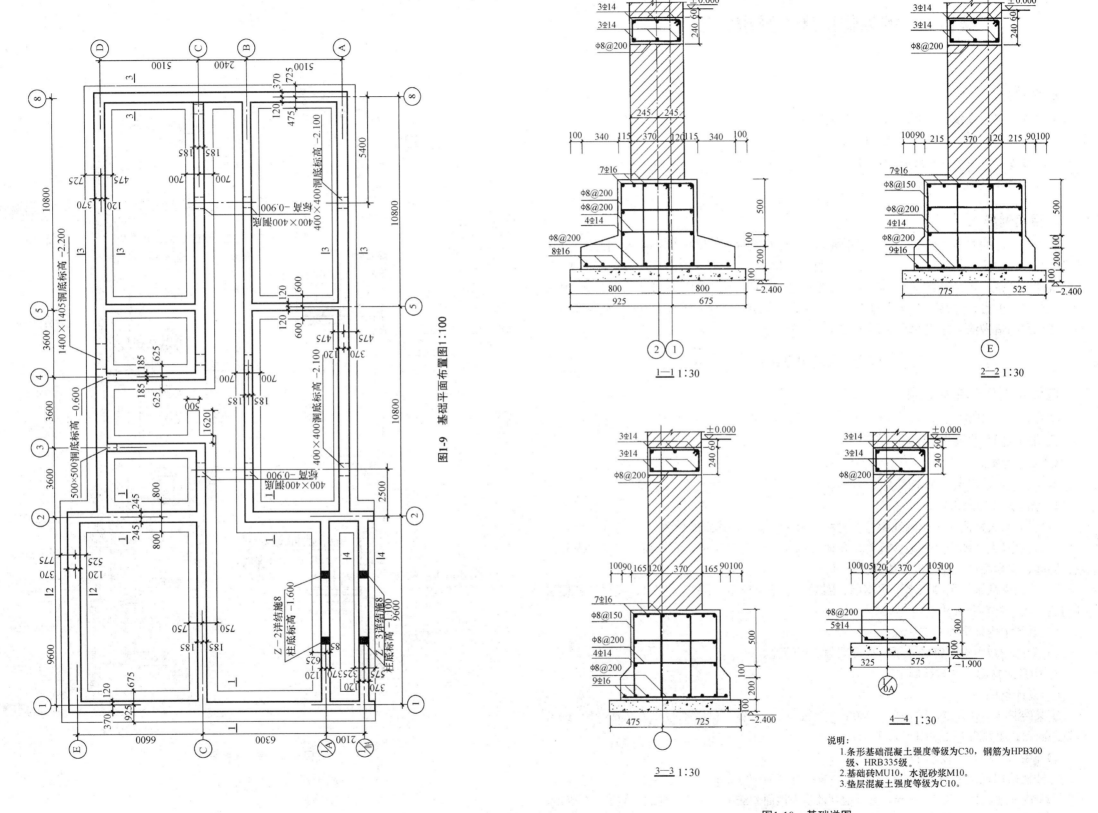

图1-9 基础平面布置图1:100

1—1 1:30

2—2 1:30

3—3 1:30

4—4 1:30

说明:
1. 条形基础混凝土强度等级为C30,钢筋为HPB300级、HRB335级。
2. 基础砖MU10,水泥砂浆M10。
3. 垫层混凝土强度等级为C10。

图1-10 基础详图

项目2 墙体构造施工图识读与设计

教学目标

- 重点掌握除屋顶檐口外的墙身剖面节点构造；
- 训练识读和绘制墙身大样施工图能力；
- 具有进行墙体工程量计量的能力；
- 具有指导墙体施工的能力。

项目案例导入

墙体是房屋的重要组成部分。民用建筑中的墙体具有承重、围护和分隔三个作用。墙体可根据墙体在建筑物中的位置、受力情况、材料、构造、施工方法的不同，分为不同类型。在建筑施工图中，建筑墙身节点详图是建筑详图之一，墙身细部构造主要内容包括防潮层、勒脚、散水、窗台、过梁、圈梁、构造柱、保温等。在绘制墙身大样施工图时，还需要表示各层楼地面构造做法，完成后墙身大样如图1-11所示。

任务:墙体构造实训

墙体实训作业完成成果

墙身大样图（比例1：20）。

实训作业要求及深度

1. 作业内容

本作业包括墙身大样施工图识读与绘制。

2. 墙身大样图的识读

(1)看墙身大样图中定位轴线编号及材料，确定该墙体在建筑的位置。

(2)看墙身大样图中室外地面标高、各楼层标高、窗台顶和过梁底标高，明确室内外高差、层高、窗台高度、窗高度、踢脚高度等。

(3)看图中散水、勒脚、水平防潮层、圈梁、过梁、窗台、踢脚、檐口、屋顶及各楼层等构造层次、材料和做法。

(4)看图中内外墙面构造做法。

(5)看图中详图索引符号，了解标准图集应用情况。

3. 墙身大样图设计与绘制

(1)设计条件。

①某砖混结构办公楼，层高为3.300 m，层数为二层，窗洞口尺寸为1800 mm×2100 mm，建筑平面和立面如图1-12、图1-13所示；

②外墙为砖墙，厚度不小于240 mm；

③楼板采用现浇钢筋混凝土板式楼板，板的厚度为100 mm；

④室内外地面高差为450 mm，室外地坪及室内地面做法由学生按当地通常做法自行确定；

⑤墙面装修方案由学生自行确定。

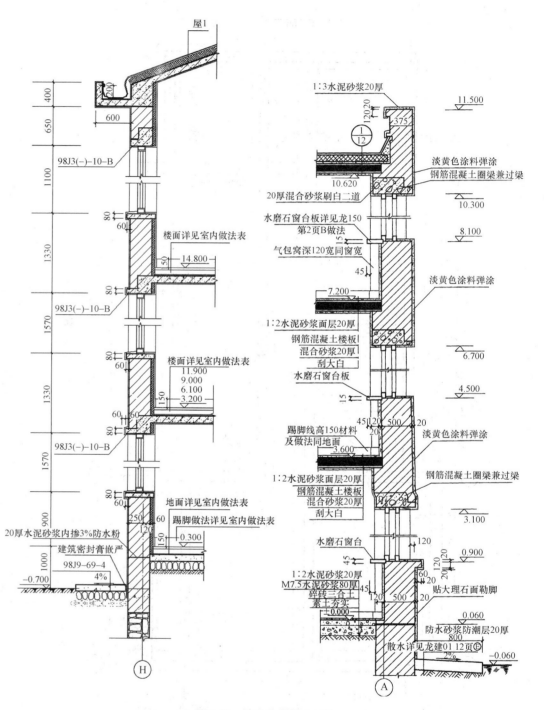

图1-11 墙身大样图 1：20

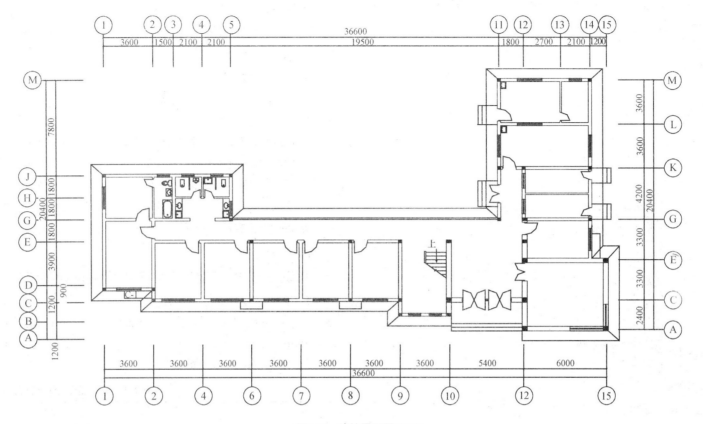

图1-12 建筑平面图1:100

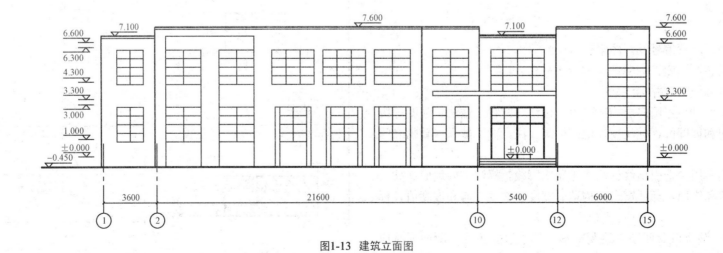

图1-13 建筑立面图

(2)设计内容。

要求沿外墙有窗的部位纵剖,绘制基础以上至二层楼踢脚板以下部分的墙身剖面图,剖切部位如图1-14所示。重点设计和绘制以下墙身大样图内容(比例均为1:10)。

①内外墙面装修(包括清水墙)构造做法;

②窗过梁(窗套)构造做法;

③内外窗台构造做法;

④勒脚、室内地面及墙身防潮构造处理;

⑤散水或明沟及室外地坪;

⑥绘制出楼地层构造做法。

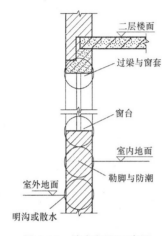

图1-14 墙身剖面示意图

(3)绘图要求。

①用A2绘制图纸一张(禁用描图纸)用铅笔或墨笔绘成;图中,线条、材料符号等一律按建筑制图标准表示;

②要求字体工整,线条粗细分明。

(4)设计深度。

①绘制出定位轴线及编号圆圈、详图编号及详图索引号。

②绘制墙身、勒脚、内外墙面装修厚度,标明做法和所用材料。

③绘制水平防潮层,注明材料和做法,并标注标高。

④绘制散水(或明沟)和室外地面(坪),用多层构造引出线标注其材料、做法、强度等级和尺寸,标注散水宽度、坡度方向和坡度值,标注室外地面标高。注意标出散水与勒脚之间的构造处理。

⑤绘制室内首层地面构造,用多层构造引出线标注,绘制踢脚板,标注室内地面标高。

⑥绘制室内外窗台,标明形状和饰面,标注窗台的构造、宽度、坡度方向和坡度值,标注窗台顶面标高。

⑦绘制窗框轮廓线,不绘制细部(也可参照图集绘制窗框,其位置应正确,断面形状应准确,与内外窗台的连接应清楚)。

⑧绘制窗过梁,注明尺寸和下皮标高。

实训时间分配(参考)

本项目以课外作业的形式进行,大纲计入学时4学时,学生实际需用6天时间完成。

(1)分析实训条件,确定墙身各部分建筑构造方案(3天)。

(2)绘制施工图(3天)。

实训步骤和方法

(1)本实训项目按教学班人数分组,学生以组为单位分析实训条件,确定墙身各部分建筑构造方案。

(2)按设计任务书和指导书要求,绘制墙身构造施工图内容。

(3)教师按组进行一对一辅导,做到发现问题随时解决。

(4)针对学生暴露出来的具有代表性的问题,固定时间进行总结。

(5)以组为单位设计和绘制施工图,评定成绩,培养学生的团队协作精神。

实训成绩考评

同项目1。

知识要点准备(建筑墙体节点构造设计参考)

1. 设计窗及过梁参考尺寸

(1)窗洞高:1200 mm、1500 mm、1800 mm;窗洞宽:1200 mm、1500 mm、1800 mm、2100 mm;

(2)钢筋混凝土过梁截面尺寸,见表1-2。

表1-2 钢筋混凝土过梁截面尺寸

截面形式	窗洞宽度/mm	荷载/(kN·m^{-1})	b/mm	h/mm
	1200	100	240	180
	1500	0	180	120
		150	240	180
	1800	0	180	120
		150	240	180
	2100	0	180	120
		150	240	180
	1200	100	240	180
	1500	0	240	120
		150		180
	1800	0	240	120
		150		180
	2100	0	240	120
		150		180

(3)窗的材质按当地实际自行确定。

2. 窗台、窗套构造

窗台、窗套构造如图1-15所示。

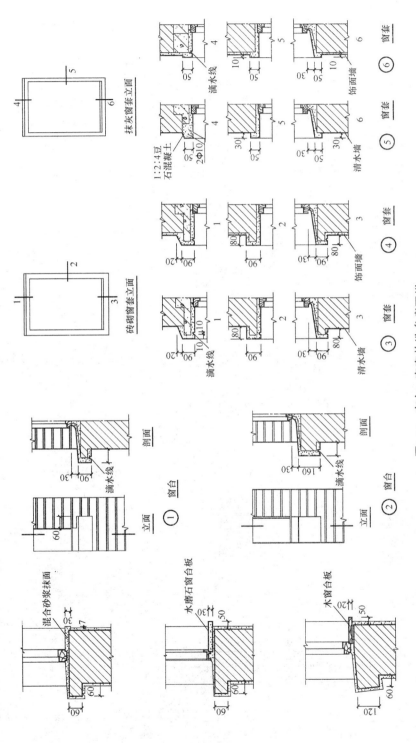

图1-15 窗台、窗套构造参考图样

3. 踢脚构造

踢脚构造如图1-16所示。

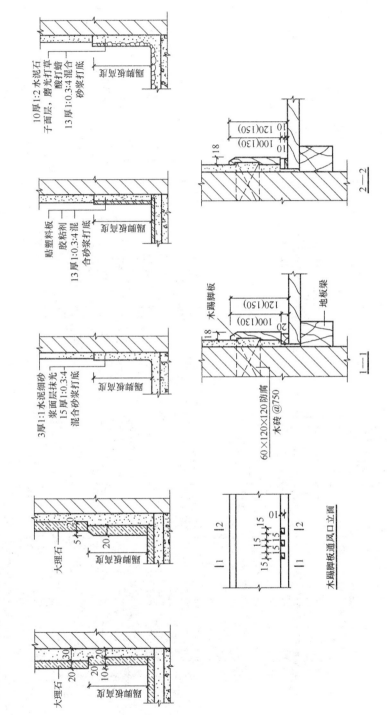

图1-16 踢脚构造参考图样

5. 地面构造

楼地面的作用主要是装饰保护楼板，其设计要求是满足坚硬耐磨、表面光洁、易于清洁等，并能依据房间功能满足隔声、防潮防水、耐腐蚀和防火等要求。地面类型根据装饰材料和施工工艺的不同而定，主要有整体式楼地面、块材式楼地面、木楼地面、卷材式楼地面等，其种类和装饰的选材等要根据具体情况确定。常见地面构造见表1-3。

表1-3　常见地面构造

类别	名　称	构造简图	构造做法	
			地　面	楼面
整体式楼地面	水泥砂浆楼地面		(1)25 mm厚1：2水泥砂浆铁板赶平。 (2)水泥浆结合层一道	
			(3)80(100) mm厚C15混凝土垫层。 (4)素土夯实基土	（3）钢筋混凝土楼板
	现浇水磨石楼地面		(1)表面草酸处理后打蜡上光。 (2)15 mm厚1：2水泥石粒水磨石面层。 (3)25 mm厚1：2.5水泥砂浆找平层。 (4)水泥浆结合层一道	
			(5)80(100) mm厚C15混凝土垫层。 (6)素土夯实基土	（5）钢筋混凝土楼板
块料式楼地面	地砖楼地面		(1)8~10 mm厚地砖面层，水泥浆擦缝。 (2)20 mm厚1：2.5干硬性水泥砂浆结合层，上撒1~2 mm厚干水泥并洒清水适量。 (3)水泥浆结合层一道	
			(4)80(100) mm厚C15混凝土垫层。 (5)素土夯实基土	（4）钢筋混凝土楼板
	陶瓷马赛克楼地面		(1)6 mm厚陶瓷马赛克面层，水泥浆擦缝并搭干表面水泥浆。 (2)20 mm厚1：2.5干硬性水泥砂浆结合层，上撒1~2 mm厚干水泥并洒清水适量。 (3)水泥浆结合层一道	
			(4)80(100) mm厚C15混凝土垫层。 (5)素土夯实基土	（4）钢筋混凝土楼板
	花岗石楼地面		(1)20 mm厚花岗石块面层，水泥浆擦缝。 (2)20 mm厚1：2.5干硬性水泥砂浆结合层，上撒1~2 mm厚干水泥并洒清水适量。 (3)水泥浆结合层一道	
			(4)80(100) mm厚C15混凝土垫层。 (5)素土夯实基土	（4）钢筋混凝土楼板

4. 散水、明沟构造

散水、明沟构造如图1-17所示。

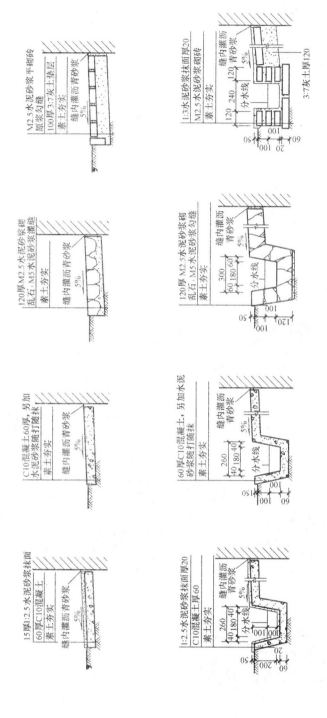

图1-17　散水、明沟构造参考图样

类别	名称	构造简图	构造做法	
			地面	楼面
块料式楼地面	大理石楼地面	地面　楼面	(1)20 mm厚大理石块面层，水泥浆擦缝。 (2)20 mm厚1:2.5干硬性水泥砂浆结合层，上撒1～2 mm厚干水泥并洒清水适量。 (3)水泥浆结合层一道	
			(4)80(100) mm厚C15混凝土垫层。 (5)素土夯实基土	(4)钢筋混凝土楼板
木楼地面	铺贴木楼地面	地面　楼面	(1)20 mm厚硬木长条地板或拼花面层氯丁橡胶粘贴。 (2)2 mm厚热沥青胶结材料随涂随铺贴。 (3)刷冷底子油一道，热沥青玛琋脂一道。 (4)20 mm厚1:2水泥砂浆找平层。 (5)水泥浆结合层一道	
			(6)80(100) mm厚C15混凝土垫层。 (7)素土夯实基土	(6)钢筋混凝土楼板
	强化木楼地面	地面　楼面	(1)8 mm厚强化木地板(企口上下均匀刷胶)拼接。 (2)3 mm聚乙烯(EPE)高弹泡沫垫层。 (3)25 mm厚1:2.5水泥砂浆找平层铁板赶平。 (4)水泥浆结合层一道强化木楼地面	
			(5)80(100) mm厚C15混凝土垫层。 (6)素土夯实基土	(5)钢筋混凝土楼板
卷材式楼地面	地毯楼地面	地面　楼面	(1)3～5 mm厚地毯面层浮铺。 (2)20 mm厚1:2.5水泥砂浆找平层。 (3)水泥浆结合层一道。 (4)改性沥青一布四涂防水层	
			(5)80(100) mm厚C15混凝土垫层。 (6)素土夯实基土	(5)钢筋混凝土楼板

项目3　建筑楼梯构造设计

教学目标

• 掌握楼梯构造设计的主要内容；
• 掌握楼梯尺度设计；
• 训练识读和绘制楼梯施工图的能力；
• 具有进行楼梯工程量计量与计价的能力。

项目案例导入

楼梯是房屋建筑中上、下层之间的垂直交通设施。楼梯在数量、位置、形式、宽度、坡度和防火性能等方面应满足使用方便和安全疏散的要求。楼梯施工图是建筑施工图内容之一，包括建筑楼梯平面图、剖面图和详图等。楼梯施工图案例如图1-18、图1-19所示。

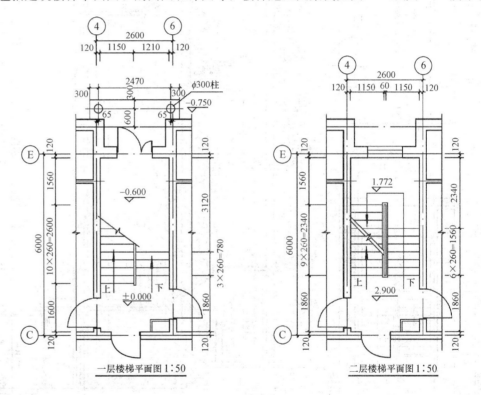

一层楼梯平面图1:50　　二层楼梯平面图1:50

图1-18　某楼梯平面图

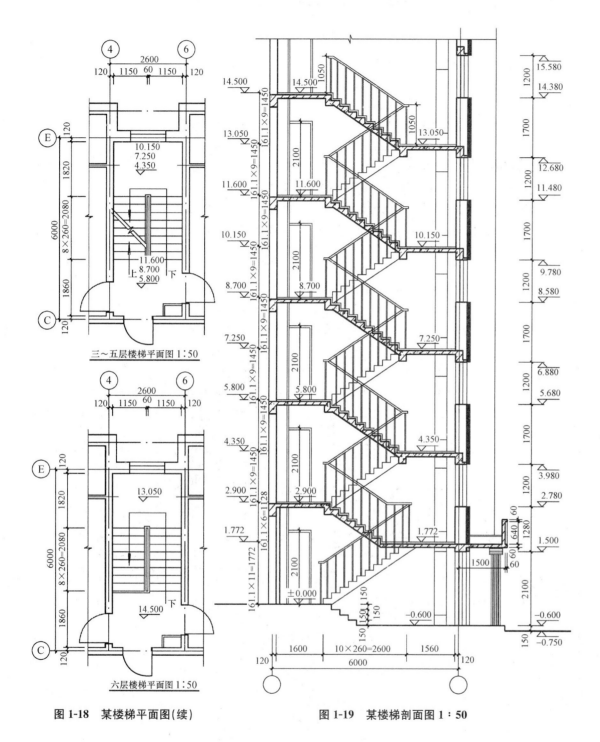

图 1-18 某楼梯平面图(续)

图 1-19 某楼梯剖面图 1:50

楼梯设计举例

某多层砖混结构教学楼，开敞式平面的楼梯间，其平面尺寸如图 1-20 所示。楼梯间的开间为 3600 mm，进深为 6000 mm，层高为 3600 mm，室内外高差为 450 mm，楼梯间需设置疏散外门。楼梯间外墙厚为 370 mm，内墙厚为 240 mm，轴线内侧墙厚均为 120 mm。走廊宽度为 2400 mm。试设计此楼梯。

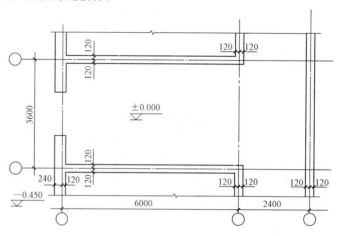

图 1-20 开敞式楼梯间平面尺寸

在具体确定楼梯间各部位的尺寸前，先来分析以下几个问题:第一，楼梯段的坡度要合理，本例教学楼为公共建筑，使用人数比较多，楼梯段的坡度不宜取得过大。第二，所有各部位尺寸的确定都应该是在楼梯间的净空间内得到满足。因此，在开间和进深方向的尺寸计算要减去墙体的厚度，通行净高的尺寸计算则要扣除平台梁的高度。第三，在解决首层中间休息平台下部的通行要求时，首先可采用将室外台阶移入室内的办法，但需要特别注意的是，不可将全部台阶均移入室内，而应至少在室外保留一步高度不低于 100 mm 的台阶，以避免地面雨水倒灌室内。第四，注意楼层休息平台宽度取值的差别。开敞式平面的楼梯间与封闭式平面的楼梯间，由于在能否借用走廊的宽度来解决通行要求问题上的不同，其楼层休息平台宽度的取值标准也不一样。以上四个问题，在楼梯设计中常常没有被重视，在这里集中提出来做分析和讨论，以期引起设计者的足够重视。

为了使楼梯设计工作既快捷又合理，这里介绍一种设计方法，可以概括为"七步骤设计法"。七步骤设计法又可分为两个阶段:第一阶段为前四个步骤，主要是根据设计要求和以往的经验，事先确定(假定)一些楼梯的基本数据，为下一阶段的设计做准备工作;第二阶段为后三个步骤，主要是在前四步设计的基础上，分别对楼梯间开间、进深和净空高度三个方向的布置进行验算，以检验第一个阶段所假定的基本数据是否合理。如果验算结果合理，楼梯设计就此结束;如果验算结果不合理，就要重新调整前面所假定的基本数据，再按同样的设计步骤进行验算，直到出现合理的结果为止。

下面按七步骤设计法进行设计。

1. 确定(假定)楼梯段踏步尺寸 b 和 h

本例为公共建筑，楼梯段的坡度不宜取得过大，依据学校建筑类型楼梯尺度，取踏面宽 $b=300$ mm，踢面高 $h=150$ mm。此时，$h/b=150/300=1/2$，1/2 即楼梯段的坡度，换算成角度为 $26°34'$，是一个较为适宜的楼梯段坡度值。

2. 计算每楼层的踏步数 N

根据已知层高的条件和前已确定的踢面高尺寸，每楼层的踏步数 $N=H/h=3600/150=24$（步）。

3. 确定楼梯的平面形式，计算每跑楼梯段的踏步数 n

本例采用双跑平行式的楼梯平面形式。因此，若设计为等跑，则每跑楼梯段的踏步数 $n=N/2=24/2=12$（步）。每跑楼梯段 12 步踏步，少于 18 步，多于 3 步，符合基本要求。

4. 计算楼梯间平面净尺寸

根据所列的已知条件，参照图 1-22 的平面尺寸关系，可以得到如下开间方向的平面净尺寸为 $3600-120\times2=3360$（mm），进深方向的平面净尺寸为 $6000-120+120=6000$（mm）。

5. 楼梯间开间尺寸验算

在楼梯间平面的开间方向净尺寸的范围之内，应布置两个等宽度的楼梯段和一个梯井，现取梯井宽度 $B_1=160$ mm，则楼梯段的宽度尺寸 $B=(3360-160)/2=1600$（mm），楼梯段宽度为 1600 mm，满足公共建筑楼梯段最小宽度限制的要求。

6. 楼梯通行净高的验算

如前所述，楼梯间内通行净高的验算，重点检验首层中间休息平台处是否满足要求。按等跑设计，首层中间休息平台的标高为 1.800 m，考虑平台梁的结构高度（平台梁高取 350 mm，是按其跨度的 1/10 左右并依据模数要求确定）后，平台梁下部的净空高度只有 1.450 m。这显然不能满足基本的通行要求（平台梁下部的净空高度 ≥2.000 m）。首先，考虑利用现有的室内外高差，在室外保留 100 mm 高的一步台阶，其余 350 mm 设成两步台阶移入室内。这样，平台梁下部的净空高度达到 $1.450+0.350=1.800$（m）。再考虑将首层高度内的两跑楼梯段做踏步数的调整，将原来的（12+12）步调整为（14+10）步，即第一跑增加的两步踏步使平台梁底的标高又增加了 $150\times2=300$（mm），平台梁下部的通行净高达到 $1.800+0.300=2.100$（m），大于 2.000 m 的通行净高标准。将以上设计结果列成计算式，则有 $150\times14+175\times2-350=2100$（mm），式中等号前的第一项 150×14 为第一跑楼梯段的垂直高度；第二项 175×2 为台阶从室外移入室内后所增加的净空高度；第三项 350 为应扣除的平台梁结构高度。为检验首层中间休息平台提高后，二层中间休息平台下部的通行净高是否满足要求，可采用上述同样的分析方法，列出 $150\times12+150\times10-350=2950$（mm）。计算结果表明，其通行净高仍满足要求。

7. 楼梯间进深尺寸验算

在楼梯间平面的进深方向净尺寸的范围内，应布置一个中间休息平台（宽度）、一个楼梯段（水平投影长度）和一个楼层休息平台（宽度）。前述设计结果已形成了三种楼梯段长度，即 14 步、12 步、10 步三种情况。如果取最长的 14 步楼梯段进行验算，其余两种情况将不成问题。

考虑中间休息平台处临空扶手由于构造关系会深入平台宽度方向一定的距离等因素，这里取中间休息平台宽度 $D=1800$ mm，略大于楼梯段的宽度 $B=1600$ mm，则楼层休息平台的宽度 $D_1=6000-300\times(14-1)-1800=300$（mm），式中两个等号之间的第一项 6000 为楼梯间平面进深净尺寸；第二项 $300\times(14-1)$ 为 14 步楼梯段的水平投影长度，之所以采用 $(n-1)$ 的关系进行计算，是由平台与楼梯段的投影关系决定的；第三项 1800 为中间休息平台的宽度。

计算结果表明，楼层休息平台的宽度为 300 mm，可以起到与走廊通道之间一定的缓冲

作用。不难算出，当楼梯段的长度为 12 步和 10 步长时，其楼层休息平台处的缓冲宽度分别为 $300+(300\times2)=900$（mm）和 $300+(300\times4)=1500$（mm）。至此，楼梯间开间、进深方向及通行净高的验算结果全部合格，楼梯设计完成。

图 1-21 所示为本例设计结果的平面图和剖面图。

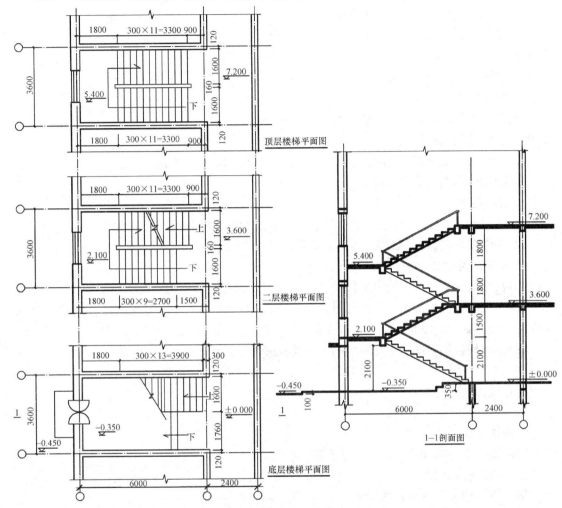

图 1-21 楼梯建筑施工图 1:50

任务：楼梯构造实训

楼梯实训作业完成成果

(1)楼梯平面图（比例 1:50）。

(2)楼梯剖面图（比例 1:50）。

(3)楼梯详图（比例 1:5～1:10）。

实训作业要求及深度

1. 设计条件

(1)某内廊式办公楼为四层，层高为 3.300 m，室内外地面高差为 0.450 m。

(2)该办公楼的楼梯形式为双跑平行楼梯，楼梯间的开间为 3300 mm，进深为 5700 mm，

走廊宽度为1800 mm,楼梯底层中间平台下做通道,平面位置与尺寸如图1-22所示。

(3)楼梯间的门洞口尺寸为1500 mm×2100 mm,窗洞口尺寸为1500 mm×1800 mm。

(4)采用现浇式钢筋混凝土楼梯。

(5)楼梯间的承重内墙为240 mm砖墙,承重外墙为370 mm砖墙。

(6)地面做法由学生自定。

2. 设计内容

(1)确定梯段形式、步数、踏步尺寸、栏杆(栏板)形式、所选用的材料及尺寸;

(2)绘制楼梯平面图(首层平面图、标准层平面图、顶层平面图);

(3)绘制楼梯剖面图及详图。

3. 绘图要求

(1)使用绘图纸绘制A2图一张,以铅笔或墨线绘成,不能使用描图纸。

(2)平面图和剖面图比例为1:50,详图为1:10~1:20。

4. 绘图深度

(1)在楼梯各平面图中绘出定位轴线,标出定位轴线至墙边的尺寸。给出门窗、楼梯踏步、折断(折断线应为一条;有些资料和图集的折断线为两条线,是错误的)。以各层地面为基准标注楼梯的上、下指示箭头,并在上行指示线旁注明到上层的步数和踏步尺寸。

(2)在楼梯各层平面图中注明中间平台及各层地面的标高。

(3)在首层楼梯平面图上注明剖面剖切线的位置及编号,注意剖切线的剖视方向。剖切线应通过楼梯间的门和窗。

(4)平面图上标注三道尺寸。

①进深方向。

第一道:平台净宽、梯段长=踏面宽×步数。

第二道:楼梯间净长。

第三道:楼梯间进深轴线尺寸。

②开间方向。

第一道:楼梯段宽度和楼梯井宽。

第二道:楼梯间净宽。

第三道:楼梯间开间轴线尺寸。

(5)首层平面图上要绘制出室外(内)台阶、散水。如绘制二层平面图,应绘制出雨篷;三层或三层以上平面图不再绘制雨篷。

(6)剖面图应注意剖切位置和剖视方向。

(7)剖面图的绘制内容包括楼梯的断面形式,栏杆(栏板)、扶手的形式,墙、楼板、楼层地面、顶棚、台阶、室外地面等。绘制剖面图时,屋顶部分可不绘制。

(8)剖面图应标注材料图例及竖向尺寸(梯段高=踏步高×级数)。

(9)标注室内地面、室外地面、各层平台、各层地面、窗台及窗顶、门顶等处标高。

(10)在剖面图中给出定位轴线,并标注定位轴线间的尺寸。

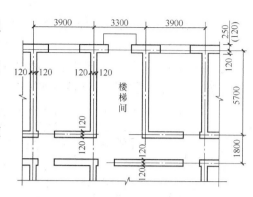

图1-22 楼梯间平面位置与尺寸

(11)详图应注明材料图例、做法和尺寸。与详图无关的连续部分可用折断线断开,注出详图编号。

实训时间分配(参考)

本项目以课外作业的形式进行,大纲计入学时4学时,学生实际需用6天时间完成。

(1)楼梯各部分尺度确定(0.5天)。

(2)楼梯平面图绘制(1.5天)。

(3)楼梯剖面图绘制(2天)。

(4)楼梯详图绘制(2天)。

实训步骤和方法

(1)本实训项目按教学班人数分组进行,学生以组为单位分析实训条件,确定楼梯形式、尺度和细部构造。

(2)按设计任务书和指导书要求,绘制楼梯施工图内容。

(3)教师按组进行一对一辅导,做到发现问题随时解决。

(4)针对学生暴露出来的具有代表性的问题,固定时间进行总结。

(5)以组为单位设计和绘制施工图,评定成绩,培养团队的协作精神。

实训成绩考评

同项目1。

知识要点准备(楼梯构造设计及节点构造设计参考资料)

(1)楼梯踏步构造、楼梯栏杆构造分别如图1-23和图1-24所示。

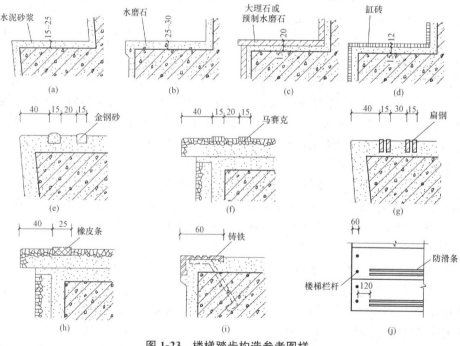

图1-23 楼梯踏步构造参考图样

(a)水泥砂浆面层;(b)水磨石面层;(c)天然石或人造石面层;(d)缸砖面层;(e)金刚砂防滑条;(f)马赛克防滑条;(g)扁钢防滑条;(h)橡皮防滑条;(i)铸铁防滑包口;(j)防滑条平面示意图

(2)楼梯栏杆安装构造如图 1-25 所示，扶手端部与墙的连接如图 1-26 所示。

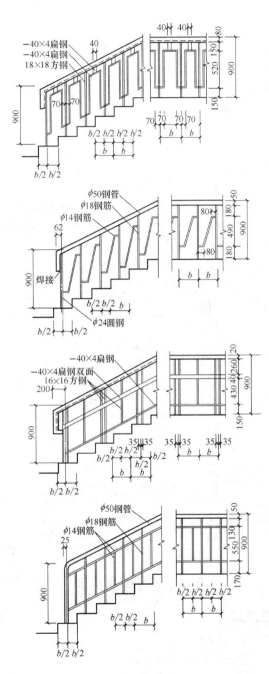

图 1-24　楼梯栏杆构造参考图样

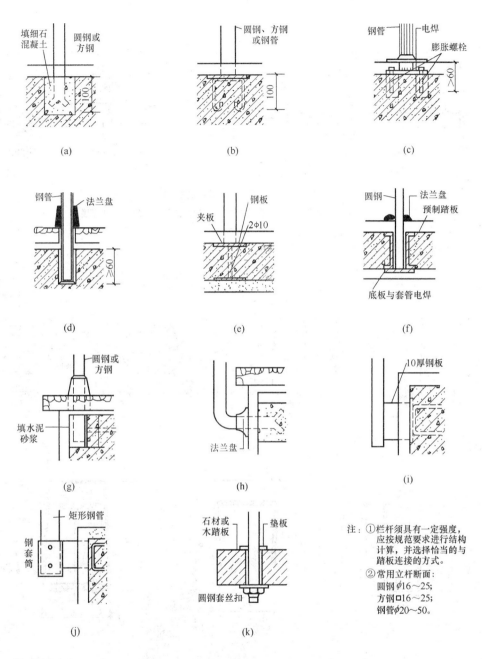

图 1-25　楼梯栏杆安装构造参考图样

(a)埋入预留孔洞；(b)与预埋钢板焊接；(c)立杆焊在夹板上，用膨胀螺栓锚固底板；
(d)立杆套丝扣与预埋套管丝扣拧固；(e)与预埋夹板焊接；(f)立杆插入套管电焊；
(g)侧面留凹口焊接；(h)立杆埋入踏板侧面预留孔内；(i)立杆焊在踏板侧面钢板上；
(j)立杆插入钢管筒内螺钉拧固；(k)立杆穿过预留孔螺母拧固

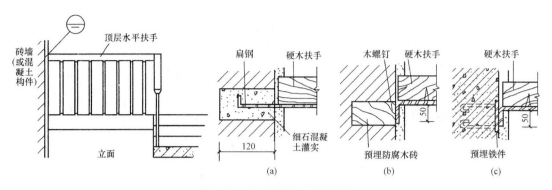

图 1-26 扶手端部与墙的连接

(a)预留孔洞插接；(b)预埋防腐木砖木螺钉连接；(c)预埋铁件焊接

(3)楼梯扶手构造如图 1-27 所示。

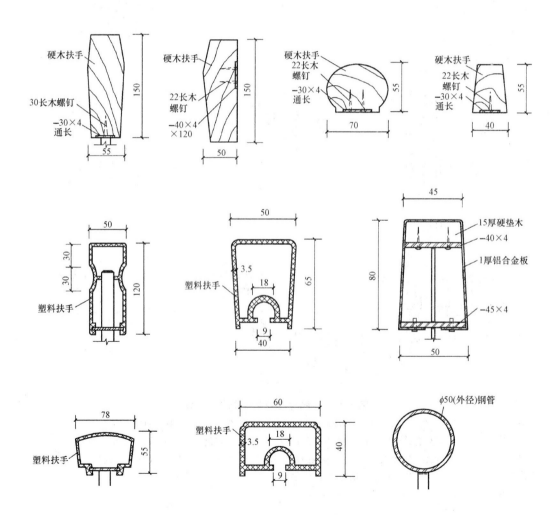

图 1-27 楼梯扶手构造参考图样

项目 4　平屋顶排水防水构造设计

教学目标

- 掌握民用建筑屋顶形式、排水坡度和方式、防水方案等构造设计的内容和深度；
- 训练识读和绘制屋顶施工图的能力；
- 具有指导屋顶施工的能力；
- 具有进行屋顶工程量计量的能力。

项目案例导入

屋顶是房屋最上部的承重和外围护构件，要具有能够抵御自然界中的风、雨、雪、太阳辐射，气温的变化和各种外界不利因素对建筑物的影响的能力；屋顶也应具有足够的强度和刚度。屋顶形式对建筑物的造型有很大影响，设计中还应注意屋顶的美观。屋顶排水防水构造设计内容包括排水方式、防水方案及泛水、檐口和雨水口等细部构造。完成后的平屋顶排水防水构造设计施工图如图 1-28 所示。

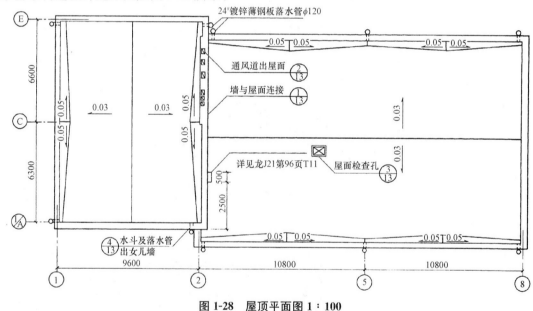

图 1-28　屋顶平面图 1∶100

任务：屋顶构造实训

屋顶实训作业完成成果

(1)屋顶排水平面布置图(比例 1∶200)。

(2)屋顶细部构造详图(比例 1∶10~1∶20)。

实训作业要求及深度

1. 设计条件

(1)某办公楼同本单元项目 2。

(2)结构类型：砖混结构。

(3)屋顶类型：平屋顶。

(4)排水方式：有组织排水，檐口排水形式由学生自定。

(5)防水方案：卷材防水或刚性防水。

(6)有保温或隔热要求。

2. 作业要求

用 A2 图纸一张，按建筑制图标准的规定，绘制该屋顶排水平面图比例为 1：200，屋顶构造节点详图为 1：10～1：20。

3. 图纸深度

(1)屋顶平面图(比例 1：200)。

①画出各坡面分水线、檐沟或女儿墙和天沟、雨水口和屋面上人孔等，刚性防水屋面还应画出纵横分仓缝；

②标注屋面、檐沟的排水方向和坡度值，标注屋面上人孔等凸出屋面部分的有关尺寸；

③标注各转角处及雨水管附近的定位轴线和编号；

④外部标注两道尺寸(即轴线尺寸和雨水口到邻近轴线的距离或雨水口的间距)；

⑤标注详图索引符号，注写图名和比例。

(2)屋顶节点详图(比例 1：10 或 1：20)。

①采用檐沟外排水时，表示清楚檐沟板的形式、屋顶各层构造、檐沟处的防水处理，以及檐沟板与圈梁、墙、屋面板之间的相互关系，标注檐沟尺寸，注明檐沟饰面层的做法和防水层的收头构造做法；

②采用女儿墙外排水时，表示清楚女儿墙压顶构造、泛水构造、屋顶各层构造和天沟形式等，注明女儿墙压顶和泛水的构造做法，标注女儿墙的高度、泛水高度等尺寸；

③采用檐沟女儿墙外排水时，要求与上述①、②相似；

④用多层构造引出线注明屋顶各层构造做法，标注屋面排水方向和坡度值，标注详图符号和比例，剖切到的部分用材料图例表示；

⑤表示清楚雨水口的形式，雨水口处的防水处理，注明细部做法，标注有关尺寸、详图符号和比例。

实训时间分配参考

本项目以课外作业的形式进行，大纲计入学时为 2 学时，学生实际需用 6 天时间完成。

实训步骤和方法

(1)本实训项目按教学班人数分组，以组为单位，确定屋顶排水、防水及细部构造方案；

(2)按设计任务书和指导书要求，绘制屋顶施工图内容；

(3)教师按组进行一对一辅导，做到发现问题随时解决；

(4)针对学生暴露出来的具有代表性的问题，固定时间进行总结；

(5)以组为单位设计和绘制施工图，评定成绩，培养学生团队协作精神。

实训成绩考评

同项目1。

知识要点准备(屋顶节点构造设计参考资料)

(1)檐口、泛水构造如图 1-29 所示。

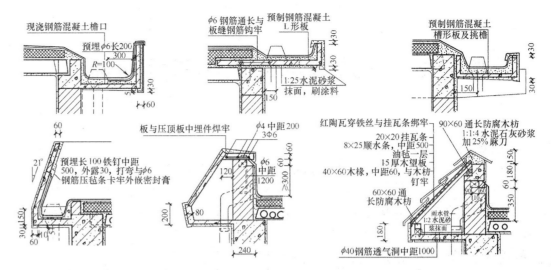

图 1-29　檐口构造参考图样

(2)雨水口构造如图 1-30 所示。

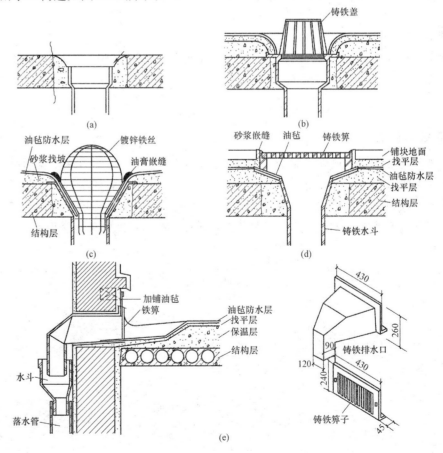

图 1-30　雨水口构造参考图样

(a)雨水口容易渗水的部位；(b)铸铁雨水口；(c)铁丝罩铸铁雨水口；

(d)上人屋面铸铁雨水口；(e)铸铁侧向雨水口

单元2 建筑装饰构造详图单项训练

内容提要

建筑装饰构造是一门实践性很强的课程，在学习时，需要学生去现场进行认识，熟悉建筑装饰构造所用材料、连接方法等，同时需要通过专项实训项目练习加强理解。

按国家标准《建筑装饰装修工程质量验收标准》(GB 50210—2018)中的规定，建筑装修应包括抹灰工程、外墙防水工程、门窗工程、吊顶工程、轻质隔墙工程、饰面板工程、幕墙工程、涂饰工程、裱糊与软包工程、细部工程10项内容。

本单元安排了墙面装饰施工图识读与绘制、楼地面装饰施工图识读与绘制、顶棚装饰施工图识读与绘制3个单项训练项目，并提供了部分设计参考资料，通过这些单项训练项目，使学生掌握上述9项内容中对装饰材料、构造和施工的要求。

教学目标

• 学生可通过设计作业(选做部分)，巩固已学的相关建筑装饰知识及其构造原理；

• 提高识读与绘制建筑装饰施工图的能力，掌握建筑装饰构造设计和详图设计的全过程。

项目案例导入

建筑装饰构造详图单项训练是为了让学生熟悉建筑装饰设计的内容，全面训练学生识读、绘制装饰施工图的能力，是根据检验学生学习和运用建筑装饰构造知识的程度而设置的。本单元的实训项目是根据建筑装饰构造内容确定的，即墙面、地面和顶棚装饰构造项目，每个项目又有选择性地设计几个典型任务，教师可根据实际情况选择进行。

项目1 墙面装饰施工图识读与绘制

教学目标

• 通过本施工图识读，重点掌握墙面装饰形式、墙面装饰方案选型和所用材料，掌握墙面装饰装修构造的原理和方法；

• 熟悉建筑装饰墙面施工图的内容，熟悉常用墙面(柱面)装饰类型、构造及特点；

• 掌握确定合理的墙面构造方案的方法，提高学生的装饰构造设计能力；

• 训练识读和绘制建筑墙面装饰施工图的能力；

• 具有指导墙面装饰施工的能力；

• 具有墙面装修工程量计量与计价的能力；

• 通过工程项目设计案例讲解及实训设计，提高学生在设计过程中的空间思维能力、知识运用能力和解决实际问题的能力。

施工图识读内容

墙面装饰施工图是装修得以进行的依据，施工图把结构要求、材料构成及施工的工艺技术要求等用图纸的形式交代给施工人员，以便准确、顺利地组织和完成工程的施工。

墙面装饰施工图包括立面图、剖面图和节点图。立面图是室内墙面与装饰物的正投影图，标明了室内的标高，墙面装饰的式样及材料、位置尺寸，墙面与门、窗、隔断的高度尺寸，墙与顶棚及地面的衔接方式等。

剖面图是将墙面装饰面剖切，以表达结构构成的方式、材料的形式和主要支承构件的相互关系等。剖面图标注有详细尺寸、工艺做法及施工要求。

节点图是两个以上装饰面的汇交点，按垂直或水平方向切开，以标明装饰面之间的对接方式和固定方法。节点图应详细表现出装饰面连接处的构造，注有详细的尺寸和收口、封边的施工方法。

在设计施工图时，无论是剖面图还是节点图，都应在立面图上标明，以便正确指导施工。

项目案例导入

墙面是室内外空间的侧界面，墙面装饰对空间环境效果的影响很大。墙面装饰细部构造处理得当与否，对建筑功能、建筑空间环境气氛影响很大。墙面装饰可分为外墙面装饰和内墙面装饰两部分。建筑墙面装饰构造设计就是根据不同的使用和装饰要求，选择相应的材料、构造层次和方法，以达到设计的实用性、经济性、装饰性。墙面装饰构造类型可分为抹灰类墙体饰面、贴面类墙体饰面、涂刷类墙体饰面、镶板(材)类墙体饰面、卷材类墙体饰面等。图2-1所示为某售楼部完成装饰后的平面布置图。

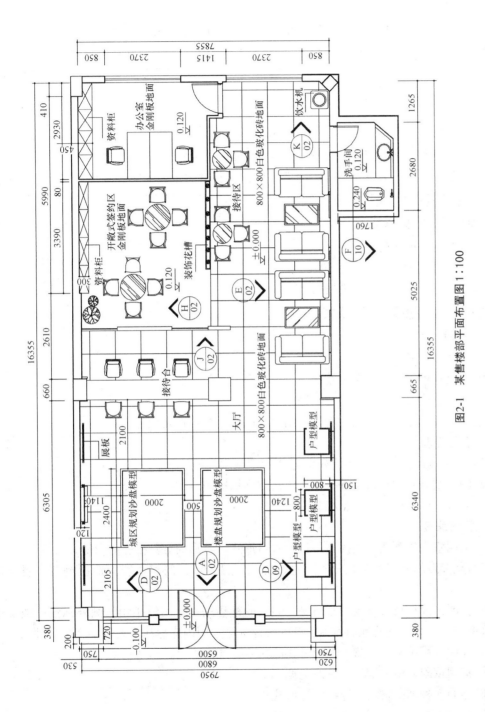

图2-1 某售楼部平面布置图 1：100

图 2-2 所示为售楼部大厅接待台后的背景墙 J 立面及节点详图。

(1)J 立面售楼部大厅接待台后的背景墙比例为 1：50，A、B、C 是 J 立面上的节点详图，比例为 1：10，在图中有对应的索引符号。该详图为内墙的剖示详图，剖示方向向下。立面上墙面各部分装饰尺寸如图 2-2 所示。

(2)读墙体装饰构造关系，A 节点反映的是墙中部构造，采用 30×3 角钢结构，内用 6 分砖砌筑，外用 18 mm 厚木纹砂岩石，造型尺寸如图 2-2 所示；B 节点反映的是墙中部与玻璃墙面交接处构造，造型尺寸如图 2-2 所示；C 节点反映的是玻璃墙面与右侧木骨架夹板墙交接处构造，造型尺寸如图 2-2 所示。

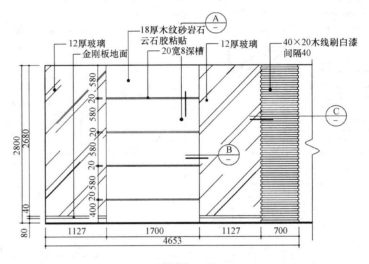

J 立面图 1：50

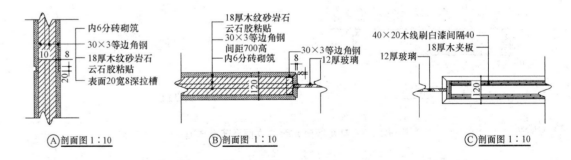

Ⓐ 剖面图 1：10   Ⓑ 剖面图 1：10   Ⓒ 剖面图 1：10

图 2-2 某售楼部大厅接待台后的背景墙 J 立面及节点详图

图 2-3 所示为完成后售楼部大厅 D 墙立面及节点详图。

(1)读图名、比例，售楼部大厅门左侧墙 D 立面，比例为 1：50，A、B 是 D 立面上的节点详图，比例为 1：10，在图中有对应的索引符号，立面尺寸如图 2-3 所示。该详图为内墙的剖示详图，剖示方向向下。

（2）读墙体装饰构造关系，A节点反映的是墙面构造，采用 18 mm 厚木夹板外贴 3 mm 厚白色铝塑板形成，两侧设暗灯槽，造型尺寸如图 2-3 所示。B 节点反映的是接待台处柱面构造，造型尺寸如图 2-3 所示，柱侧面采用 18 mm 厚外贴 3 mm 厚白色铝塑板的木夹板，正面 8 mm 厚淡绿色烤漆玻璃镜钉固定。

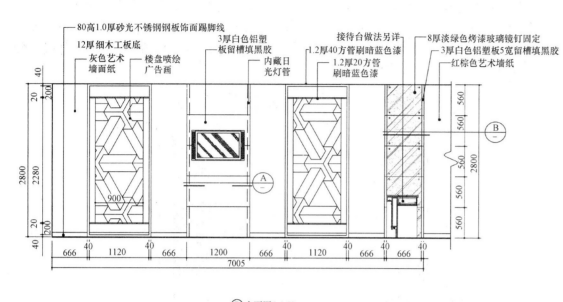

D 立面图 1：50

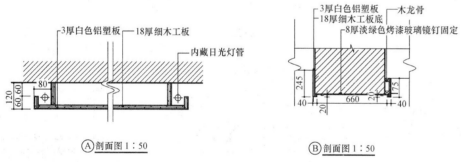

A 剖面图 1：50

B 剖面图 1：50

图 2-3 某售楼部大厅 D 立面及节点详图

任务 1 某售楼部墙面装饰构造设计

教学目标

• 通过设计，重点掌握石材干挂、壁纸和木饰面板等墙面的构造做法；

• 训练识读和绘制墙面石材干挂、壁纸和木饰面板等墙面装饰施工图的能力；

• 确定石材、木材、壁纸种类及规格，能熟练绘制石材干挂、壁纸和木饰面板墙面各节点图。

实训内容

（1）某售楼部平面布置图、墙立面图，如图 2-4、图 2-5 所示。

（2）根据立面图，石材饰面的组合排列形式、石材质量、色彩、规格，确定石材饰面与承重结构的干挂法连接构造。

实训作业绘制完成成果

（1）售楼部平面图（比例 1：100）。

（2）售楼部立面图（比例 1：50）。

（3）售楼部墙立面构造详图（比例 1：5～1：10）。

实训作业深度及绘图要求

1. 设计内容

（1）售楼部立面图。

（2）石材规格、排列、色彩及详图索引符号。

（3）主要部位石材干挂剖面节点详图。

（4）详细表示石材与骨架、骨架与结构之间的连接构造及做法。

2. 绘图要求

（1）用 A2 绘图纸一张（禁用描图纸）以铅笔或墨线笔绘制。

（2）图中线条、材料符号等一律按建筑制图标准表示。

（3）要求字体工整，线条粗细分明。

3. 图纸深度

（1）标明室内轮廓线，墙面与吊顶的收口形式，可见的灯具投影图形等。

（2）标明墙面装饰造型及陈设（如壁挂、工艺品等）、门窗、墙面造型壁灯、暖气罩等内容。

（3）标明饰面材料、造型及分格等。做法的标注采用细实线引出。图外标注 1 或 2 道竖向及水平向尺寸，以及楼地面、顶棚等的装饰标高；图内应标注主要装饰造型尺寸。

（4）标明立面装饰的造型、饰面材料的品名、规格、色彩和工艺要求。

（5）标明依附墙体的固定家具及造型。

（6）标明各种饰面材料的连接收口形式。

（7）标明索引符号、说明文字、图名及比例等。

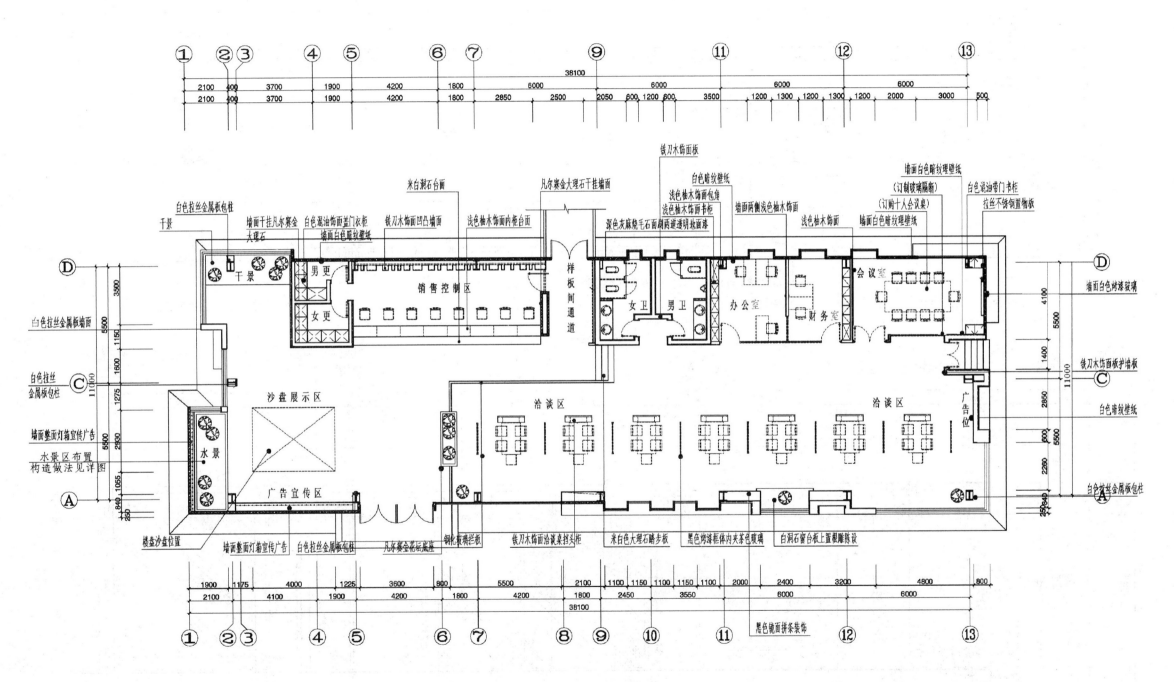

图 2-4 某售楼部平面布置图 1：100

· 25 ·

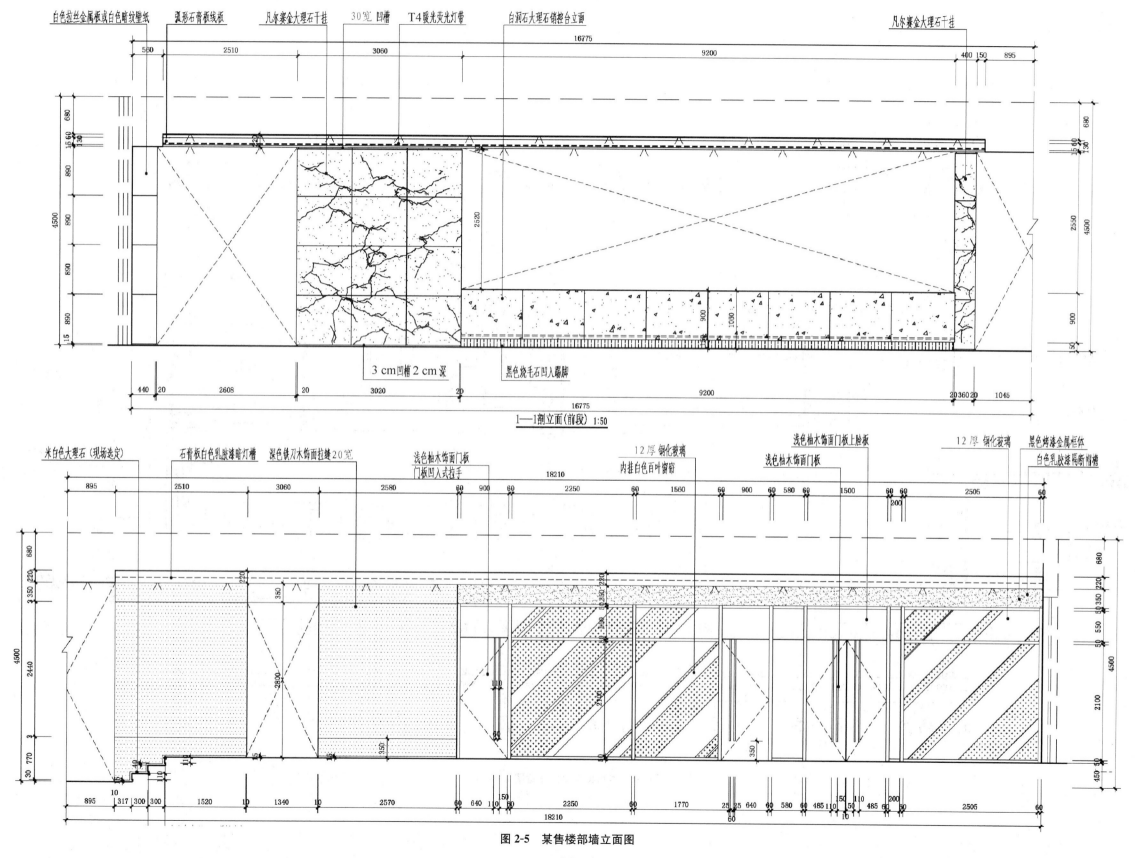

白色拉丝金属板或白色暗纹壁纸　　弧形石膏板线板　　凡尔赛金大理石干挂　　30宽 凹槽　　T4暖光荧光灯带　　白洞石大理石镶控台立面　　　凡尔赛金大理石干挂

16775

560　　2510　　3060　　9200　　400 150 895

3 cm凹槽2 cm深　　黑色烧毛石四入踢脚

440 20　2608　20　3020　20　9200　20360 20　1045

16775

1—1剖立面(前段) 1:50

米白色大理石(现场选定)　　石膏板白色乳胶漆暗灯槽　　深色铁刀木饰面门缝20宽　　浅色柚木饰面门板　浅色柚木饰面门板上胎板　12厚 钢化玻璃　黑色烤漆金属框体
　　　　　　　　　　　　　　　　　　　　　　　　　　　　　门板凹入式拉手　12厚 钢化玻璃　内挂白色百叶窗帘　浅色柚木饰面门板　白色乳胶漆隔断帽檐

18210

895　　2510　　3060　　2580　60 900 60　2250　60 1560　60 900 60 580 60　1500　60 60　2505　60

10　895　317 300 300　1520　10　1340　10　2570　60 640 110 50　2250　60　1770　25 25 640 60 580 60 485 110 50 485 60　2505　60

18210

图2-5　某售楼部墙立面图

· 26 ·

实训时间分配(参考)

本项目以课外作业的形式进行,大纲计入学时 2 学时,学生实际需用 6 天时间完成。

(1)施工图识读(1 天)。

(2)立面图绘制(2 天)。

(3)构造详图绘制(3 天)。

实训步骤和方法

(1)本实训项目按教学班人数分组,学生以组为单位,按设计任务书和指导书要求进行施工图识读。

(2)学生以组为单位,按设计任务书和指导书规定的设计深度和要求进行施工图绘制。

(3)教师按组进行一对一辅导,做到发现问题随时解决。

(4)针对发现的具有代表性的问题定时进行总结。

(5)为培养学生团队协作精神,成绩评定以组为单位。

实训成绩考评

1. 成绩考核评分方法

设计成绩主要综合考虑以下几个方面:

(1)平时成绩(包括纪律表现、学习态度、出勤和安全等),占 30%。

(2)绘制图纸,占 70%。

2. 成绩评定标准(参考)

根据以上考核项目,按优、良、中、及格、不及格等级制评定设计成绩,评分等级及标准参见表 2-1。

表 2-1 评分等级及标准

评分等级	评分标准
优	• 内容完整、正确; • 图纸正确无误,图面清洁、有条理,图面效果优美; • 图面各类标注完整、准确
良	• 内容正确; • 图纸正确无误,图面清洁、有条理,图面效果较美观; • 图面各类标注完整、准确
中	• 内容基本正确; • 图纸正确,图面较清洁、有条理; • 图面各类标注较完整、准确
及格	• 基本达到实训要求及内容正确; • 图纸设计正确,图面较清洁; • 图面各类标注较完整
不及格	• 不能按时完成实训任务及内容的基本要求; • 图面不清晰,各类标注不完整

任务 2　住宅内墙面装饰构造设计

教学目标

• 通过本设计,掌握住宅建筑内墙面构造做法;

• 训练识读和绘制住宅建筑内墙面各种装饰施工图的能力;

• 根据不同的使用功能环境,合理选择墙面装饰类型,会正确处理不同材质相应处的细部构造。

设计条件

(1)图 2-6～图 2-10 所示分别为某三室两厅住宅建筑装饰设计的平面布置图、客厅内墙立面图、卧室平面图和墙立面图、书房平面布置图和墙立面图、卫生间平面布置图和墙立面图,进行各房间墙面装饰构造施工图识读与绘制。

(2)根据立面图墙面装饰类型,选择饰面材料种类、色彩、规格,确定连接构造。

实训作业完成成果

(1)客厅、卧室平面布置图和立面图(比例 1∶50)。

(2)客厅、书房平面布置图和立面图(比例 1∶50)。

(3)客厅、卫生间平面布置图和立面图(比例 1∶50)。

(4)客厅、卧室、书房、卫生间墙立面节点详图(比例 1∶5～1∶10)。

实训作业深度及绘图要求

1. 设计内容

(1)装饰平面施工图。装饰平面施工图主要说明在原有建筑图基础上进行平面功能组合及家具设备布置的图样。

(2)装饰立面施工图。

(3)装饰剖面施工图和详图。

2. 绘图要求

(1)用 A2 绘图纸,以铅笔或墨线笔绘制。

(2)构造详图选择合适比例,学生自定。

(3)图线粗细分明,字体工整。

(4)要求达到装饰施工图深度,符合国家制图标准。

3. 图纸深度

(1)装饰平面施工图。

①标明室内平面功能的组织、房间的布局;

②原有建筑的轴线、编号及尺寸;

③标明建筑平面布置、空间的划分及分隔尺寸;

④标明家具、设备布局及尺寸、数量、材质;

⑤标明楼地面的平面位置、形状、材料、分格尺寸及工程做法;

⑥标明有关部位的详图索引;

⑦标明平面中各立面图内视符号;

⑧标明门、窗的位置尺寸和开启方向及走道、楼梯、防火通道、安全门、防火门或其他流动空间的位置和尺寸。

（2）装饰立面施工图。

①标明室内轮廓线，墙面与吊顶的收口形式，可见的灯具的形式等；

②标明墙面装饰造型及陈设（如壁挂、工艺品等）、门窗、墙面造型壁灯、暖气罩等内容；

③标明饰面材料、造型及分格等（做法的标注采用细实线引出；图外标注1或2道竖向及水平向尺寸，以及楼地面、顶棚等的装饰标高；图内应标注主要装饰造型尺寸）；

④标明立面装饰的造型、饰面材料的品名、规格、色彩和工艺要求；

⑤标明依附墙体的固定家具及造型；

⑥标明各种饰面材料的连接收口形式；

⑦标明索引符号、说明文字、图名及比例等。

（3）装饰剖面施工图和详图。

①剖开部位的构造层次；

②标明造型材料之间的连接方法；

③标明构造做法和造型尺寸；

④标明装饰结构和装饰面上的设备安装方式和固定方法；

⑤标明装饰造型材料和建筑主体结构之间的连接方式与衔接尺寸；

⑥标明节点和构配件的详图索引。

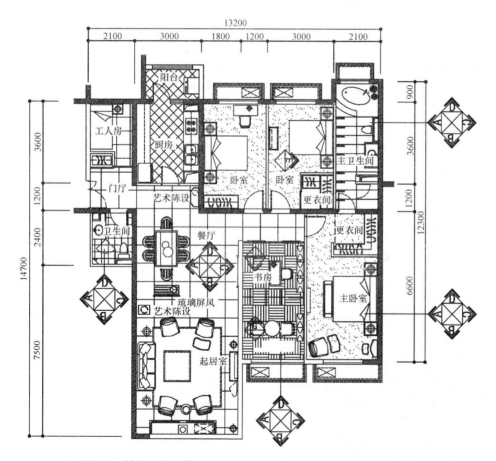

图2-6 某住宅建筑装饰平面布置图（A—4户型平面布置图）1：80

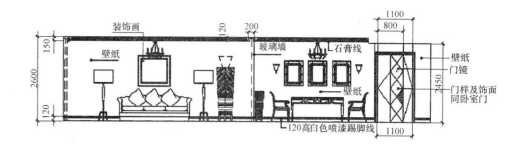

客厅A立面图1：100

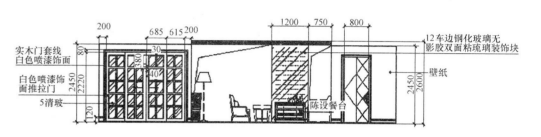

客厅B立面图1：100

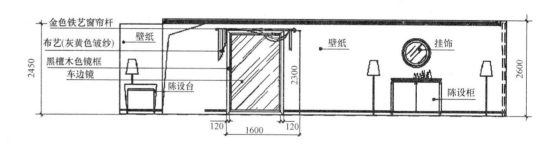

客厅C立面图1：100

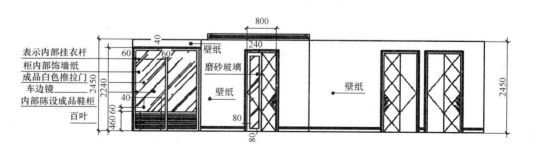

客厅D立面图1：100

图2-7 某住宅建筑客厅内墙面装饰施工图

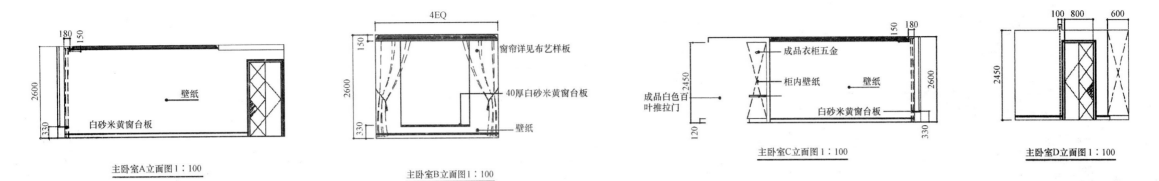

180 150
2600
330
壁纸
白砂米黄窗台板
主卧室A立面图1：100

4EQ
150
2600
330
窗帘详见布艺样板
40厚白砂米黄窗台板
壁纸
主卧室B立面图1：100

150 180
2450
2600
330
120
成品衣柜五金
柜内壁纸
壁纸
成品白色百叶推拉门
白砂米黄窗台板
主卧室C立面图1：100

100 800 600
2450
主卧室D立面图1：100

图 2-8　卧室内墙立面装饰施工图

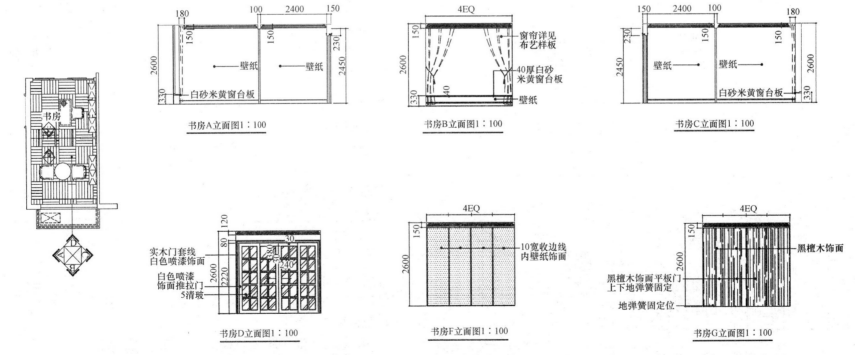

书房

180 100 2400 150
150 150
2600 230 2450
330
壁纸　壁纸
白砂米黄窗台板
书房A立面图1：100

4EQ
150
2600
330
40
窗帘详见布艺样板
40厚白砂米黄窗台板
壁纸
书房B立面图1：100

150 2400 100 180
230 150 150
2450 2600
330
壁纸　壁纸
白砂米黄窗台板
书房C立面图1：100

120 80 30
2600 2220 240 180
实木门套线
白色喷漆饰面
白色喷漆饰面推拉门
5清玻
书房D立面图1：100

4EQ
150
2600
10宽收边线内壁纸饰面
书房F立面图1：100

4EQ
150
2600
黑檀木饰面
黑檀木饰面平板门上下地弹簧固定
地弹簧固定位
书房G立面图1：100

图 2-9　书房平面布置图和墙立面图

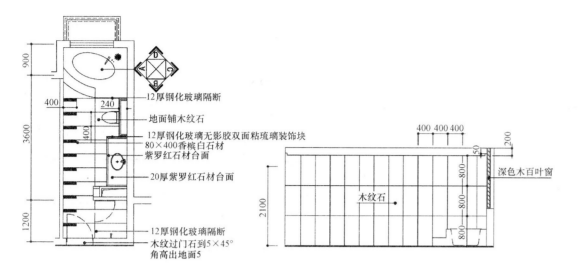

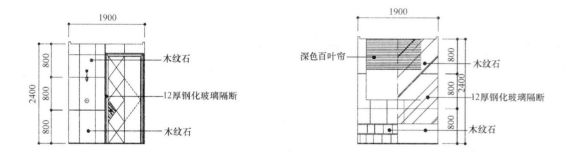

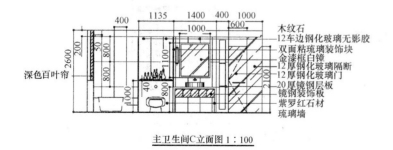

图 2-10　卫生间平面布置图及墙立面图

本项目以课外作业的形式进行，大纲计入学时 2 学时，学生实际需用 6 天时间完成。

(1)施工图识读(1 天)。

(2)立面图(客厅和任意一房间)(2 天)。

(3)构造详图(客厅和任意一房间)(3 天)。

实训步骤和方法

同任务 1。

实训成绩考评

同任务 1。

任务 3　某银行营业厅墙面装饰构造设计

教学目标

• 通过本设计，重点掌握石材干挂墙面的构造做法及门窗套构造；

• 训练绘制和识读石材干挂墙面及门窗套装饰施工图的能力；

• 确定石材种类及规格，能熟练绘制石材干挂墙面各节点图。

实训内容

(1)某银行平面布置图、内墙立面图如图 2-11～图 2-17 所示。

(2)根据立面图，石材饰面的组合排列形式，石材质量、色彩、规格，确定石材饰面与承重结构的干挂法连接构造。

实训作业绘制完成成果

(1)银行平面图(比例 1∶50)。

(2)银行营业厅墙立面图(比例 1∶50)。

(3)营业厅墙立面构造详图(比例 1∶5～1∶10)。

实训作业深度及绘图要求

1. 设计内容

(1)营业厅墙立面图。

(2)石材规格、排列、色彩及详图索引符号。

(3)主要部位石材干挂剖面节点详图。

(4)详细表示石材与骨架、骨架与结构之间的连接构造及做法。

2. 绘图要求

(1)用 A2 绘图纸一张(禁用描图纸)以铅笔或墨线笔绘制。

(2)图中线条、材料符号等一律按建筑制图标准表示。

(3)要求字体工整，线条粗细分明。

3. 图纸深度

(1)标明室内轮廓线，墙面与吊顶的收口形式，可见的灯具投影图形等。

(2)标明墙面装饰造型及陈设(如壁挂、工艺品等)、门窗、墙面造型壁灯、暖气罩等内容。

（3）标明饰面材料、造型及分格等。做法的标注采用细实线引出。图外标注 1～2 道竖向及水平向尺寸，以及楼地面、顶棚等的装饰标高；图内应标注主要装饰造型尺寸。

（4）标明立面装饰的造型、饰面材料的品名、规格、色彩和工艺要求。

（5）标明依附墙体的固定家具及造型。

（6）标明各种饰面材料的连接收口形式。

（7）标明索引符号、说明文字、图名及比例等。

实训时间分配（参考）

本项目以课外作业的形式进行，大纲计入学时 2 学时，学生实际需用 6 天时间完成。

（1）施工图识读（1 天）。

（2）立面图绘制（3 天）。

（3）构造详图绘制（2 天）。

实训步骤和方法

同任务 1。

实训成绩考评

同任务 1。

任务 4　某会议室墙面装饰构造设计

教学目标

- 通过设计，重点掌握石材干挂、壁纸、硬包和木饰面板等墙面的构造做法；
- 训练识读和绘制墙面石材干挂、壁纸、硬包和木饰面板等墙面装饰施工图的能力；
- 确定石材、木材、壁纸和壁布种类及规格，能熟练绘制石材干挂、壁纸和木饰面板墙面各节点图。

实训内容

（1）某会议室平面布置图、内墙立面图如图 2-18～图 2-22 所示。

（2）根据立面图，石材饰面的组合排列形式，石材重量、色彩、规格，确定石材饰面与承重结构的干挂法连接构造。

实训作业绘制完成成果

（1）会议室平面图（比例 1∶50）。

（2）会议室墙立面图（比例 1∶50）。

（3）会议室墙立面构造详图（比例 1∶5～1∶10）。

实训作业深度及绘图要求

1. 设计内容

（1）会议室墙立面图。

（2）石材规格、排列、色彩及详图索引符号。

（3）主要部位石材干挂剖面节点详图。

（4）详细表示石材与骨架、骨架与结构之间的连接构造及做法。

（5）详细表示硬包面层与骨架、骨架与结构之间的连接构造及做法。

2. 绘图要求

（1）用 A2 绘图纸一张（禁用描图纸）以铅笔或墨线笔绘制。

（2）图中线条、材料符号等一律按建筑制图标准表示。

（3）要求字体工整，线条粗细分明。

3. 图纸深度

（1）标明室内轮廓线，墙面与吊顶的收口形式，可见的灯具投影图形等。

（2）标明墙面装饰造型及陈设（如壁挂、工艺品等）、门窗、墙面造型壁灯、暖气罩等内容。

（3）标明饰面材料、造型及分格等。做法的标注采用细实线引出。图外标注 1～2 道竖向及水平向尺寸，以及楼地面、顶棚等的装饰标高；图内应标注主要装饰造型尺寸。

（4）标明立面装饰的造型、饰面材料的品名、规格、色彩和工艺要求。

（5）标明依附墙体的固定家具及造型。

（6）标明各种饰面材料的连接收口形式。

（7）标明索引符号、说明文字、图名及比例等。

实训时间分配（参考）

本项目以课外作业的形式进行，大纲计入学时 2 学时，学生实际需用 6 天时间完成。

（1）施工图识读（1 天）。

（2）立面图绘制（2 天）。

（3）构造详图绘制（3 天）。

实训步骤和方法

同任务 1。

实训成绩考评

同任务 1。

知识要点准备（墙面节点构造设计参考资料）

（1）墙面装饰装修材料品种繁多，从构造技术的角度可分为抹灰类、贴面类、涂刷类、裱糊及软包类、罩面类，各类墙面装饰装修材料品种见表 2-2。

表 2-2　墙面装饰装修材料品种

类型	常用材料举例
抹灰类	石灰砂浆、水泥砂浆、水泥混合砂浆、纸筋石灰砂浆、石膏砂浆、水泥石碴浆、聚合物水泥砂浆
贴面类	陶瓷面砖、马赛克、大理石板、青石板、人造石材板
涂刷类	无机涂料、有机涂料、复合涂料
裱糊及软包类	壁纸、墙布、织锦缎、壁毯、皮革
罩面类	木质饰面板、饰面玻璃板、不锈钢饰板、铝合金饰面板、铝塑板

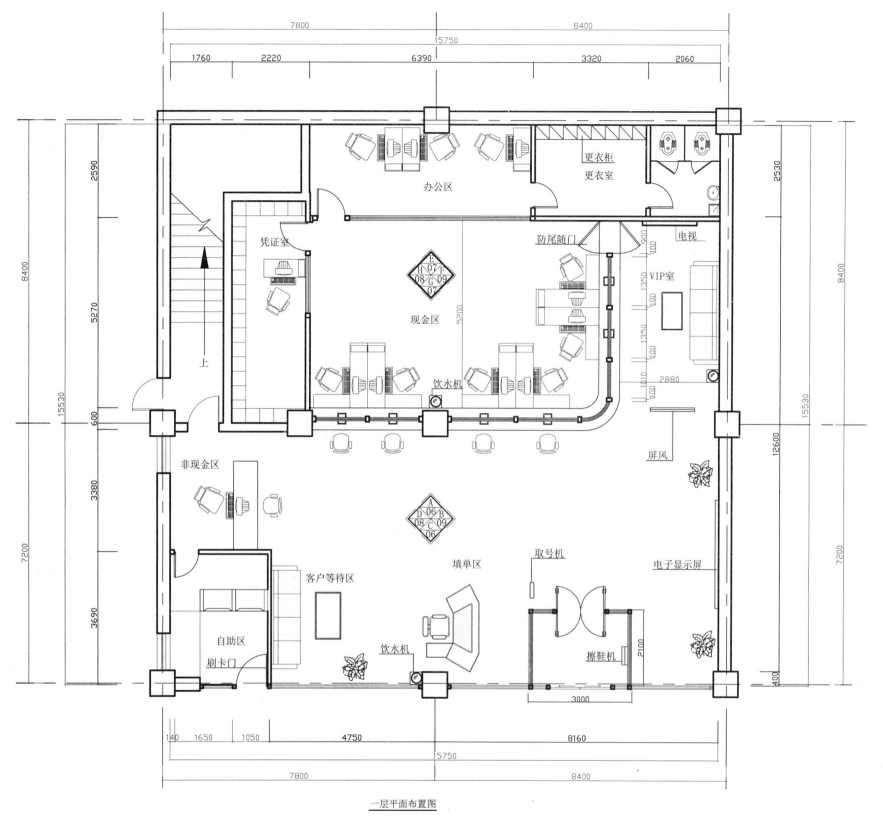

一层平面布置图

图 2-11 某银行一层平面布置图 1:50

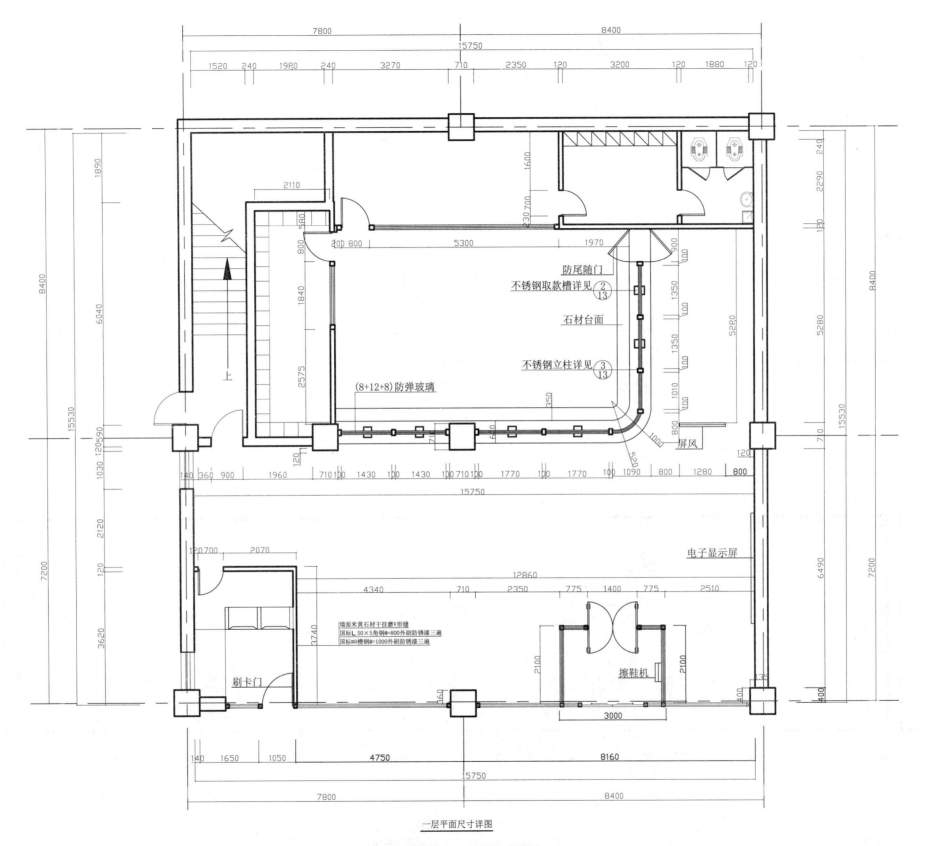

一层平面尺寸详图

图 2-12 某银行一层平面尺寸详图 1∶50

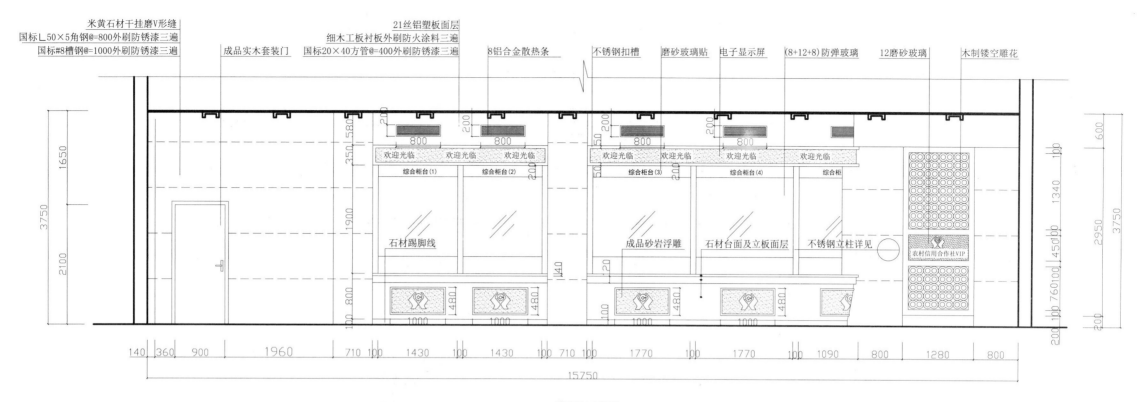

米黄石材干挂磨V形缝
国标L50×5角钢@=800外刷防锈漆三遍
国标#8槽钢@=1000外刷防锈漆三遍
成品实木套装门
21丝铝塑板面层
细木工板衬板外刷防火涂料三遍
国标20×40方管@=400外刷防锈漆三遍
8铝合金散热条
不锈钢扣槽
磨砂玻璃贴
电子显示屏
(8+12+8)防弹玻璃
12磨砂玻璃
木制镂空雕花

欢迎光临 欢迎光临 欢迎光临 欢迎光临 欢迎光临 欢迎光临 欢迎光临
综合柜台(1) 综合柜台(2) 综合柜台(3) 综合柜台(4) 综合柜

石材踢脚线 成品砂岩浮雕 石材台面及立板面层 不锈钢立柱详见

农村信用合作社VIP

营业厅A立面图

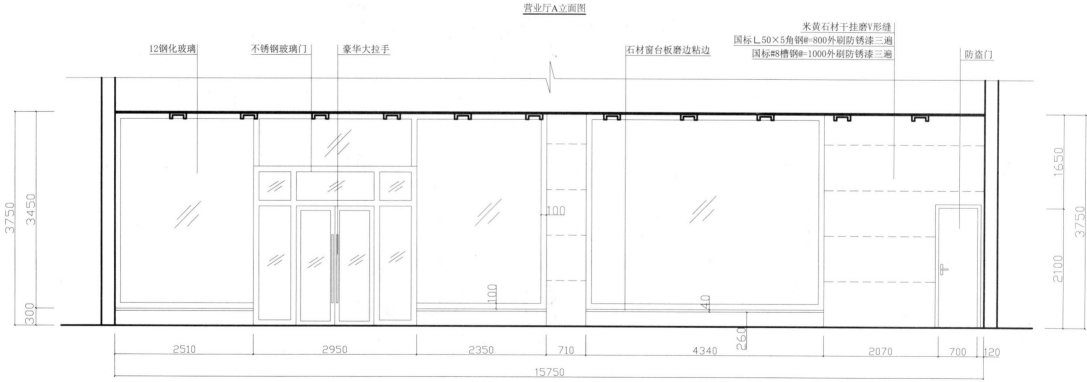

12钢化玻璃
不锈钢玻璃门
豪华大拉手
石材窗台板磨边粘边
米黄石材干挂磨V形缝
国标L50×5角钢@=800外刷防锈漆三遍
国标#8槽钢@=1000外刷防锈漆三遍
防盗门

营业厅C立面图

图 2-13 营业厅墙 A/C 立面图 1:50

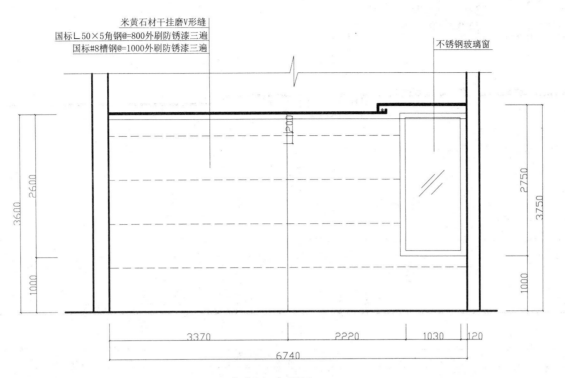

米黄石材干挂磨V形缝
国标L 50×5角钢@=800外刷防锈漆三遍
国标#8槽钢@=1000外刷防锈漆三遍

不锈钢玻璃窗

2600
3600
1000
1200

2750
3750
1000

3370   2220   1030   120
6740

营业厅D立面图

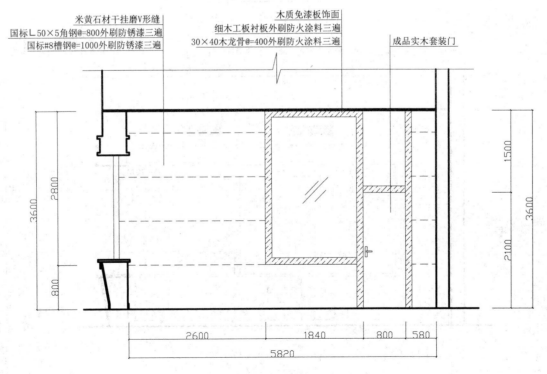

米黄石材干挂磨V形缝
国标L 50×5角钢@=800外刷防锈漆三遍
国标#8槽钢@=1000外刷防锈漆三遍

木质免漆板饰面
细木工板衬板外刷防火涂料三遍
30×40木龙骨@=400外刷防火涂料三遍

成品实木套装门

2800
3600
800

1500
3600
2100

2600   1840   800   580
5820

营业厅H立面图

图 2-14　营业厅墙 D/H 立面图 1∶50

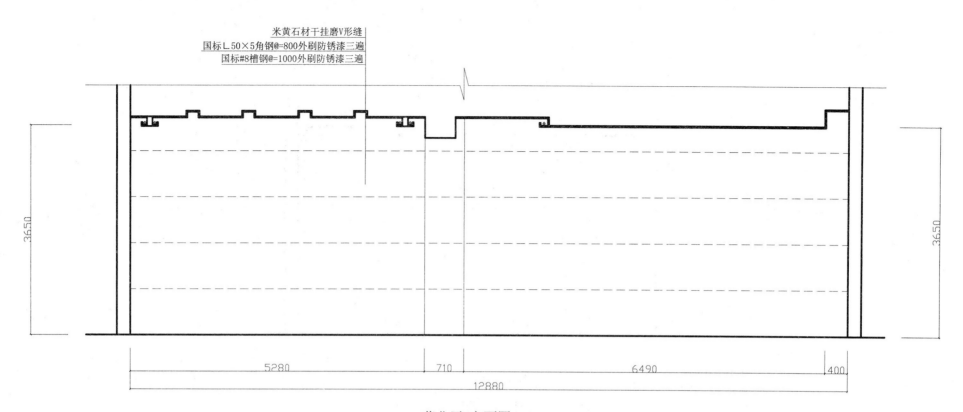

米黄石材干挂磨V形缝
国标L.50×5角钢@=800外刷防锈漆三遍
国标#8槽钢@=1000外刷防锈漆三遍

3650

3650

5280 710 6490 400

12880

营业厅B立面图

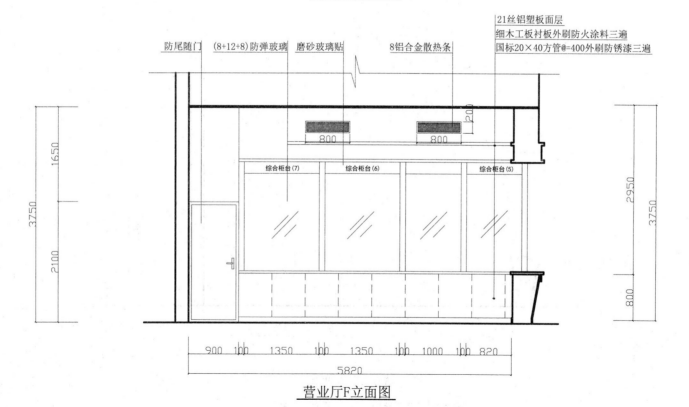

防尾随门 (8+12+8)防弹玻璃 磨砂玻璃贴 8铝合金散热条

21丝铝塑板面层
细木工板衬板外刷防火涂料三遍
国标20×40方管@=400外刷防锈漆三遍

200

800 800

综合柜台(7) 综合柜台(6) 综合柜台(5)

3750

1650

2100

2950

800

900 100 1350 100 1350 100 1000 100 820

5820

营业厅F立面图

图 2-15 营业厅墙 B/F 立面图 1：50

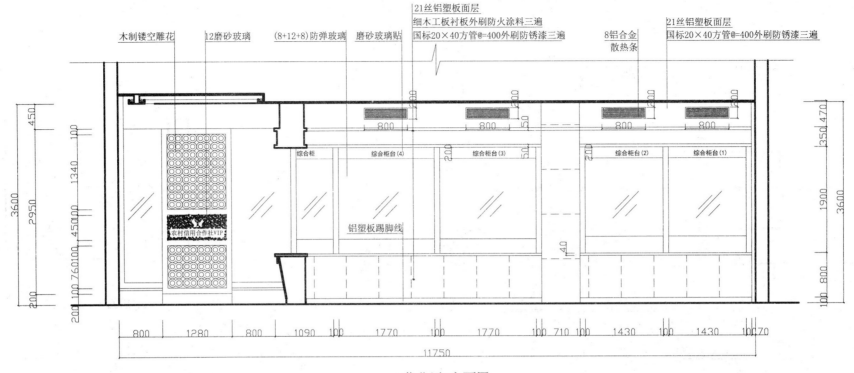

木制镂空雕花　12磨砂玻璃　(8+12+8)防弹玻璃　磨砂玻璃贴　21丝铝塑板面层　细木工板衬板外刷防火涂料三遍　国标20×40方管@=400外刷防锈漆三遍　8铝合金散热条　21丝铝塑板面层　国标20×40方管@=400外刷防锈漆三遍

综合柜　综合柜台(4)　综合柜台(3)　综合柜台(2)　综合柜台(1)

农村信用合作社VIP

铝塑板踢脚线

营业厅G立面图

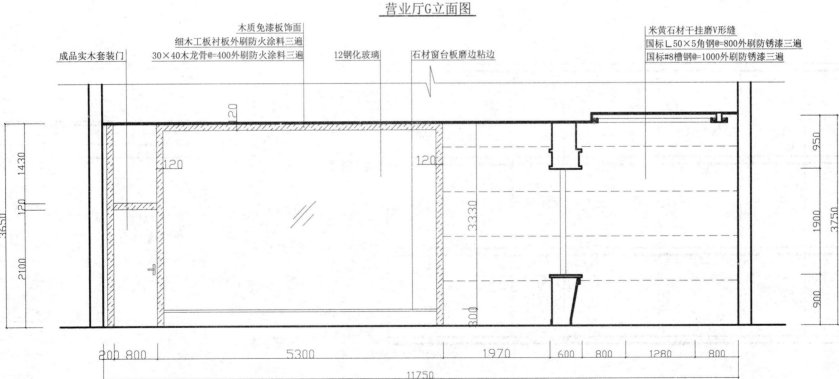

成品实木套装门　木质免漆板饰面　细木工板衬板外刷防火涂料三遍　30×40木龙骨@=400外刷防火涂料三遍　12钢化玻璃　石材窗台板磨边粘边　米黄石材干挂磨V形缝　国标L50×5角钢@=800外刷防锈漆三遍　国标#8槽钢@=1000外刷防锈漆三遍

营业厅E立面图

图 2-16　营业厅墙 G/E 立面图 1：50

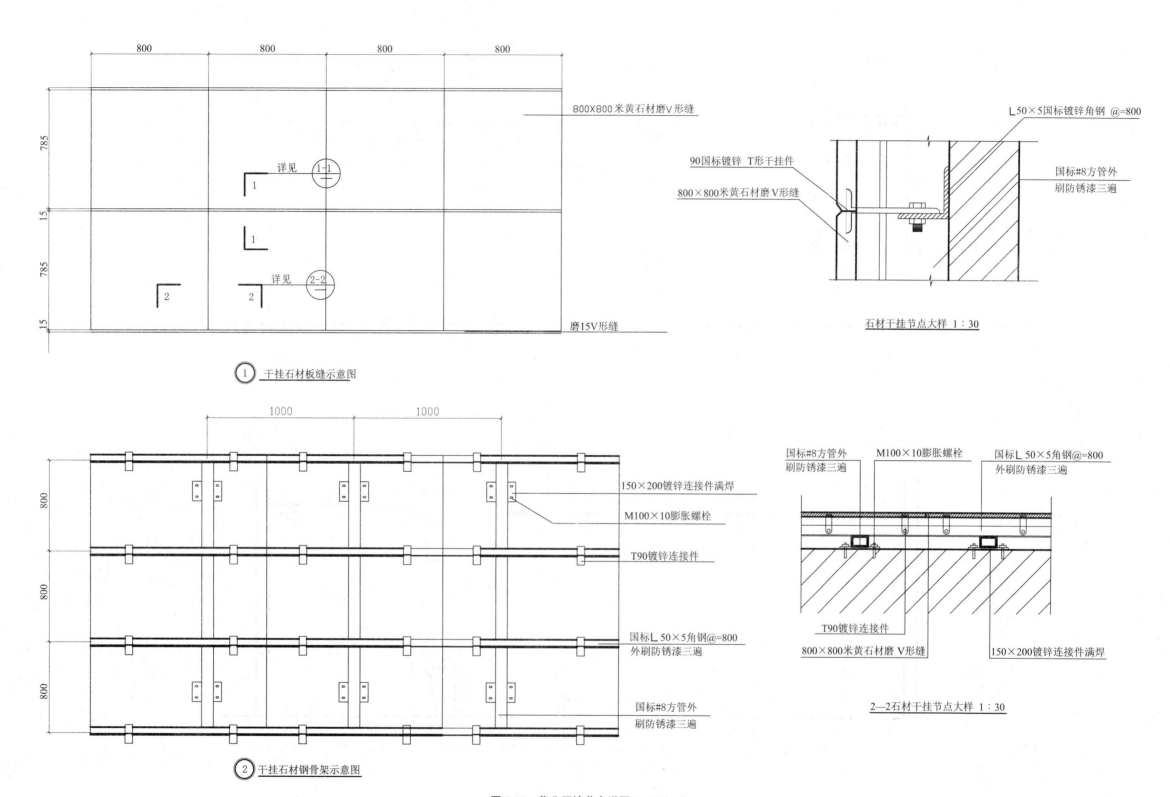

800   800   800   800

785

15

785

15

800×800米黄石材磨V形缝

详见 (1-1)
1

详见 (2-2)
2

磨15V形缝

① 干挂石材板缝示意图

L 50×5国标镀锌角钢 @=800

90国标镀锌 T形干挂件

800×800米黄石材磨 V形缝

国标#8方管外刷防锈漆三遍

石材干挂节点大样 1：30

1000   1000

800

800

800

150×200镀锌连接件满焊

M100×10膨胀螺栓

T90镀锌连接件

国标L 50×5角钢@=800外刷防锈漆三遍

国标#8方管外刷防锈漆三遍

② 干挂石材钢骨架示意图

国标#8方管外刷防锈漆三遍   M100×10膨胀螺栓   国标L 50×5角钢@=800外刷防锈漆三遍

T90镀锌连接件

800×800米黄石材磨 V形缝   150×200镀锌连接件满焊

2—2石材干挂节点大样 1：30

图 2-17 营业厅墙节点详图 1：20(一)

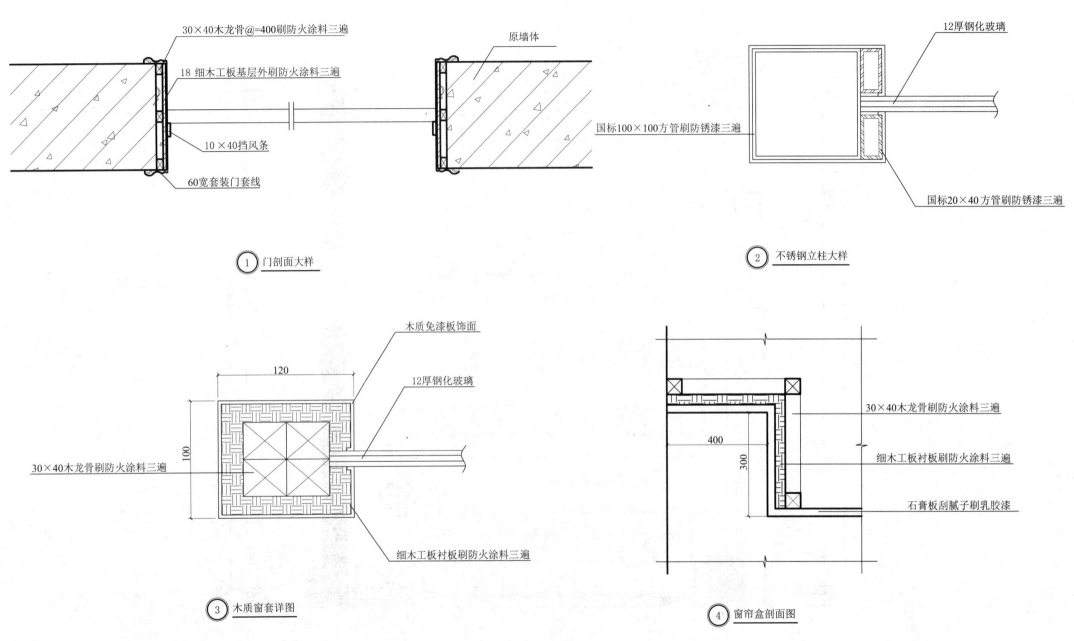

30×40木龙骨@=400刷防火涂料三遍

18 细木工板基层外刷防火涂料三遍

原墙体

12厚钢化玻璃

10×40挡风条

60宽套装门套线

国标100×100方管刷防锈漆三遍

国标20×40方管刷防锈漆三遍

① 门剖面大样

② 不锈钢立柱大样

木质免漆板饰面

12厚钢化玻璃

120

100

30×40木龙骨刷防火涂料三遍

细木工板衬板刷防火涂料三遍

③ 木质窗套详图

400

300

30×40木龙骨刷防火涂料三遍

细木工板衬板刷防火涂料三遍

石膏板刮腻子刷乳胶漆

④ 窗帘盒剖面图

图 2-17 营业厅墙节点详图 1∶5(二)

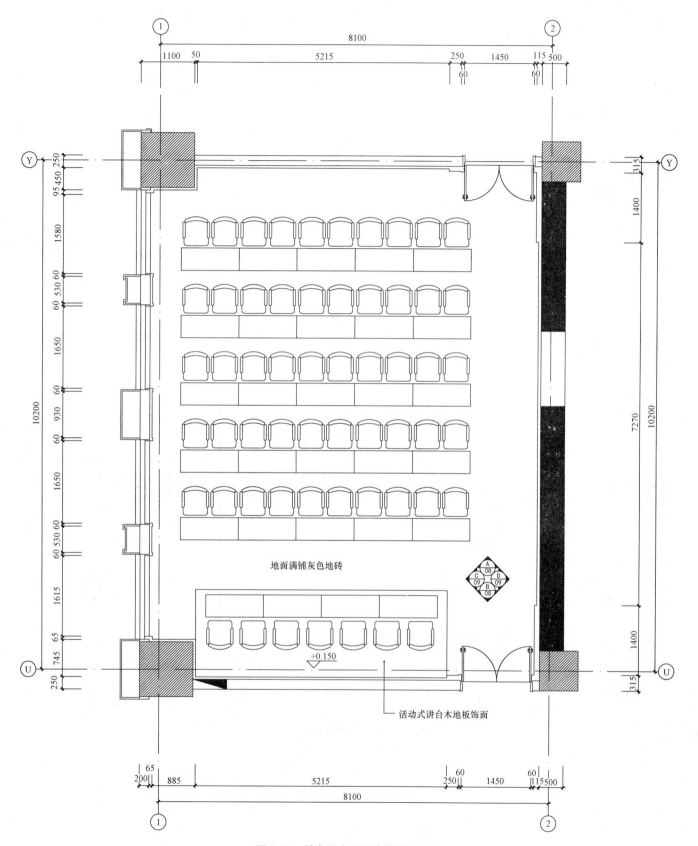

地面满铺灰色地砖

+0.150

活动式讲台木地板饰面

图 2-18 某会议室平面布置图 1：40

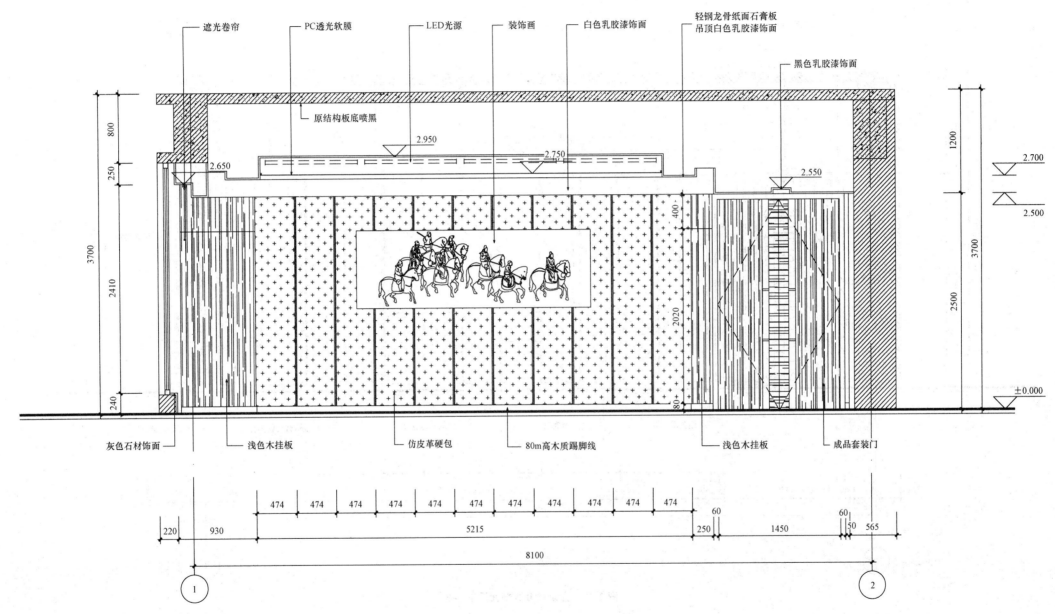

遮光卷帘　　PC透光软膜　　LED光源　　装饰画　　白色乳胶漆饰面　　轻钢龙骨纸面石膏板
吊顶白色乳胶漆饰面

黑色乳胶漆饰面

原结构板底喷黑

2.950

2.750

2.650

2.550

800

250

3700

2410

2020

400

1200

3700

2500

2.700

2.500

240

80

±0.000

灰色石材饰面　　浅色木挂板　　仿皮革硬包　　80m高木质踢脚线　　浅色木挂板　　成品套装门

474　474　474　474　474　474　474　474　474　474　474

60

60

50

220　　930　　　　　5215　　　　　250　　　1450　　　565

8100

1　　　　　　　　　　　　　　　　　　　　　　　　　　　　　　2

图 2-19　会议室 A-A 剖面图 1：40

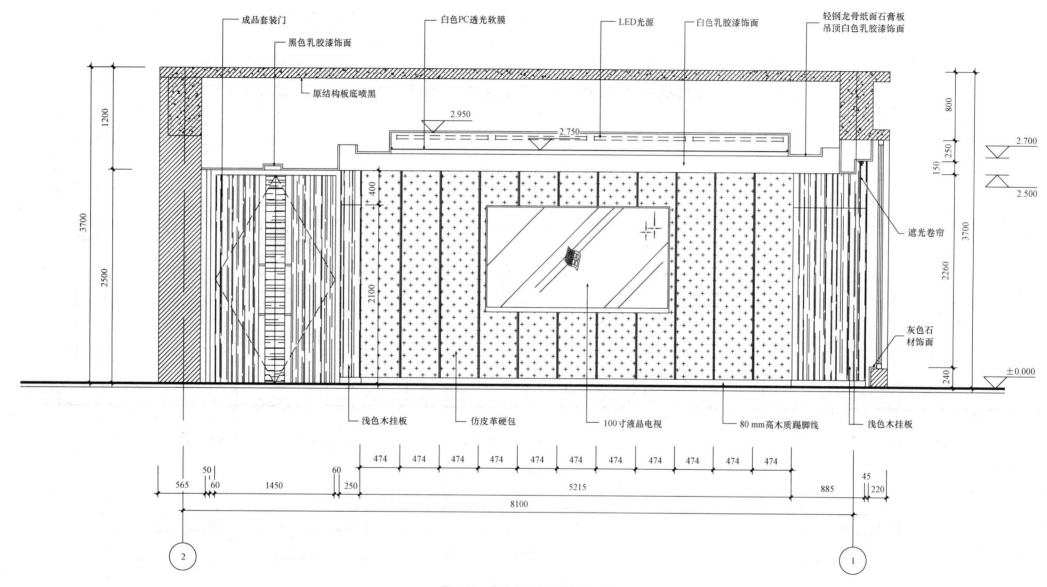

成品套装门
黑色乳胶漆饰面
白色PC透光软膜
LED光源
白色乳胶漆饰面
轻钢龙骨纸面石膏板
吊顶白色乳胶漆饰面
原结构板底喷黑
2.950
2.750
2.700
2.500
遮光卷帘
1200
3700
2500
800
250
150
2260
3700
240
±0.000
400
2100
灰色石材饰面
浅色木挂板
仿皮革硬包
100寸液晶电视
80 mm高木质踢脚线
浅色木挂板

565 50 60 1450 60 250 474 474 474 474 474 474 474 474 474 474 474 885 45 220
5215
8100

2   1

图 2-20 会议室 B-B 剖面图 1∶40

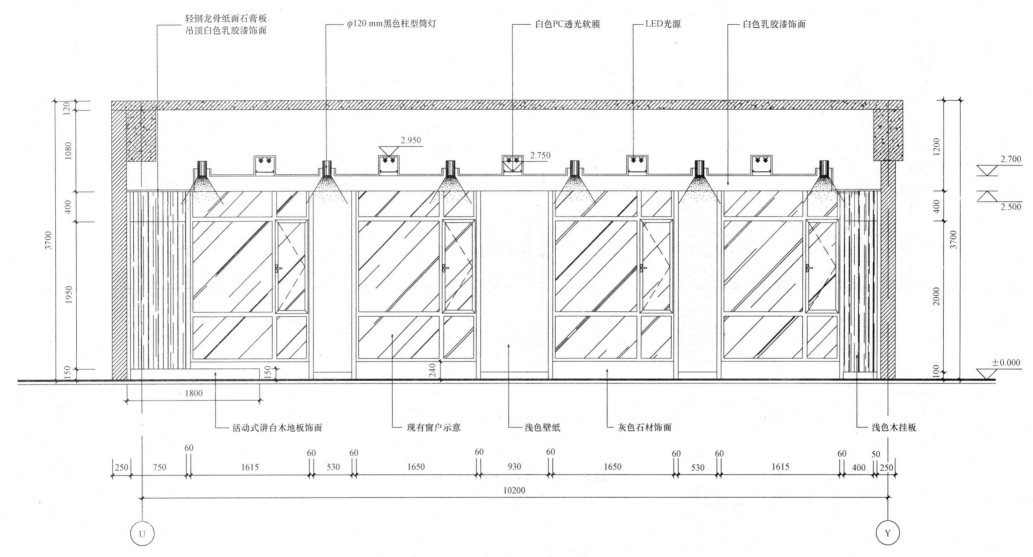

轻钢龙骨纸面石膏板
吊顶白色乳胶漆饰面

φ120 mm黑色柱型筒灯

白色PC透光软膜

LED光源

白色乳胶漆饰面

2.950

2.750

120

1080

400

1950

3700

150

150

240

1800

活动式讲台木地板饰面

现有窗户示意

浅色壁纸

灰色石材饰面

浅色木挂板

1200

400

3700

2000

100

2.700

2.500

±0.000

250 750 60 1615 60 530 60 1650 60 930 60 1650 60 530 60 1615 60 400 50 250

10200

U

Y

图 2-21　会议室 C-C 剖面图 1：40

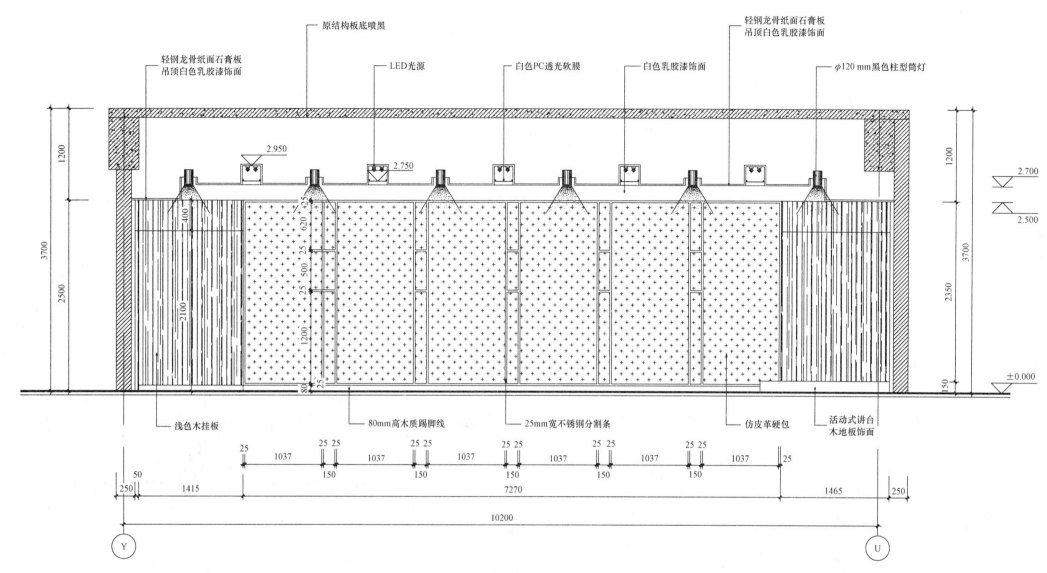

轻钢龙骨纸面石膏板
吊顶白色乳胶漆饰面

原结构板底喷黑

LED光源

白色PC透光软膜

白色乳胶漆饰面

轻钢龙骨纸面石膏板
吊顶白色乳胶漆饰面

φ120 mm黑色柱型筒灯

2.950

2.750

1200

3700

2500

400

2100

620 25

25

500

25

1200

25

80

25

2.700

1200

3700

2350

2.500

150

±0.000

浅色木挂板

80mm高木质踢脚线

25mm宽不锈钢分割条

仿皮革硬包

活动式讲台
木地板饰面

25

1037

25 25

1037

25 25

1037

25 25

1037

25 25

1037

25 25

1037

25

150

150

150

150

150

50

250

1415

7270

1465

250

10200

Y

U

图 2-22 会议室 D-D 剖面图 1 : 40

（2）涂料、玻璃砖、面砖、抹灰墙面构造做法如图 2-23 所示。

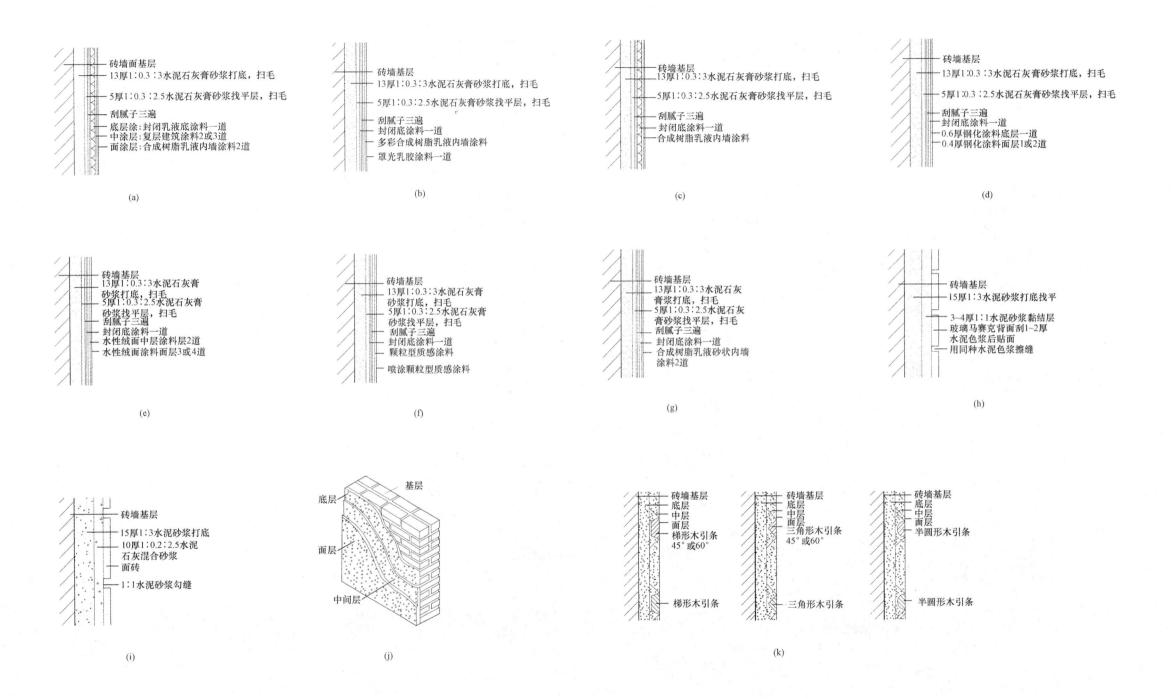

图 2-23　涂料、玻璃砖、面砖、抹灰墙面构造做法

(a)复层建筑涂料饰面构造；(b)多彩内墙面乳胶漆饰面构造；(c)合成树脂乳胶漆饰面构造；(d)钢化涂料基本构造

(e)水性绒面涂料分层结构；(f)艺术涂料凹凸质感造型墙面；(g)合成树脂乳液砂壁饰面构造

(h)玻璃锦砖的粘结；(i)面砖饰面构造；(j)抹灰的构造组成；(k)抹灰嵌木条分格构造

（3）各类瓷砖墙面构造做法如图2-24所示。

（4）不同材质墙面接缝构造处理如图2-25所示。

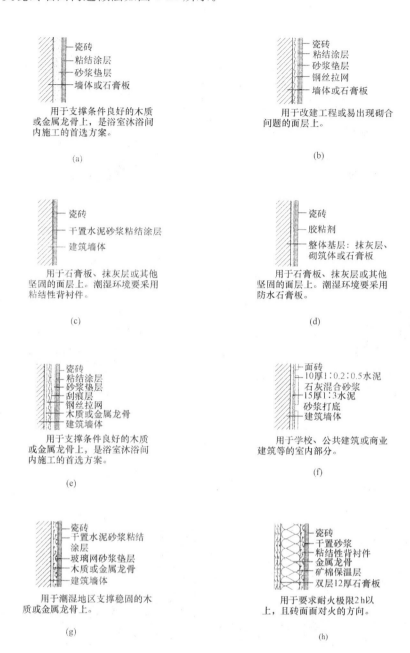

图2-24　各类瓷砖墙面构造做法

（a）水泥砂浆法（一）；（b）单层法；（c）干置砂浆法；（d）有机胶粘剂法；
（e）水泥砂浆法（二）；（f）水泥砂浆法（三）；（g）干置砂浆法（粘结性背衬）；（h）干置砂浆法（防火墙）

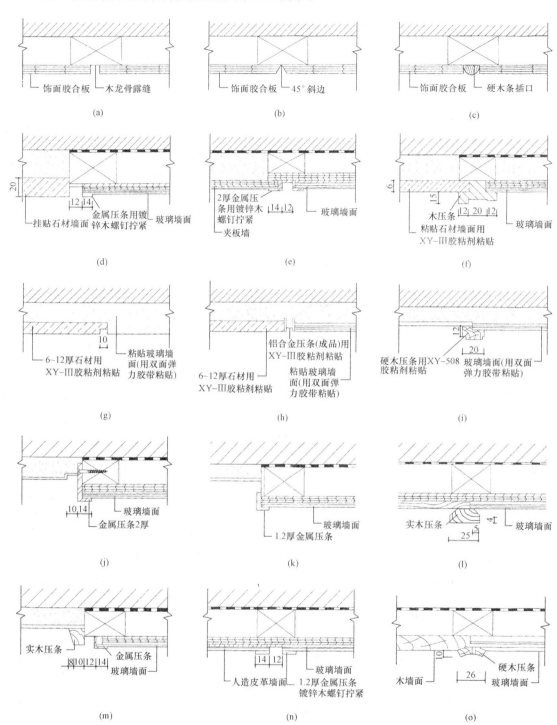

图2-25　不同材质墙面接缝构造处理

（a）方口接缝；（b）斜口接缝；（c）硬木压条（一）；（d）金属压条（一）；（e）金属压条（二）；
（f）硬木压条（二）；（g）粘贴；（h）铝合金压条；（i）硬木压条（三）；（j）金属压条（三）；
（k）金属压条（四）；（l）硬木压条（四）；（m）金属压条（五）；（n）金属压条（六）；（o）硬木压条（五）

(5)瓷砖、石材墙面水平接缝构造处理如图 2-26 所示。

①接缝构造适用于挂贴石墙面及柱面，面材由设计人员定；

②金属嵌条采用铝合金、不锈钢、铜条等，由设计人员定，用 YJ—1 型建筑胶粘贴。

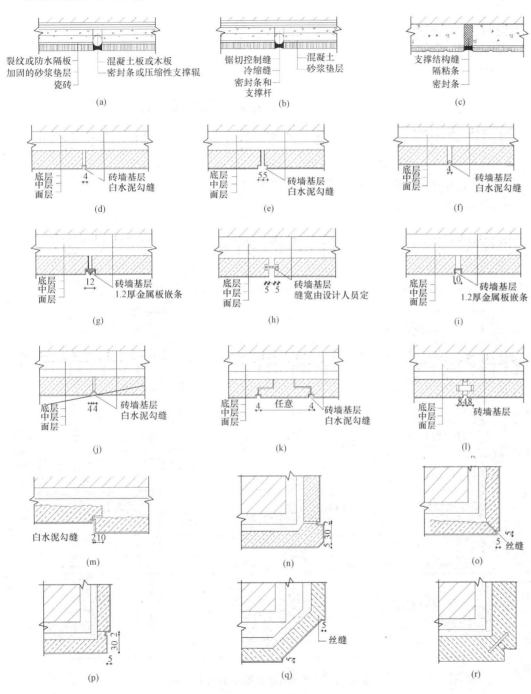

图 2-26　瓷砖、石材墙面水平接缝构造处理
(a)圆缝(一)；(b)圆缝(二)；(c)圆缝(三)；(d)平缝；(e)台阶缝；(f)圆缝(四)；
(g)平缝加平缝条(一)；(h)平缝加平缝条(二)；(i)平缝加平缝条(三)；(j)三角缝；(k)白水泥勾缝(一)；
(l)白水泥勾缝(二)；(m)企口错缝；(n)转角平缝(一)；(o)斜接缝；(p)转角平缝(二)；(q)斜转角；(r)角部斜接槽

项目2　楼地面装饰施工图识读与绘制

教学目标

• 通过本施工图识读，重点掌握常用楼地面装饰类型及构造要点，掌握如何结合实际情况正确确定楼地面装饰方案选型和所用材料；

• 训练楼地面装饰施工图绘制和识读的能力；

• 具有指导楼地面装饰施工的能力；

• 具有楼地面装修工程量计量与计价的能力。

施工图识读内容

楼地面装饰施工图是装修施工得以进行的依据，施工图将结构要求、材料构成及施工的工艺技术要求等用图纸的形式交代给施工人员，以便准确、顺利地组织和完成工程。

楼地面装饰施工图包括楼地面平面布置图、构造节点图。平面布置图是室内楼地面与装饰物的正投影图，标明了建筑每一不同使用空间的平面尺寸，墙体的厚度，门的尺寸及门开启方向，各种材料地面的相互尺寸关系，楼地面装饰的式样、材料及位置尺寸，不同材质楼地面之间的衔接方式等。

构造节点图是两个以上装饰面的交汇点，按垂直或水平方向切开，以标明装饰面之间的对接方式和固定方法。节点图应详细表现出装饰面连接处的构造，标注的详细尺寸和收口、封边的施工方法。

在设计施工图时，构造节点图，应在平面布置图上标明，以便正确指导施工。

项目案例导入

建筑的室内地面是建筑工程中的重要内容，是人们日常生活、工作、学习、生产时必须接触的部分，也是建筑中直接承受荷载，经常受到摩擦、清洗的部分。因此，除要符合人们使用、功能的要求外，还必须考虑人们在精神上的追求和享受，做到美观、舒适。

楼地面按构造方式不同，有整体式楼地面、块材楼地面、木地面、人造软质制品地面等。地面构造设计重点在于确定地面各种类型、材料、构造做法及楼地面特殊部位连接等。

任务1　住宅建筑楼地面装饰构造设计

教学目标

• 通过设计，重点掌握陶瓷地砖、玻化砖、防水瓷砖、木地面等板块楼地面构造做法；

• 了解卷材地面的固定方法及不同材质地面交接处连接构造；

• 能够熟练地绘制楼地面装饰施工图。

设计条件

(1)某住宅三室两厅户型平面示意图，该户位于四层，各房间的使用功能、住宅地面布置如图 2-27 所示。

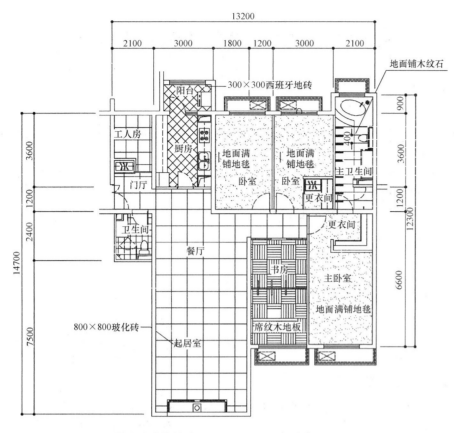

图 2-27　某住宅建筑楼地面平面图(A—4 户型地面平面图)1：80

(2)根据平面布置形式，确定各房间楼面的构造方式和交接部位连接构造。

实训作业要求及深度

1. 设计内容

(1)住宅各房间地面平面图，要求表示出地面拼花图案、分格尺寸、材料颜色的说明。

(2)各房间地面分层构造剖面图，并标明各分层构造具体做法。

(3)踢脚、门洞口的节点详图。

2. 绘图要求

(1)用 2 号绘图纸，以铅笔或墨线笔绘制以上各图。

(2)详图比例合理，学生自定。

(3)图线粗细分明，字体工整。

(4)要求达到装饰施工图深度，符合国家制图标准。

3. 绘图深度

(1)表示楼地面的平面位置、形状、材料、分格尺寸及工程做法。

(2)表示有关部位的详图索引。

(3)表示地面分层构造剖面图，并标明各分层构造具体做法。

(4)不同材质地面交接处构造。

(5)标注各部分尺寸、索引符号。

实训时间分配(参考)

本项目以课外作业的形式进行，大纲计入学时 2 学时，学生实际需用 6 天时间完成。

实训步骤和方法

同项目 1 任务 1。

实训成绩考评

同项目 1 任务 1。

任务 2　某售楼部楼地面装饰构造设计

教学目标

• 通过设计，重点掌握玻化砖、防滑地砖等板块楼地面构造做法；

• 掌握不同材质形式地面的固定方法及不同材质地面交接处连接构造；

• 能够熟练地绘制楼地面装饰施工图。

设计条件

(1)某售楼部地面平面如图 2-28 所示。

(2)根据平面布置形式，确定各房间楼面的构造方式和交接部位连接构造。

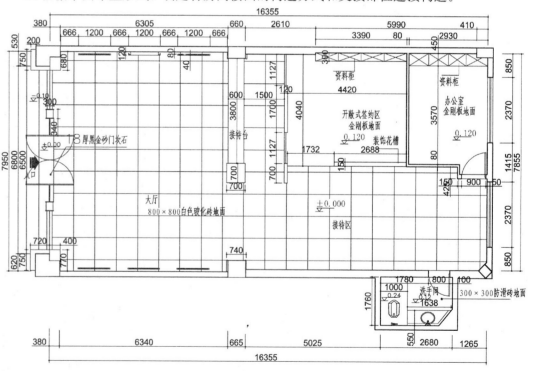

图 2-28　某售楼部楼地面平面图 1：100

实训设计内容及深度要求

1. 设计内容

(1)售楼部地面平面图，要求表示出地面拼花图案、分格尺寸、材料颜色的说明。

(2)各分区地面分层构造剖面图，并标明构造具体做法。

(3)踢脚、门洞口的节点详图。

(4)标注各部分尺寸、索引符号。

2. 绘图要求

(1)用2号绘图纸，以铅笔或墨线笔绘制以上各图。

(2)详图比例合理，学生自定。

(3)图线粗细分明，字体工整。

(4)要求达到装饰施工图深度，符合国家制图标准。

3. 绘图深度

同课题1。

实训时间分配(参考)

本项目以课外作业的形式进行，大纲计入学时2学时，学生实际需用6天时间完成。

实训步骤和方法

同项目1任务1。

实训成绩考评

同项目1任务1。

任务3　某客厅楼地面装饰构造设计

教学目标

·通过设计，重点掌握陶瓷地砖、玻化砖、防水瓷砖、木地面等板块楼地面构造做法；了解卷材地面的固定方法及不同材质地面交接处连接构造；

·能够熟练地绘制楼地面装饰施工图。

实训内容

(1)某住宅客厅平面示意图如图2-29所示。

(2)根据平面布置形式，确定各房间楼面的构造方式和交接部位连接构造。

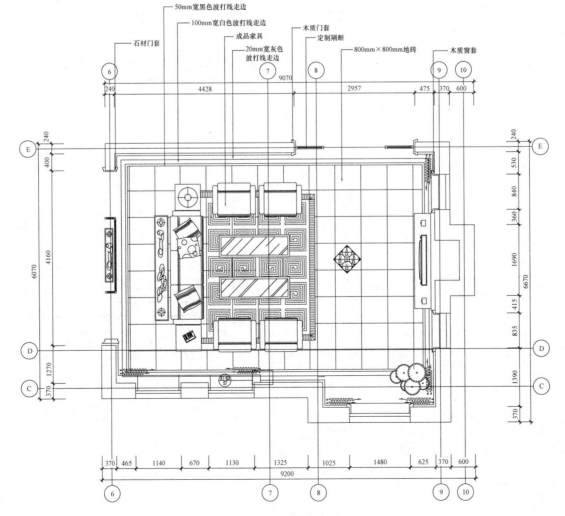

图2-29　某客厅地面

实训设计内容及深度要求

1. 设计内容

(1)客厅地面平面图，要求表示出地面拼花图案、分格尺寸、材料颜色的说明。

(2)各分区地面分层构造剖面图，并标明构造具体做法。

(3)踢脚、门洞口的节点详图。

(4)标注各部分尺寸、索引符号。

2. 绘图要求

(1)用2号绘图纸，以铅笔或墨线笔绘制以上各图。

(2)详图比例合理，学生自定。

(3)图线粗细分明，字体工整。

(4)要求达到装饰施工图深度，符合国家制图标准。

3. 绘图深度

同任务1。

实训时间分配(参考)

本项目以课外作业的形式进行，大纲计入学时2学时，学生实际需用6天时间完成。

实训步骤和方法

同项目1任务1。

实训成绩考评

同项目1任务1。

知识要点准备(楼地面节点构造设计参考资料)

(1)地面构造图见单元1。

(2)空铺式、实铺式木楼地面构造如图2-30所示。

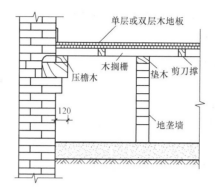

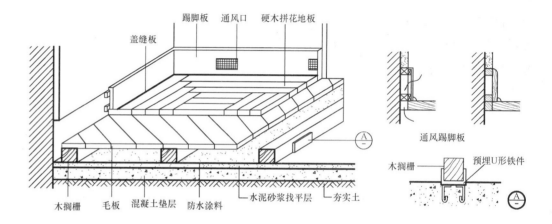

(a)

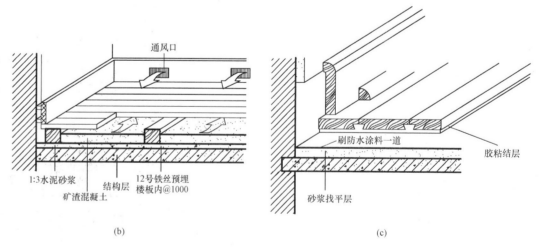

(b)　　　　　　　　　　　　(c)

图2-30　空铺式、实铺式木楼地面构造

（3）常用材料地面构造。常用材料地面如图 2-31 所示。

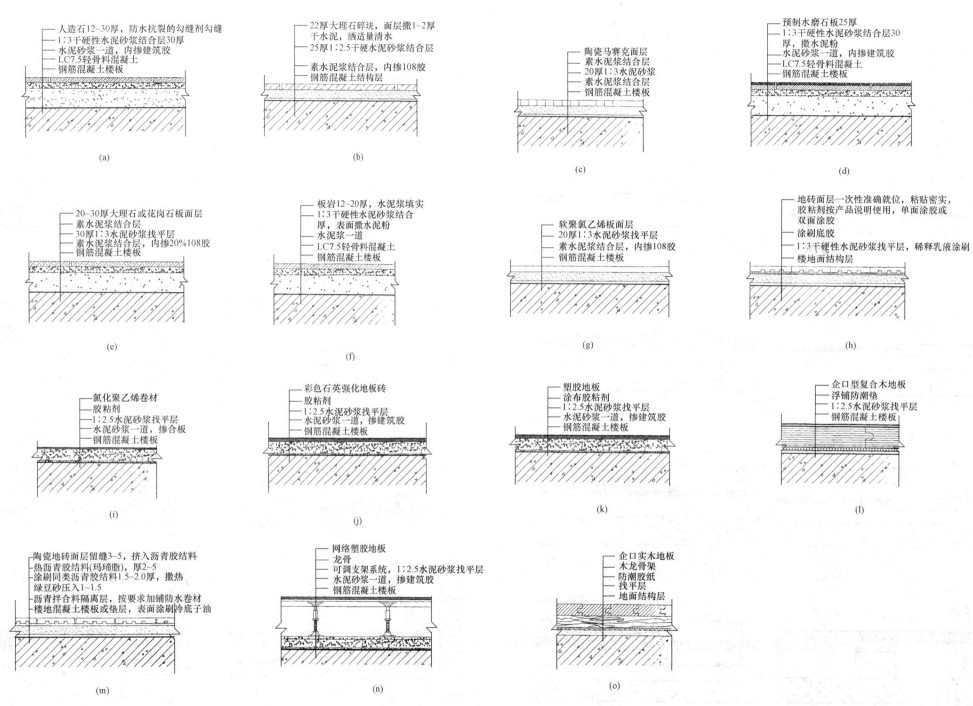

图 2-31　常用材料地面参考图样

(a)人造石楼地面；(b)碎拼大理石楼地面；(c)陶瓷马赛克楼地面；(d)预制水磨石板楼地面；

(e)大理石、花岗石地面；(f)板岩楼地面；(g)聚氯乙烯面层；(h)陶瓷铺地砖地面；

(i)氯化聚乙烯卷材(一)；(j)氯化聚乙烯卷材(二)；(k)无缝塑胶地板；

(l)企口型复合木地板；(m)陶瓷铺地砖防潮地面；(n)网络塑胶地板；(o)企口实木地板

（4）不同材质地面交接处构造。不同材质地面交接处构造收边构造如图2-32所示。

（5）地面各种接缝收边构造。地面各种接缝收边构造如图2-33所示。

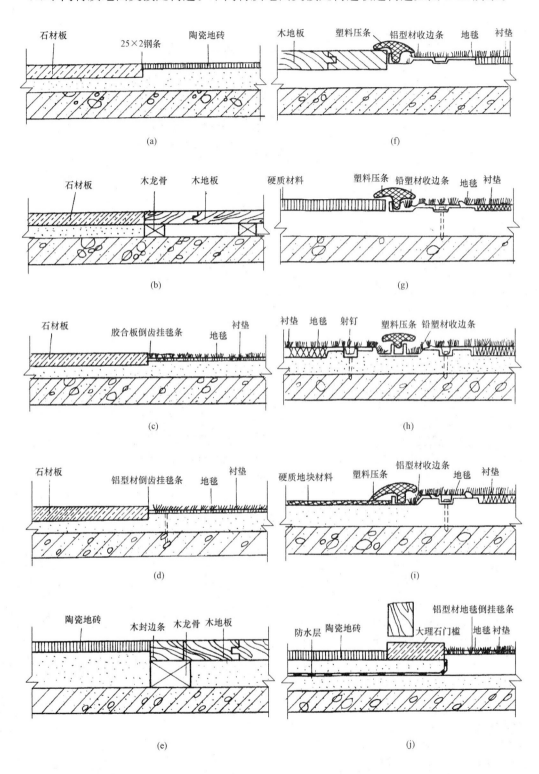

图 2-32　不同材质地面交接处构造参考图样

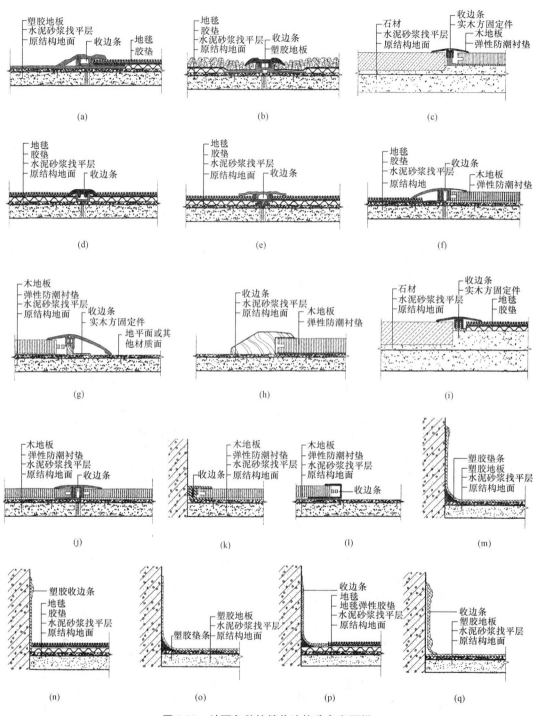

图 2-33　地面各种接缝收边构造参考图样

（a）地毯与塑胶地板之间的收边条；（b）、（d）、（e）地毯与地毯之间的收边条；（c）石材与木地板之间的收边条；

（f）地毯与木地板之间的收边条；（g）、（h）木地板收边条；（i）石材与地毯之间的收边条；

（j）木地板与木地板之间的收边条；（k）木地板靠墙角的收边条；（l）木地板收边条；（m）、（q）塑胶地板靠墙角收边条；

（n）地毯靠墙角塑胶收边条；（o）塑胶地板靠墙角垫条；（p）地毯靠墙角塑胶收边条

项目3 顶棚装饰施工图识读与绘制

教学目标

- 熟悉顶棚装饰施工图内容；
- 通过本施工图识读，重点掌握常用顶棚装饰形式，掌握如何结合实际情况确定合理的顶棚装饰方案选型和所用材料；
- 训练顶棚装饰施工图绘制和识读的能力；
- 具有指导顶棚装饰施工的能力；
- 具有进行顶棚装修工程量计量与计价的能力。

施工图识读内容

顶棚装饰施工图包括顶棚平面布置图、构造节点图。有跌层的还要有局部剖面，并应注明各层顶棚面层标高、细部做法等。

顶棚平面布置图是室内顶棚与装饰物的正投影图，主要用来说明顶棚的平面尺寸，吊挂和龙骨平面布置，吊挂件及主、次龙骨规格和顶棚装饰的式样与材料、位置尺寸等。建筑上（非电力照度要求时）对灯具有装饰要求的，要标示灯具位置、品种规格和型号。

构造节点图是按垂直或水平方向切开，用以标明装饰面之间的对接方式和固定方法。节点图应详细表现出装饰面连接处的构造，注有详细的尺寸和收口、封边的施工方法。

在设计施工时，构造节点图应在平面布置图上标明，以便正确指导施工。

项目案例导入

顶棚装饰平面图也称吊顶平面图，是在建筑窗口部位剖开，镜像绘制的反映顶棚造型、空调、通风、照明布置情况的图样，用来标明顶棚装饰的平面造型的形式、尺寸和材料，顶部灯具和其他设施的位置和尺寸等。对于小型的室内顶棚平面，在造型的部位需注写标高及尺寸，并详细反映饰面材料的颜色、规格及工艺要求等。按构造方式不同，有直接式顶棚和悬吊式顶棚两种。吊顶装饰构造设计重点是依据使用要求选择材料、构造及顶棚特殊部位的构造等。完成后，某住宅建筑顶棚平面布置图如图2-34所示。

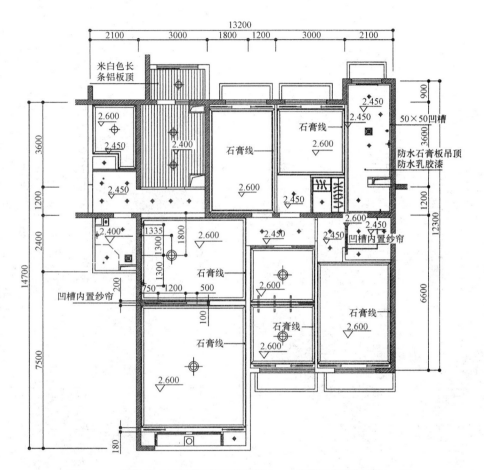

图2-34 某住宅建筑顶棚平面布置图(A—4户型天花平面图)1∶80

任务1 某售楼部吊顶棚装饰构造设计识读

教学目标

• 通过施工图识读，重点掌握轻钢龙骨硅钙板悬吊式顶棚、金属格栅吊顶、金属板、铝塑板及发光顶棚的构造基本内容；

• 熟练地识读和绘制顶棚平面图、剖面图及节点详图。

设计条件

(1)已知某售楼部吊顶棚平面图如图2-35所示；节点详图如图2-36所示。

(2)根据要求进行悬吊式顶棚构造设计。

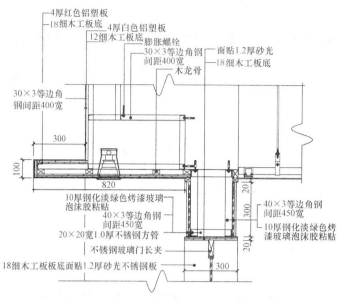

图2-36 某售楼部顶棚节点详图(①剖面图)1:20

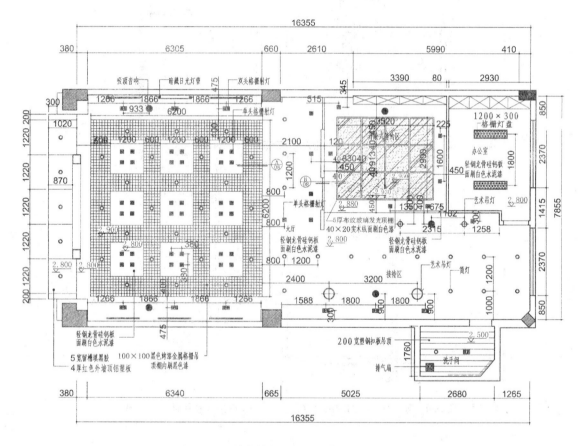

图2-35 某售楼部顶棚平面布置图 1:100

识读实训内容

1. 平面图

(1)读图名、比例，了解该平面所处位置、吊顶造型的形式及设备布置的情况。

(2)读顶棚平面的装饰造型尺寸、标高。

(3)通过顶棚平面图上的文字标注，了解顶棚饰面材料的颜色、规格、品质。

(4)通过顶棚平面图，了解顶部灯具和设备设施的规格、品种、数量及位置。

(5)通过顶棚平面图上的索引符号，了解细部构造做法。

(6)通过顶棚平面图上的尺寸标注，了解顶部灯具和其他设施的位置。

2. 剖面图

了解吊顶采用龙骨、面层等主配件的布置与安装方式。

实训步骤和方法

(1)本实训项目按项目分组，学生以组为单位，按设计任务书和指导书规定的设计深度和要求进行施工图识读。

(2)教师按组进行辅导，做到发现问题随时解决。

(3)针对发现的具有代表性的问题定时进行分析、总结。

(4)为培养学生团队协作精神，评定成绩以组为单位。

实训成绩考评

识读后写实训报告一份，按组评定成绩。

任务 2　某宾馆多功能厅顶棚装饰构造设计

教学目标

- 通过设计，重点掌握轻钢龙骨纸面石膏板悬吊式顶棚、发光顶棚的基本构造；
- 熟练地绘制顶棚平面图、剖面图及节点详图。

设计条件

(1)已知某星级宾馆多功能厅的顶棚平面图如图 2-37 所示。

(2)根据要求进行悬吊式顶棚构造设计。

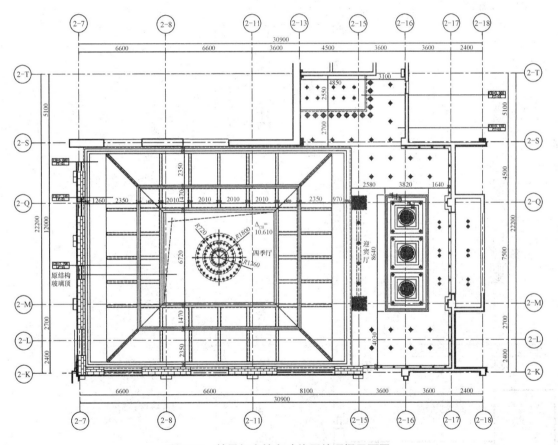

图 2-37　某星级宾馆多功能厅的顶棚平面图

实训设计要求及深度

1. 设计内容

(1)轻钢龙骨纸面石膏板悬吊式顶棚平面图。

(2)轻钢龙骨纸面石膏板悬吊式顶棚剖面图。

(3)发光顶棚剖面图。

(4)顶棚与墙面相交处的节点详图。

(5)顶棚与灯具连接的节点详图。

(6)不同材质饰面连接过渡节点详图。

2. 绘图要求

(1)用 A2 绘图纸，以铅笔或墨线笔绘制以上各图。

(2)比例合理，学生自定。

(3)图线粗细分明，字体工整。

(4)要求达到装饰施工图深度，符合国家制图标准。

3. 图纸深度

(1)原有建筑平面图和轴线编号及尺寸。

(2)表示顶棚造型的位置、形状及尺寸。

(3)表示天花灯具的形式、位置及尺寸。

(4)表示天花空调、通风、消防等设备的位置及空调出风口、通风回风口及设备形状及尺寸。

(5)表示吊顶龙骨规格及材料、饰面材料颜色及品质。

(6)表示有造型复杂部位的详图索引。

实训步骤和方法

同项目 1 任务 1。

实训成绩考评

同项目 1 任务 1。

任务 3　某会议室顶棚装饰构造设计

教学目标

- 通过本设计重点掌握轻钢龙骨纸面石膏板悬吊式顶棚、铝塑板吊顶棚的基本构造；
- 熟练地绘制顶棚平面图、剖面图及节点详图。

设计条件

(1)已知某会议室的顶棚平面图，如图 2-38 所示。

(2)根据要求进行悬吊式顶棚构造设计，如图 2-39 所示。

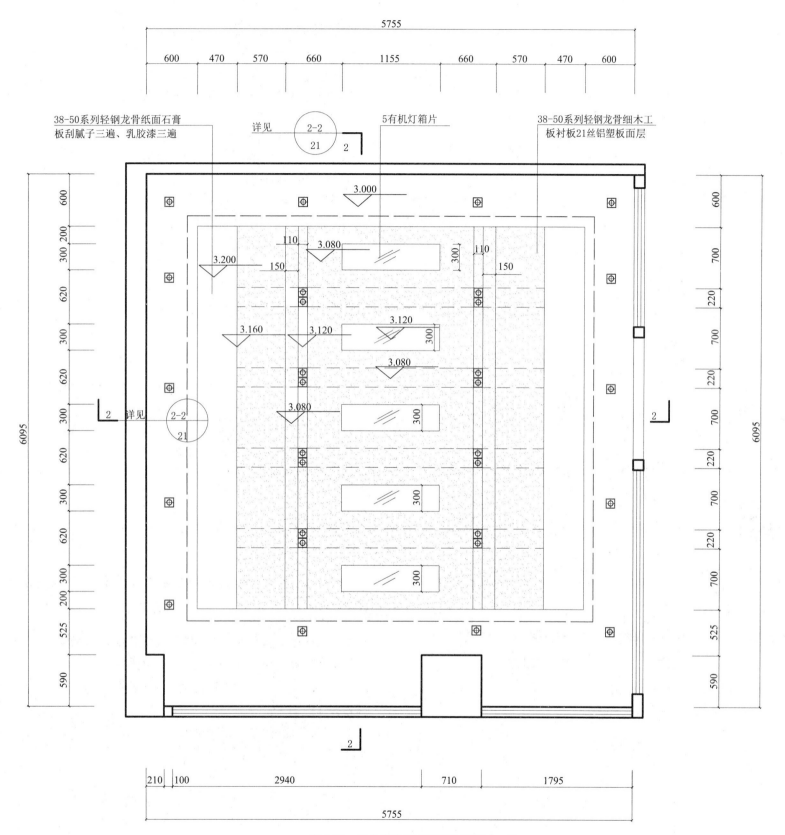

图 2-38 某会议室吊顶平面布置图 1：50

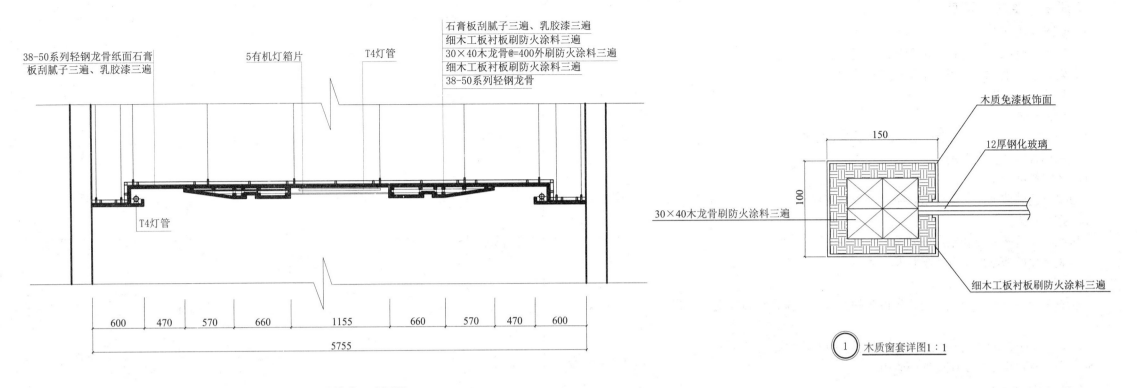

石膏板刮腻子三遍、乳胶漆三遍
细木工板衬板刷防火涂料三遍
30×40木龙骨@=400外刷防火涂料三遍
细木工板衬板刷防火涂料三遍
38-50系列轻钢龙骨

38-50系列轻钢龙骨纸面石膏板刮腻子三遍、乳胶漆三遍

5有机灯箱片

T4灯管

T4灯管

木质免漆板饰面

12厚钢化玻璃

30×40木龙骨刷防火涂料三遍

细木工板衬板刷防火涂料三遍

150

100

600 470 570 660 1155 660 570 470 600
5755

会议室吊顶1—1剖面图1:50

① 木质窗套详图1:1

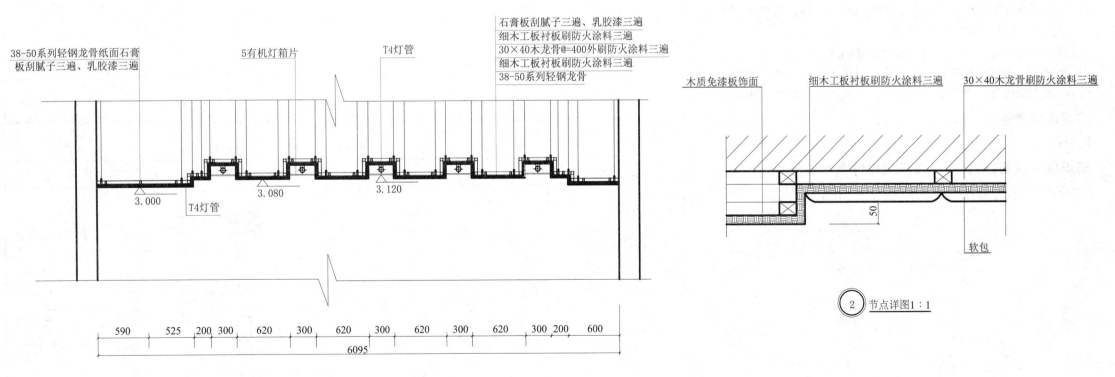

石膏板刮腻子三遍、乳胶漆三遍
细木工板衬板刷防火涂料三遍
30×40木龙骨@=400外刷防火涂料三遍
细木工板衬板刷防火涂料三遍
38-50系列轻钢龙骨

38-50系列轻钢龙骨纸面石膏板刮腻子三遍、乳胶漆三遍

5有机灯箱片

T4灯管

木质免漆板饰面

细木工板衬板刷防火涂料三遍

30×40木龙骨刷防火涂料三遍

软包

50

3.000

3.080

3.120

T4灯管

590 525 200 300 620 300 620 300 620 300 620 300 200 600
6095

会议室吊顶2—2剖面图1:50

② 节点详图1:1

图 2-39 某会议室吊顶剖面图、木质窗套详图及节点详图

实训设计要求及深度

1. 设计内容

(1)轻钢龙骨纸面石膏板和铝塑板悬吊式顶棚平面图。

(2)轻钢龙骨纸面石膏板和铝塑板悬吊式顶棚剖面图。

(3)顶棚节点详图。

2. 绘图要求

(1)用 A2 绘图纸,以铅笔或墨线笔绘制以上各图。

(2)比例合理,学生自定。

(3)图线粗细分明,字体工整。

(4)要求达到装饰施工图深度,符合国家制图标准。

3. 图纸深度

(1)原有建筑平面图和轴线编号及尺寸。

(2)表示顶棚造型的位置、形状及尺寸。

(3)表示天花灯具的形式、位置及尺寸。

(4)表示天花空调、通风、消防等设备的位置,空调出风口、通风回风口,设备形状及尺寸。

(5)表示吊顶龙骨规格及材料、饰面材料颜色及品质。

(6)表示有造型复杂部位的详图索引。

实训步骤和方法

(1)本实训项目按项目分组,学生以组为单位,按设计任务书和指导书规定的设计深度和要求进行施工图设计,确定构造方案。

(2)教师按组进行一对一辅导,做到发现问题随时解决。

(3)针对学生暴露出来的具有代表性的问题固定时间进行总结。

(4)以组为单位设计或绘制施工图,评定成绩,培养学生团队协作精神。

实训成绩考评

同项目 1。

知识要点准备(吊顶棚节点构造设计参考资料)

(1)设计参考尺寸见表 2-3~表 2-6。

表 2-3 轻钢龙骨型号及规格

类别	型号	断面尺寸 /(mm×mm×mm)	断面面积 /cm²	质量 /kg	示意图
上人悬吊式顶棚龙骨	CS60	60×27×1.5	1.74	1.336	
上人悬吊式顶棚龙骨	US60	60×27×1.5	1.62	1.27	
不上人悬吊式顶棚龙骨	C60	60×27×0.63	0.78	0.61	
	C50	50×20×0.63	0.62	0.488	
	C25	25×20×0.63	0.47	0.37	
中龙骨	—	50×15×1.5	1.11	0.87	

表 2-4 轻钢龙骨配件的用途及规格

名称	型号	示意图及规格	用途
上人悬吊式顶棚龙骨接长件	CS60—L		上人悬吊顶棚主龙骨接长
上人悬吊式顶棚主龙骨吊件	CS60—1		上人悬吊式顶棚主龙骨吊挂

58

名称	型号	示意图及规格	用 途
上人悬吊式顶棚龙骨连接件（挂件）	CS60—2		上人悬吊式顶棚主、次龙骨接长
普通悬吊式顶棚龙骨接长件	C60—L		普通悬吊式顶棚接长
中龙骨吊件	—		中龙骨和吊杆的吊挂
普通悬吊式顶棚主龙骨吊件	C60—1		普通悬吊式顶棚主龙骨吊挂
普通悬吊式顶棚龙骨连接件（挂件）	C60—2		普通悬吊式顶棚主、次龙骨连接
普通悬吊式顶棚龙骨连接件（挂件）	C60—3		同一标高处主、次龙骨连接

名称	型号	示意图及规格	用 途
中龙骨接长件	—		中龙骨连接
中龙骨连接件	—		中龙骨和吊杆的连接

表2-5 LT 铝合金主龙骨及龙骨配件的规格

系列名称	主龙骨示意及规格	主龙骨吊件及规格	主龙骨连接		备注
			示意图	规格/mm	
TC60 系列				$L=100$ $H=60$	适用于吊点距离1500 mm的上人悬吊式顶棚，主龙骨可承受1000 N检修荷载
TC50 系列				$L=100$ $H=50$	适用于吊点距离900～1200 mm 的上人悬吊式顶棚
TC38 系列				$L=82$ $H=39$	适用于吊点距离900～1200 mm 的上人悬吊式顶棚

表 2-6　LT 铝合金次龙骨及龙骨配件的规格

名称	代号	规格			备注
		示意图	厚度/mm	重量/kg	
纵向龙骨	LT—23 LT—16		1	0.2 0.12	纵向使用
横撑龙骨	LT—23 LT—16		1	0.135 0.09	横向使用，搭于纵向龙骨两翼上
边龙骨	LT—边龙骨		1	0.15	沿墙顶棚封边收口使用
异形龙骨	LT—异形龙骨		1	0.25	高低顶棚封边收口使用
LT—23 龙骨吊钩 LT—异形龙骨吊钩	TC50 吊钩		≥3.5	0.014	1. T 形龙骨与主龙骨垂直吊挂使用。 2. TC50 吊钩： 　A = 16 mm；B = 60 mm；C=25 mm。 TC38 吊钩： 　A = 13 mm；B = 48 mm；C=25 mm
LT—23 龙骨吊钩 LT—异形龙骨吊钩	TC38 吊钩		≥3.5	0.012	

续表

名称	代号	规格			备注
		示意图	厚度/mm	重量/kg	
LT—异形龙骨吊挂钩	TC60 系列 TC50 系列 TC38 系列		≥3.5	0.021 0.019 0.017	1. T 形龙骨与主龙骨垂直吊挂使用。 2. TC60 系列： 　A = 31 mm；B = 75 mm。 TC50 系列： 　A = 16 mm；B = 65 mm。 TC38 系列： 　A=13 mm；B=35 mm
LT—23 龙骨连接件 LT—异形龙骨连接件			0.8	0.025	连接 LT—23 龙骨连及 LT—异形龙骨

（2）吊顶的构造处理及安装详图，如图 2-40～图 2-47 所示。

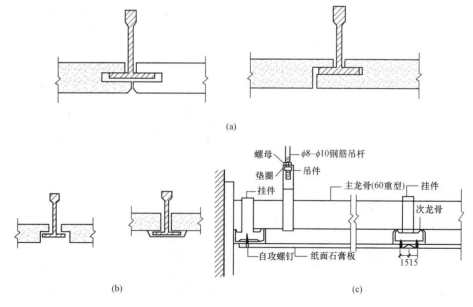

图 2-40　纸面石膏板与次龙骨的固定

(a)挂接；(b)卡接；(c)钉接

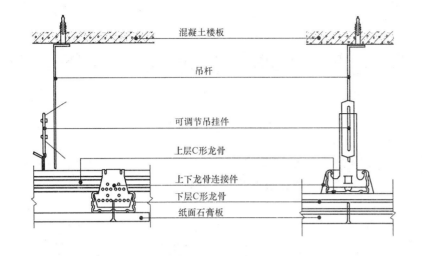

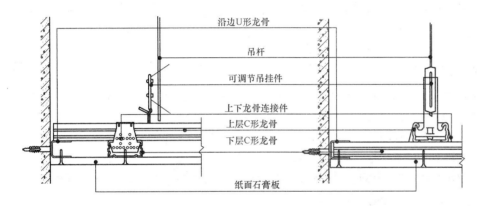

图 2-41　纸面石膏板的安装详图

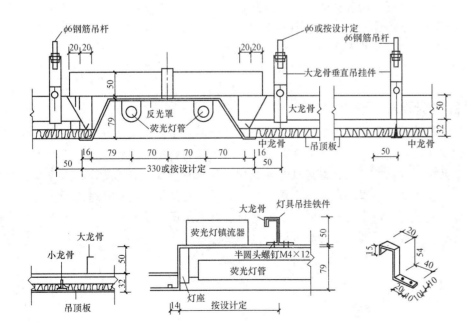

图 2-42　光带构造

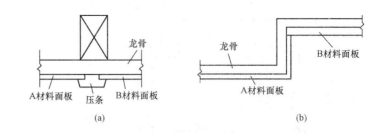

图 2-43　不同材质饰面板交接构造

(a)压条过渡处理；(b)高低过渡处理

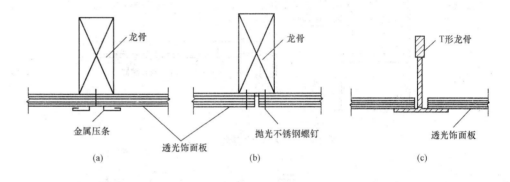

图 2-44　发光吊顶棚透光面板与龙骨的连接

(a)成型金属条承托；(b)带帽头螺钉固定；(c)T形龙骨承托

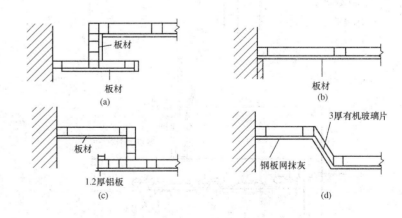

图 2-45　吊顶端部造型处理形式

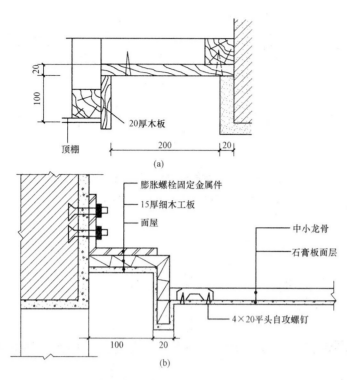

图 2-46　顶棚与窗帘盒构造关系

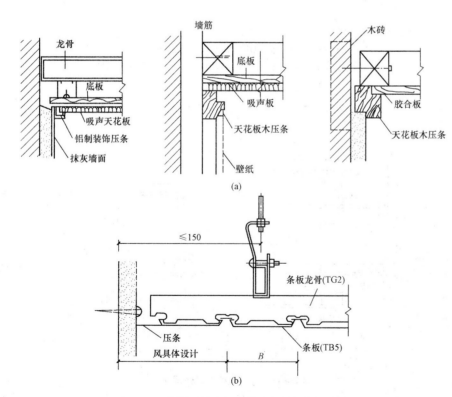

图 2-47　吊顶端部直角造型边缘装饰压条做法
(a)吸声板、胶合板饰面端部压条；(b)金属板端部压条

单元 3　建筑与装饰构造综合实训

内容提要

综合实训是为了全面训练学生装饰构造设计的能力，加强其识读、绘制装饰施工图的训练，以熟练、灵活地表达设计意图而设置的。通过综合训练，能够应用所学知识，强化职业能力培养。

建筑与装饰构造课程设计是本课程的重要实践性教学环节，目的是使学生能综合运用所学的民用建筑与装饰设计原理和建筑与装饰构造知识分析及解决实际问题，初步掌握建筑与装饰设计方法和步骤，熟悉建筑与装饰施工图的表达方法和表达技能，从而具有正确识读建筑与装饰施工图，从事现场建筑施工和绘制建筑与装饰施工图的能力。

教学目标

- 通过综合实训设计，培养学生依据相应技术质量标准选择正确建筑与装饰构造方案的能力；
- 按照建筑装饰构造方案，选择和使用常用建筑与装饰材料；
- 培养学生运用标准图集的能力；
- 具有对建筑与装饰构造新技术、新材料、新工艺进行应用，合理选择建筑与装饰构造方案的能力，培养再学习的能力；
- 熟悉建筑施工图的内容、表达方式和设计步骤；
- 扩大和巩固所学的理论知识与专业知识，具有解决工程实际问题的应用能力；
- 熟悉建筑制图标准，具有绘制和识读建筑与装饰施工图的能力；
- 具有指导不同结构形式和类型建筑施工的能力；
- 培养学生科学的工作态度和团结严谨的工作作风，并具有团队合作和创新精神。

项目案例导入

建筑与装饰构造综合实训是建筑与装饰构造教学的重要组成部分，是巩固和深化课堂所学知识的重要环节，是培养学生动手能力，训练严谨的科学态度和作风的手段。

本单元依据建筑工程项目对建筑与装饰构造知识综合应用能力要求，根据结构形式和类型不同，安排了 4 个典型综合案例训练，包括多层砖混结构住宅建筑施工图识读与绘制、框架结构办公建筑施工图识读与绘制、住宅建筑装饰施工图识读与绘制、办公建筑装饰施工图识读与绘制，并提供了部分设计参考资料。

项目1 多层砖混结构住宅建筑施工图识读与绘制

教学目标

• 通过综合训练项目，使学生能综合运用所学的民用建筑原理和建筑构造知识分析和解决实际问题；

• 初步掌握建筑设计方法和步骤；

• 熟悉多层砖混结构建筑施工图的表达方法和表达技能；

• 具有正确识读多层砖混结构住宅建筑施工图的能力；

• 培养从事现场建筑施工指导和绘制建筑施工图能力。

作业条件

(1)一套完整单元式多层砖混结构住宅项目建筑工程施工图纸。

(2)读建筑设计说明，了解本建筑工程项目建设地点、建筑类型(住宅、公共建筑)、建筑结构形式(砖混结构、框架结构或其他结构)、层数、层高、面积指标(建筑面积)，见《设计说明》。

(3)识读建筑平面图，了解套型、户内使用面积、房间组成、尺寸(开间、进深、总尺寸)、家具设备布置等。识读门窗数量、位置、开启方式及尺度，如图 3-1、图 3-2 所示。

(4)识读建筑立面图，了解本建筑工程项目墙面立面效果、门窗布置、出入口、檐口、阳台、总高度等，如图 3-3、图 3-4 所示。

(5)读屋顶平面图，了解屋顶形式、排水坡度及方式、防水方案和泛水、檐口细部构造等，如图 3-5 所示。

(6)识读建筑剖面图，了解剖面形状、标高尺寸、楼地层、楼梯尺寸及构造等，如图 3-6、图 3-7 所示。

(7)识读建筑墙身大样剖面图，了解散水、勒脚、防潮层、窗台、过梁、楼层、地层、屋顶、地面、顶棚的构造做法，如图 3-8 所示。

(8)识读建筑楼梯构造平面图、剖面图，了解尺度、形式及细部构造做法，如图 3-9、图 3-10 所示。

(9)按比例抄绘该套建筑施工图。

建筑施工图综合实训完成成果

(1)单元组合平面图(比例1∶100)。

(2)单元组合立面图(比例1∶100)。

(3)剖面图(比例1∶100)。

(4)屋顶排水组织平面图(比例1∶100)。

(5)详图：外墙剖面详图、楼梯间节点详图(比例1∶5~1∶50)。

(6)要求：用白纸、铅笔绘制；以 A2(2 号)幅面为主，必要时可采用 A2 加长幅面，少量图可采用 A3 幅面(420 mm×297 mm)，图纸封面和目录采用 A4 幅面。

综合实训的图纸内容与深度要求

1. 平面图

施工图要求能指导施工，图中的尺寸要很详细，要标明各部分的详细做法，如果在图上不便注写，就要用详图索引号指明可以从哪些详图上找到这些做法。平面施工图应重点解决三个问题，第一是确定墙体厚度和墙段洞口尺寸；第二是计算楼梯尺寸；第三是图纸深度。

(1)绘制纵横轴线及轴线编号。

(2)标注平面尺寸。

①总尺寸——外墙外边缘尺寸，标明总长和总进深；

②轴线尺寸——轴线间尺寸，还须注出端轴线外边缘间尺寸；

③洞间墙段及门窗洞口尺寸；

④局部尺寸——包括墙厚尺寸、不在轴线上的隔墙与相关轴线间的关系尺寸。

(3)标注室外地坪及楼地面标高，地面坡度及坡向(阳台、卫生间)。

(4)有一户布置家具(厨、厕内固定设备应表示)。

(5)标注标准门窗编号(可直接引用标准图集编号)，门洞尺寸、门的开启方向及方式。

(6)绘制楼梯间，绘出踏步、平台、栏杆扶手及上下行箭头。

(7)绘制详图索引号。

(8)底层入口平面绘制表示散水、踏步、台阶等位置、尺寸。

(9)标注剖切符号，注写图名和比例。

2. 立面图(要求绘制入口立面)

关于立面图，通常门窗只表示门窗框的框(单线条)，阳台的立面则应表示出空心或实心，如楼梯间采用花格墙时，可用单线格的分块和花纹示意(不必画满)。

(1)房屋两端轴线(按单元组合体编号)，注意图中标写长度是不对的。

(2)注写标高。

(3)饰面做法说明，标注各部分用料及做法：檐口、外墙面、窗台、勒脚、雨篷等说明及索引。

(4)立面上的构配件及装饰等的详图引导(如阳台栏杆扶手、花格等)。

(5)最后注写图名，应按"×─××立面图"注写，并标注比例。

3. 剖面图(应剖在楼梯间位置)

(1)绘制外墙轴线及其编号。

(2)标注剖面尺寸。

①总高尺寸：平屋顶为室外地坪至女儿墙压顶上表面或檐口上表面；

②层间尺寸：室外地坪到底层地面、底层地面到各层楼面、楼面到屋顶及檐口处；

③门窗及洞间墙段尺寸：由室外地坪至总高，各门窗洞及洞间尺寸；

④局部尺寸：如室内的门窗洞及窗台、搁板等高度。各层相同者，只标注其中一层即可。

(3)标注楼地面、阳台面、室内地坪、檐口上表面、女儿墙压顶上表面、雨篷底面等处标高。

(4)室内各部分投影所见固定家具设备、装饰等的立面及部分建筑立面。

(5)注明如窗台、墙脚、檐口等节点详图索引。

(6)注明楼地面、屋顶构造做法。

(7)注明图名和比例。

4. 屋顶平面图及节点详图绘制

有选择绘制墙身大样、楼梯、屋顶排水组织平面图。

5. 标题栏

统一采用表3-1所示的形式,其中图号按"建施—1""建施—2"填写。

表3-1 标题栏

×××××学院	专 业		图 号	
题 目	住宅楼建筑课程设计		比 例	
班 级		(图 名)	日 期	
姓 名			成 绩	
学 号			教 师	

时间分配

本课程设计以专用周的形式进行,大纲计入学时为28学时,学生实际需用6天时间完成。

(1)识读施工图(1天)。

(2)单元组合立面图绘制(2天)。

(3)单元组合平面图绘制(1天)。

(4)建筑立面图绘制(1天)。

(5)剖面图、详图绘制(1天)。

设计步骤和方法

(1)按教学班人数分组,学生以组为单位,按设计任务书和指导书要求进行施工图识读。

(2)教师按组进行一对一辅导,做到发现问题随时解决。

(3)针对发现的具有代表性的问题每天安排固定时间进行总结。

(4)为培养学生团队协作精神,评定成绩以组为单位。

设计成绩考评

1. 设计成绩考核评分方法

设计成绩主要综合考虑以下几个方面:

(1)平时成绩(包括纪律表现、学习态度、出勤、团队合作等),占30%。

(2)设计图纸,占70%。

2. 设计成绩评定标准(参考)

根据以上考核项目,按优、良、中、及格、不及格等级制评定设计成绩,评分等级及标准参见表3-2。

表3-2 评分等级及标准

评分等级	评分标准
优	• 完整达到课程设计分量及内容; • 图纸设计正确无误,图面清洁、有条理; • 图面各类标注完整、准确,图面效果美观; • 课程设计期间按要求出勤
良	• 达到课程设计分量及内容; • 图纸设计正确无误,图面清洁、有条理,图面效果较美观; • 图面各类标注完整、准确; • 课程设计期间按要求出勤
中	• 基本达到课程设计分量及内容; • 图纸设计正确,图面较清洁、有条理; • 图面各类标注较完整、准确; • 课程设计期间基本按要求出勤
及格	• 基本达到课程设计分量及内容; • 图纸设计正确,图面较清洁; • 图面各类标注较完整; • 课程设计期间有迟到、早退现象
不及格	• 不能按时完成课程设计分量及内容的基本要求; • 图面不清晰,各类标注不完整; • 课程设计期间经常迟到、早退,并有旷课现象

实训中参考资料目录

(1)《住宅设计规范》(GB 50096—2011)。

(2)《民用建筑设计统一标准》(GB 50352—2019)。

(3)《建筑配件通用图集》苏J 9801。

(4)教材相关内容。

设计说明

一、工程概况

(1)本工程对C—1号住宅楼工程进行施工图设计。

(2)结构类型:砖混结构;总建筑面积:5205.66 m²。

(3)层数:六层。

二、设计依据

(1)本工程施工图纸设计根据有关批文及有关专业(结构、给水排水、采暖通风、电气)所提供的施工图设计阶段的技术要求委托设计合同绘制。

(2)建筑物室内地坪±0.000现场定。

(3)建筑物抗震设防裂度为八度,防火等级为二级,耐久等级为二级,屋面防水为二级。

三、墙体工程

(1)外墙采用烧结普通砖370厚,内墙采用烧结普通砖240厚。

(2)墙内预埋件需做防腐处理，木材刷热沥青，所有铁饰件均刷防锈漆两道，调和漆两道。

(3)配电箱等预留洞有穿透墙体时，墙背面(墙面)加设铁板网抹灰，铁板网尺寸较洞口尺寸每边大 150 mm。

四、地面工程

(1)地面工程必须在地下管线、地沟、地坑等施工完毕后方可施工。

(2)卫生间应比同层楼地面低 20 mm。

(3)在设有地漏的有水房间内，地面须做成 0.5% 坡度，坡向地漏，地漏的具体位置见给排水专业图纸。

(4)地面踢脚高度为 120 mm，其材料同地面材料相同，做法见室内装修表。

五、防水与防潮工程

(1)卫生间等用水房间防水防潮楼地面均采用聚氨酯涂膜防水层防水。

(2)屋面防水采用 SBS≥4 mm 厚聚酯胎一等品及以上，防水防潮工程应严格按照有关材料的施工规程、规范进行施工，不得随意改变。

六、预窗洞及预埋

(1)建筑图纸上仅表示砖墙上的留洞尺寸及标高，钢筋混凝土墙体、柱、板上留洞及预埋件见结构图。

(2)墙体内门、窗洞口需用钢筋混凝土过梁时，按结构图要求选用。

七、门窗

门窗尺寸、数量及规格见门窗表(表 3-3)，必须现场核实尺寸及数量后方可制作，每个开启扇设整体上下拉动式纱窗，无内门和门框。

八、屋面

屋面应严格按照《屋面工程技术规范》(GB 50345—2012)规定的细部构造及施工要求进行施工。

屋面做法，以屋 1 为例，如下：

(1)蓝灰色陶土瓦。

(2)1:3 水泥砂浆卧瓦层，最薄处 20(配 φ6@500×500 钢筋网)。

(3)40 厚 C15 细石混凝土找平层。

(4)100 厚聚苯板保温层(密度为 30 kg/m³)导热系数≤0.041，含水率≤0.06，抗压强度大于 60 kPa 珍珠岩填缝。

(5)SBS>4 mm 厚聚酯胎(一等品以上)。

(6)20 厚 1:3 水泥砂浆找平层。

(7)钢筋混凝土基层。

九、装饰工程(表 3-4)

(1)外墙面装饰材料应由甲方和设计人员看样定色后再订货，外墙面装修见立面图中标注。

(2)抹灰时所刷的素水泥浆，宜在素水泥浆内掺水重的 3%~5% 的建筑胶。

(3)面砖饰面完成后，污损处表面用浓度 10% 的盐酸刷洗，并随即用清水洗尽。

(4)台阶、散水均设防洞胀层，中砂层 300 厚。

(5)卫生间、脸盆、蹲便、洗手池取消，只留上下水口。

工程施工必须严格执行《建筑工程施工质量验收统一标准》(GB 50300—2013)及有关规定进行。

十、施工及验收

施工中各工种应紧密配合，如有问题应及时与设计单位协商解决。本图纸未经许可不得更改。

十一、其他

(1)采用标准图集目录：

①《建筑构造通用图集》。

②00J202—1、00(03)J202—1《坡屋面建筑构造》。

(2)配电箱位置见单位平面图中标注。

(3)剪力墙详细做法见结施图。

(4)其余未注明部分按有关规范执行。

表 3-3　门窗表

名称	门窗编号	洞口尺寸		数量	选用图集代号及编号		备注
		宽	高		门窗型号	图集代号	
门	M1	1200	2100	5			横字对讲门
	M2	1000	2000	60			防盗门
	M3	900	2100	120	1M-37	98J4<二>	镶板门
	M4	750	2100	60	4M-07	9814<二>	镶板门
	M5	600	900	30			铁皮门
窗	C1	1800	1600	120		60 系列平方窗 98J4(一)	单层中空玻璃塑钢窗详见大样
	C2	1350	1600	60			
	C3	1200	1200	20			
	C4	2100	1600	12			

表 3-4　室内装修表

名称	地面	楼面	墙面	顶棚	踢脚	窗台板	备注
卧室、客厅	麻面<用户自理>	麻面<用户自理>	98J1—37—7<去掉>	98J1 棚 5<将 1 改为板底刮腻子二道>	水泥麻面	抹水泥窗台<用户自理>	
厨房	水泥麻面<用户自理>	水泥麻面<用户自理>	98J1—37—7<去掉 1>	98J1 棚 5<将 1 改为板底刮腻子二道>	水泥麻面	抹水泥窗台(用户自理)	
卫生间厕所	98J1—62—14(B)	98J1—77—14	98J1—45—35	98J1 棚23—A			低于走廊0.02M
楼梯间	98J1—61—13(B)<去掉1>	98J1—76—12<去掉 1、4>	98J1—37—6<将 1 改为板底刮腻子二道>	98J1 棚 5<将 1 改为板底刮腻子二道>	水泥麻面	抹水泥窗台<用户自理>	

注：卫生间墙砖、地砖颜色及规格由甲方定。

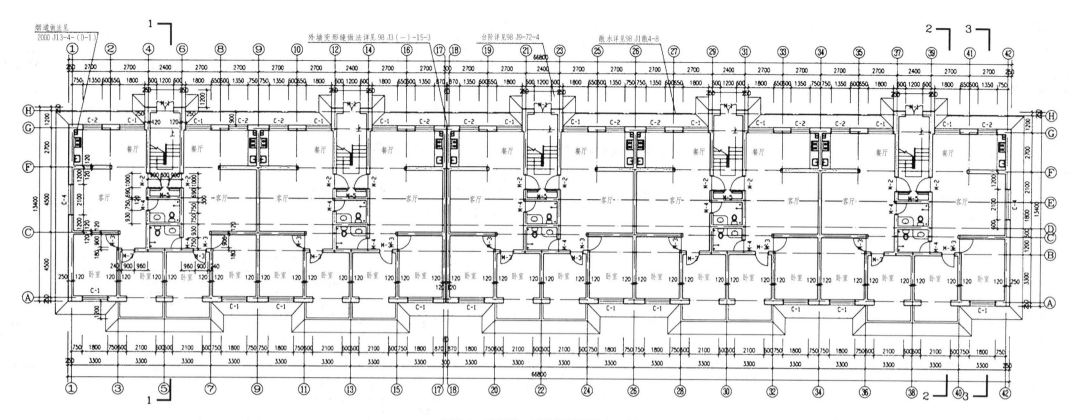

图 3-1 某住宅一层建筑平面图 1：100

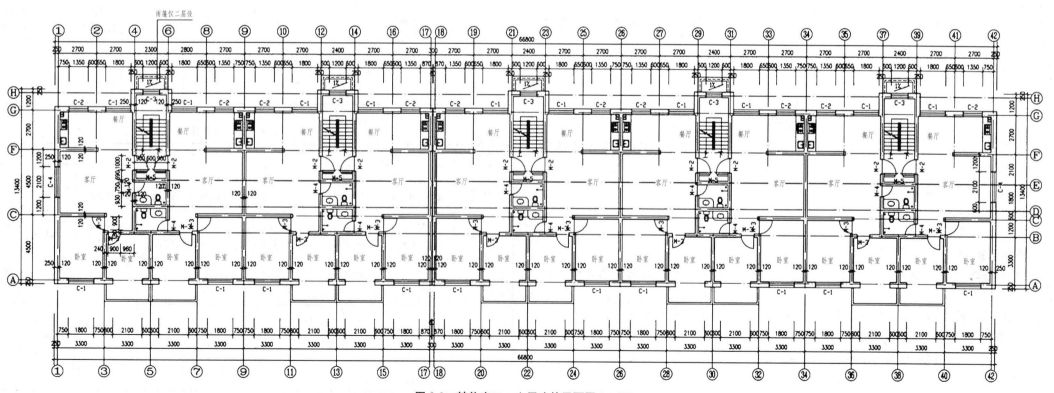

图 3-2 某住宅二～六层建筑平面图 1：100

图 3-3　某住宅建筑南立面图 1∶100

图 3-4　某住宅建筑北立面图 1∶100

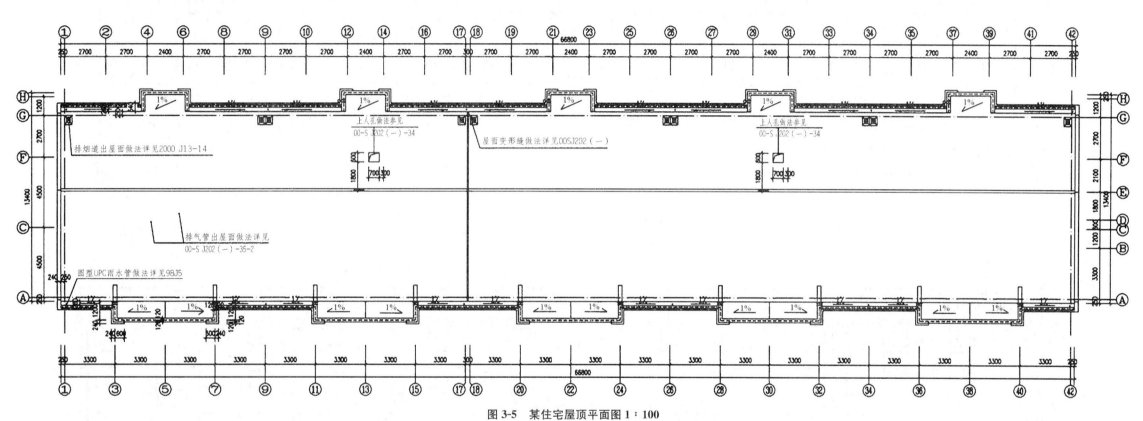

图 3-5　某住宅屋顶平面图 1：100

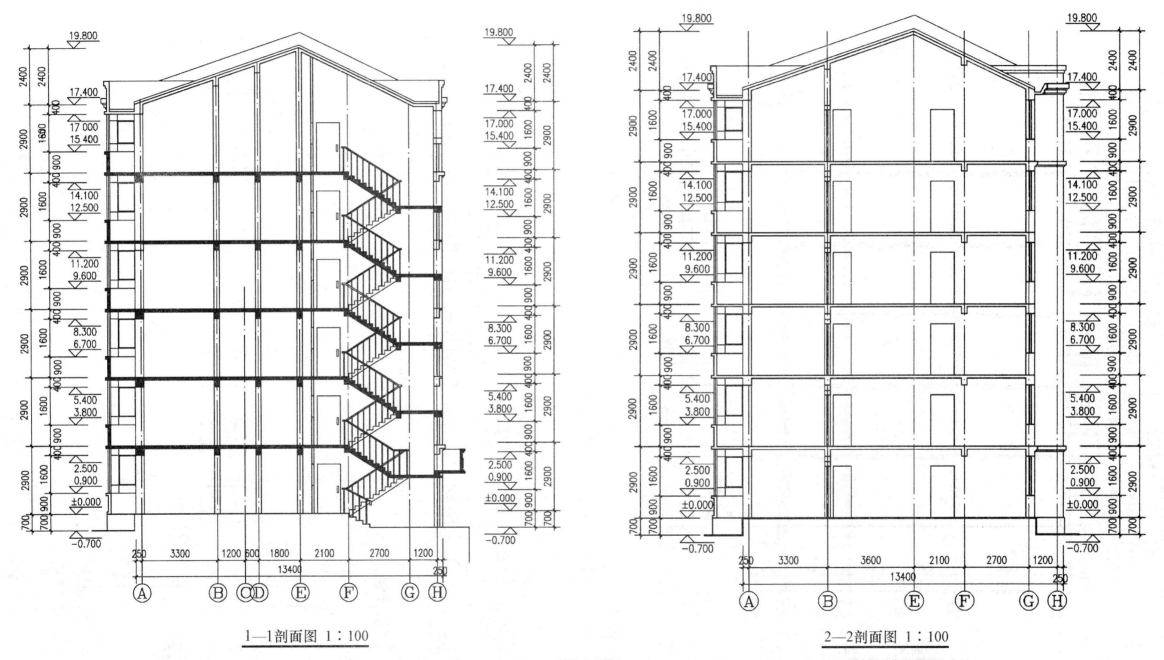

1—1剖面图 1:100

2—2剖面图 1:100

图3-6 某住宅建筑剖面图

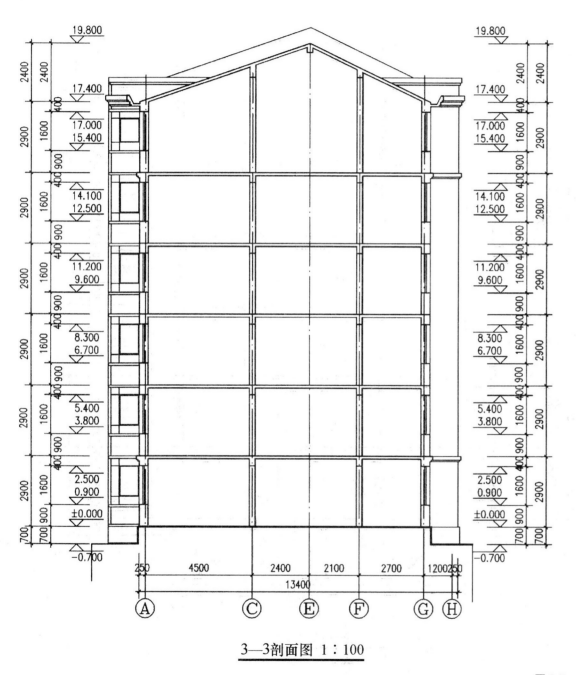

19.800

17.400
17.000
15.400

14.100
12.500

11.200
9.600

8.300
6.700

5.400
3.800

2.500
0.900
±0.000

−0.700

250 4500 2400 2100 2700 1200 250
13400

Ⓐ Ⓒ Ⓔ Ⓕ Ⓖ Ⓗ

3—3剖面图 1：100

乳白色
高光丙烯酸弹涂   乳黄色
高光丙烯酸弹涂

19.800

17.400
17.000
15.400

14.100
12.500

11.200
9.600

8.300
6.700

5.400
3.800

2.500
0.900
±0.000

−0.700

褐色高光丙烯酸弹涂   深灰色高光弹涂

250   13400   250

Ⓐ   Ⓗ

侧剖面图 1：100

图 3-7 某住宅建筑剖面和侧立面图

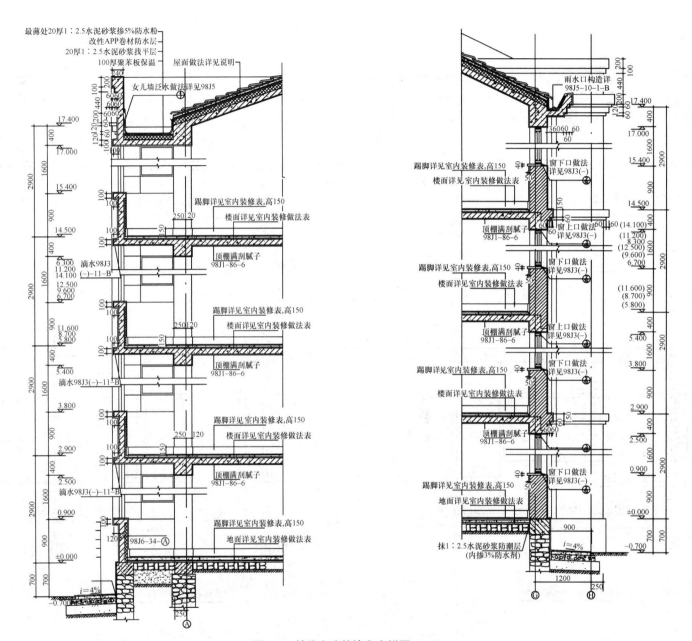

图 3-8　某住宅建筑墙身大样图 1：20

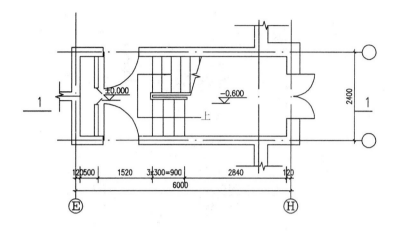

1号楼梯一层平面图1：50

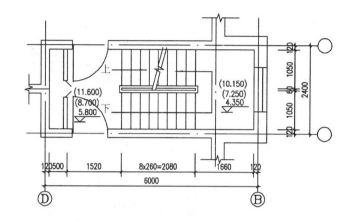

1号楼梯三～五层平面图1：50

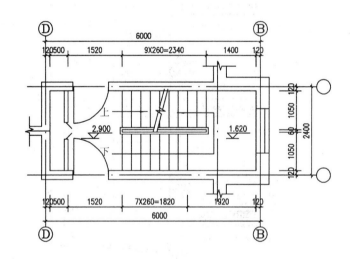

1号楼梯二层平面图1：50

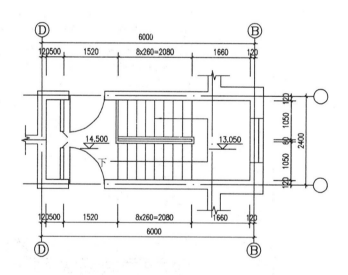

1号楼梯六层平面图1：50

图 3-9 某住宅建筑楼梯平面图

（注：楼梯做法详见小开间楼梯 98J8—9，具体尺寸详见本图，踏步做法见 98J8—49—2）

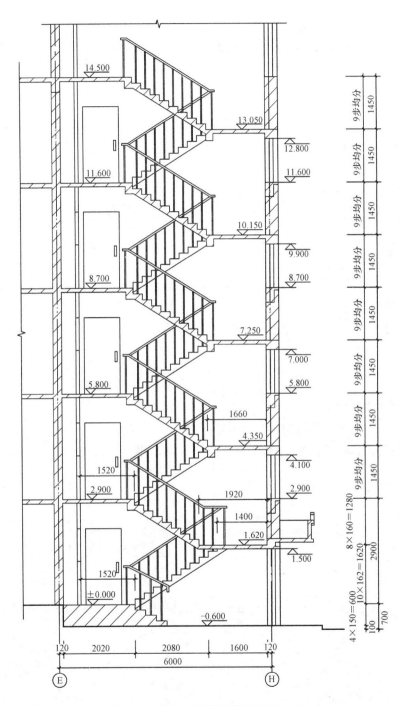

图 3-10　某住宅建筑楼梯剖面图 1 : 50

项目 2　框架结构办公建筑施工图识读与绘制

教学目标

· 通过综合训练项目，使学生能综合运用所学的民用建筑原理和建筑构造知识分析及解决实际问题；

· 初步掌握建筑设计方法和步骤；

· 熟悉钢筋混凝土框架结构建筑施工图的表达方法和表达技能；

· 具有正确识读钢筋混凝土框架结构建筑施工图的能力；

· 培养从事现场建筑施工指导和绘制建筑施工图的能力。

作业条件

(1) 钢筋混凝土框架结构项目建筑工程施工图纸如图 3-11～图 3-25 所示。

(2) 根据施工图，了解本建筑工程项目建设地点、建筑类型(住宅、公共建筑)、建筑结构形式(砖混结构、框架结构或其他结构)、层数、层高、面积等。

(3) 识读建筑平面图，了解房间组成、尺寸(开间、进深、总尺寸)、设备布置等。识读门窗数量、位置、开启方式及尺度，如图 3-11～图 3-15 所示。

(4) 识读建筑屋顶平面图，了解屋顶形式、排水坡度及方式、防水方案和泛水、檐口细部构造等，如图 3-16 所示。

(5) 识读建筑立面图，了解本建筑工程项目墙面立面效果、门窗布置、出入口位置、檐口、阳台、总高度等，如图 3-17～图 3-19 所示。

(6) 识读建筑剖面图，了解剖面形状、标高尺寸、楼地层、楼梯尺寸及构造等，如图 3-20、图 3-21 所示。

(7) 识读门窗大样，了解门窗形式、规格，如图 3-22 所示。

(8) 识读建筑楼梯构造平面图、剖面图，了解尺度、形式及细部构造做法，如图 3-23、图 3-24 所示。

(9) 建筑墙身大样剖面图，了解散水、勒脚、防潮层、窗台、过梁、楼层、地层、屋顶、地面、顶棚的构造做法，如图 3-25 所示。

(10) 按比例抄绘该套建筑施工图。

建筑施工图综合实训完成成果

(1) 办公楼各层平面图(比例 1 : 100)。

(2) 办公楼各立面图(比例 1 : 100)。

(3) 办公楼剖面图(比例 1 : 100)。

(4) 办公楼屋顶排水组织平面图(比例 1 : 100)。

(5) 办公楼外墙剖面详图、楼梯间节点详图(比例 1 : 5～1 : 20)。

(6)要求：用白纸和铅笔绘制；以 A2(2 号)幅面为主，必要时可采用 A2 加长幅面，少量图可采用 A3 幅面，图纸封面和目录采用 A4 幅面。

综合实训的图纸内容与深度要求

1. 平面图

施工图要求能指导施工，图中的尺寸要很详细，标明各部分的详细做法，如果在图上不便注写，就要用详图索引号指明可以从哪些详图上找到这些做法。框架结构建筑平面施工图应重点解决三个问题，第一是确定柱的位置、柱与墙的关系及洞口尺寸；第二是计算楼梯尺寸；第三是图纸深度。

(1)绘制纵横轴线及轴线编号。

(2)标注平面尺寸。

①总尺寸——外墙外边缘尺寸，标明总长和总进深；

②轴线尺寸——轴线间尺寸，还须注出端轴线外边缘间尺寸；

③洞间墙段及门窗洞口尺寸；

④局部尺寸——包括墙厚尺寸、洞口位置与相关轴线间的关系尺寸。

(3)标注室外地坪及楼地面标高，地面坡度及坡向(厕所)。

(4)标注标准门窗编号(可直接引用标准图集编号)，门洞尺寸、门的开启方向及方式。

(5)绘制楼梯间绘出踏步、平台、栏杆扶手及上下行箭头。

(6)底层平面绘制表示散水、踏步、台阶等位置、尺寸。

(7)标注剖切符号、详图索引号等；注写图名和比例。

2. 立面图(要求绘制主要立面及侧立面图)

(1)房屋两端轴线。

(2)注写各标高。

(3)饰面做法说明，标注各部分用料及做法，包括檐口、外墙面、窗台、勒脚、雨篷等说明及索引。

(4)表示出门窗、室外台阶、雨篷等构配件的形式和位置。

(5)最后注写图名和比例，应按"×—××立面图"注写。

3. 剖面图(应剖在楼梯间位置)

(1)绘制外墙轴线及其编号，剖切到的墙以双粗实线表示，钢筋混凝土部分涂黑表示，可见部分以细实线表示。

(2)标注剖面尺寸。

①总高尺寸：平屋顶为室外地坪至女儿墙压顶上表面或檐口上表面；

②层间尺寸：室外地坪到底层地面、底层地面到各层楼面、楼面到屋顶及檐口处；

③门窗及洞间墙段尺寸：各门窗洞及洞间尺寸；

④局部尺寸：如室内的门窗洞及窗台高度等。

(3)标注楼地面、室内地坪、檐口上表面、女儿墙压顶上表面、雨篷底面等处标高。

(4)室内各部分投影所见固定家具设备、装饰等的立面及部分的建筑立面。

(5)剖面节点详图索引，如窗台、墙脚、檐口等。

(6)多层引出线表示楼地面、屋顶构造做法。

(7)图名和比例。

4. 屋顶平面图及节点详图绘制

有选择地绘制墙身大样、楼梯节点详图和屋顶排水组织平面图。

5. 标题栏

同单元 3 项目 1。

时间分配

本课程设计以专用周的形式进行，大纲计入学时为 28 学时，学生实际需用 6 天时间完成。

(1)识读施工图(1 天)。

(2)各层平面图绘制(2 天)。

(3)主要建筑立面图和侧立面绘制(1 天)。

(4)剖面图绘制(1 天)。

(5)偏写设计说明和绘制详图(1 天)。

设计步骤和方法

同单元 3 项目 1。

设计成绩考评

同单元 3 项目 1。

实训中参考资料目录

(1)《办公建筑设计规范》(JGJ 67—2006)。

(2)《建筑设计资料集》(中国建筑工业出版社，1994 年出版)。

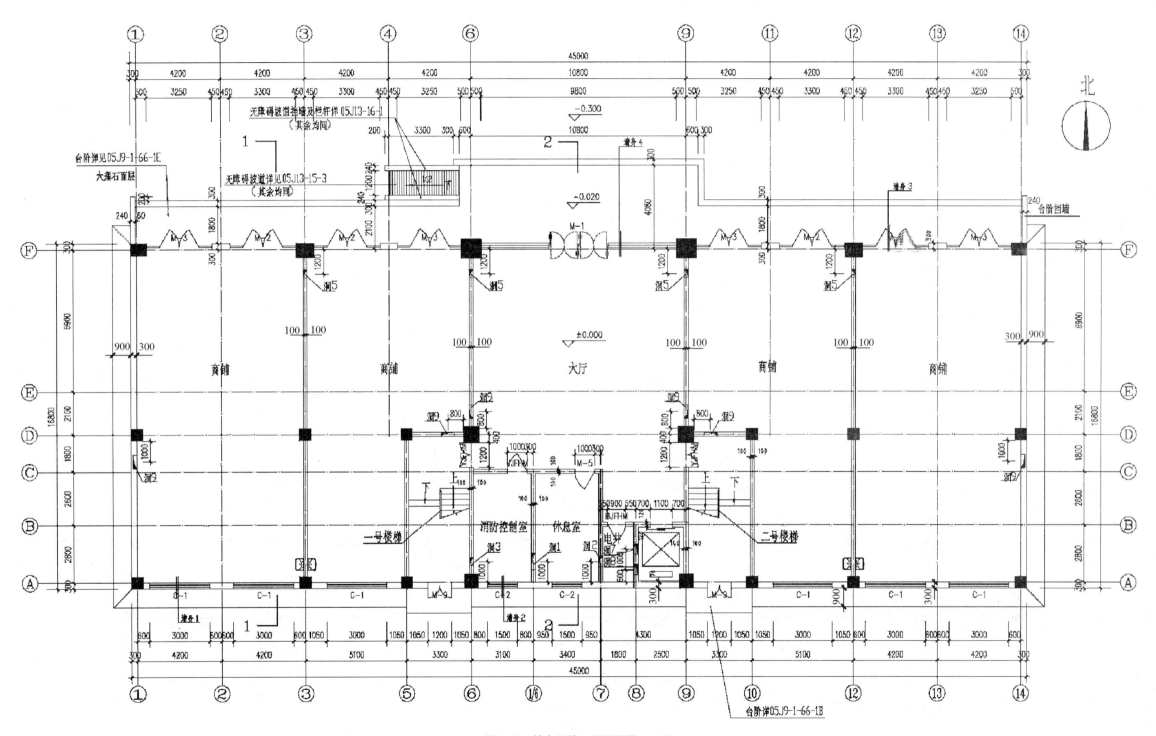

图 3-11　某办公楼一层平面图 1：100

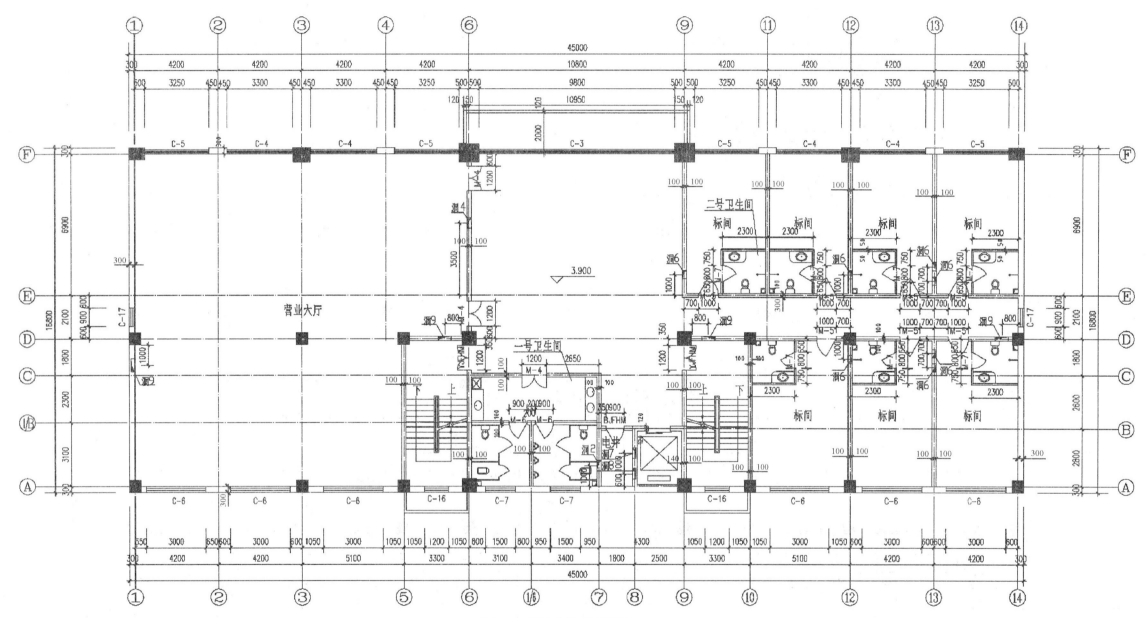

图 3-12　某办公楼二层平面图 1∶100

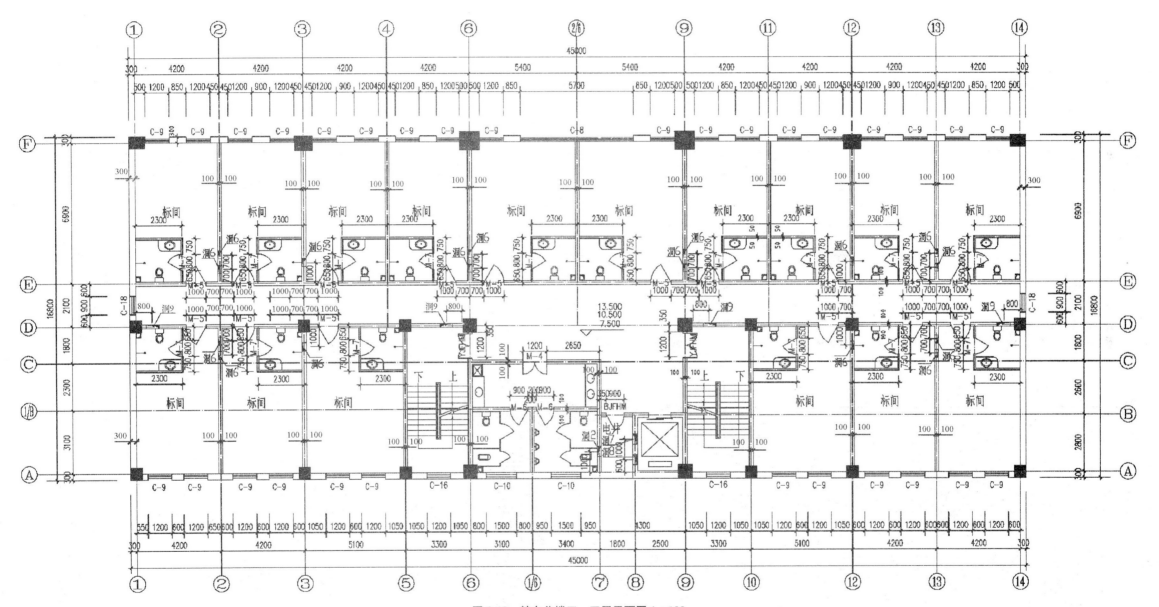

图 3-13 某办公楼三～五层平面图 1：100

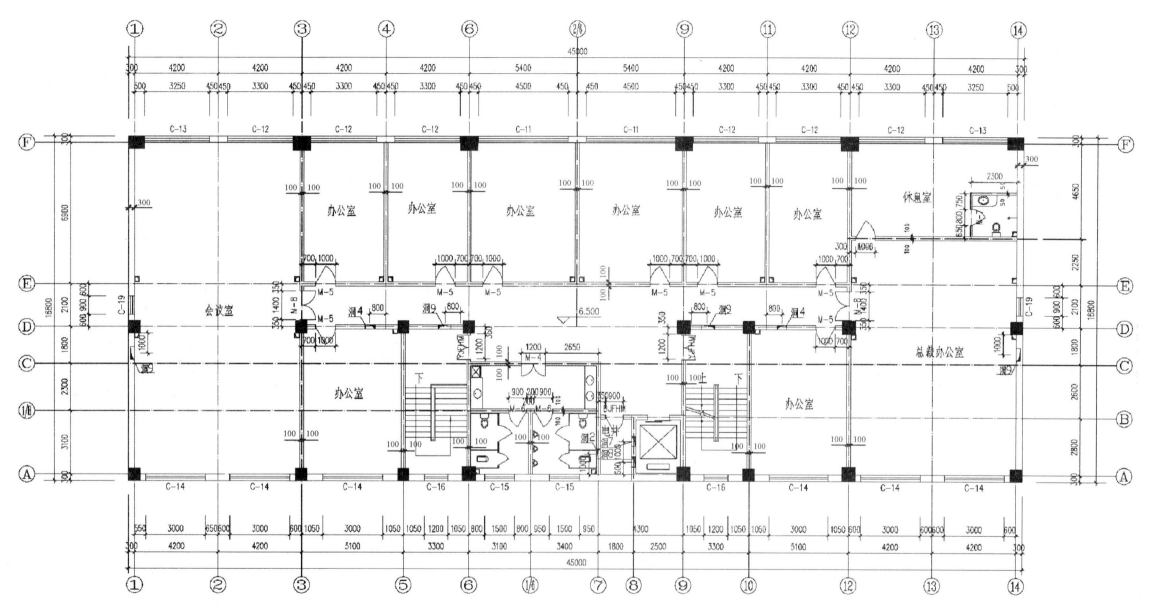

图 3-14　某办公楼六层平面图 1∶100

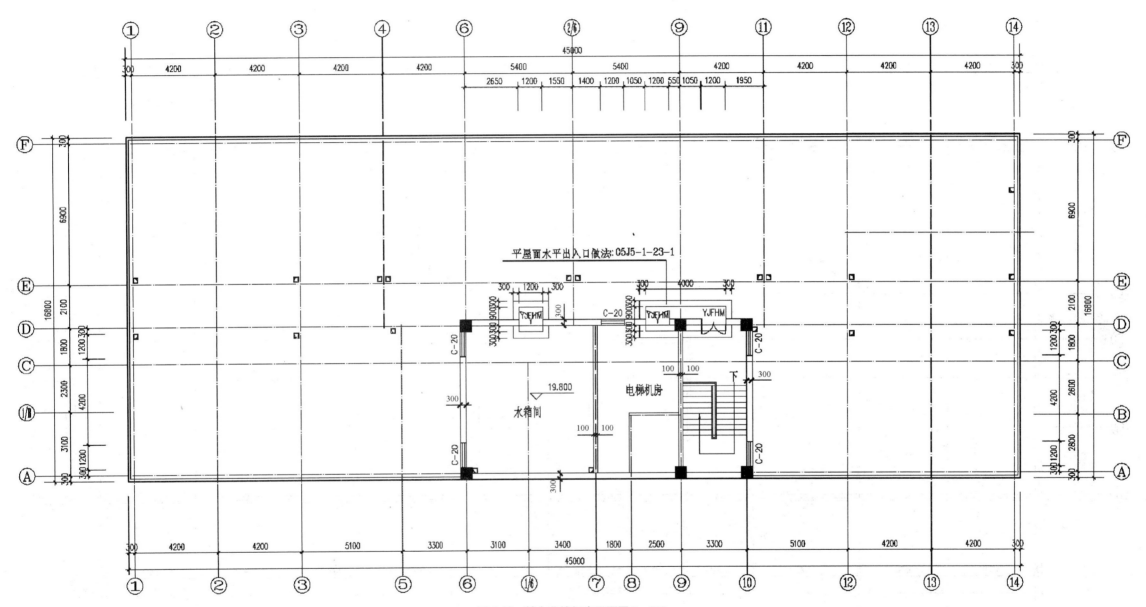

图 3-15 某办公楼机房平面图 1：100

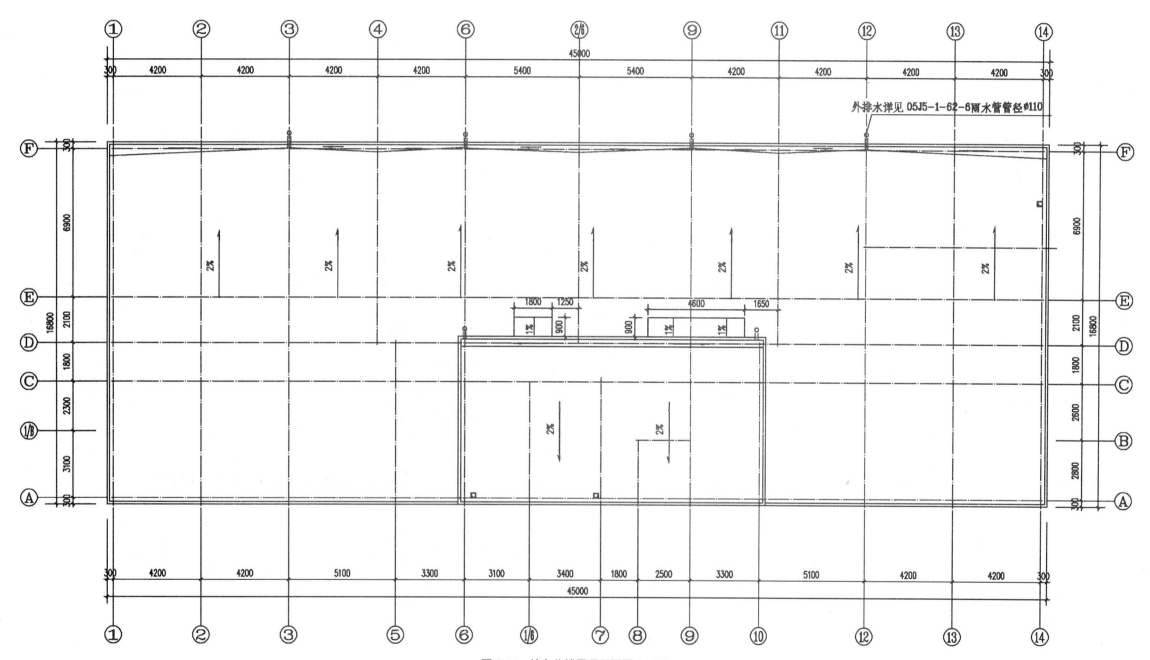

图 3-16 某办公楼屋顶平面图 1：100

外排水详见 05J5-1-62-6雨水管管径Φ110

图 3-17 某办公楼北立面图 1：100

图 3-18 某办公楼南立面图 1:100

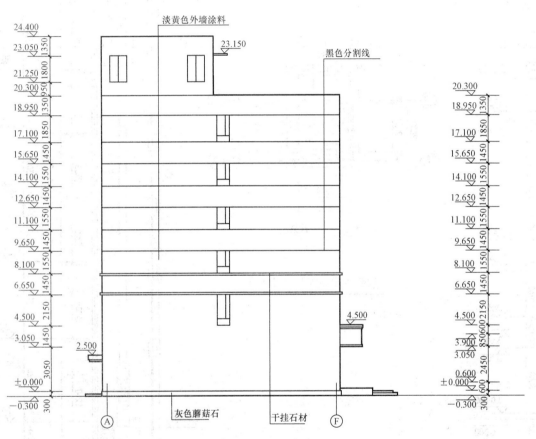

图 3-19　某办公楼东立面图 1：100

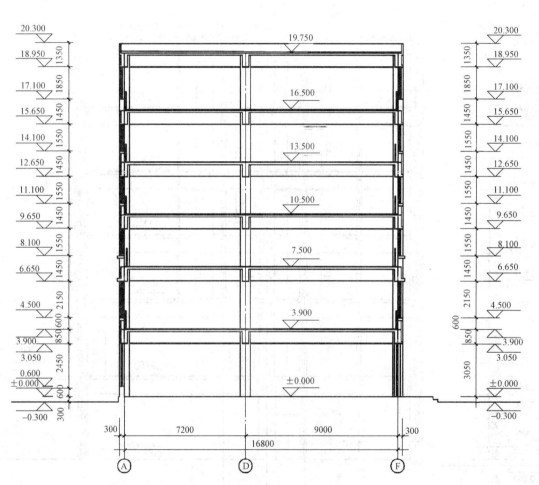

图 3-20　某办公楼剖面图 1：100

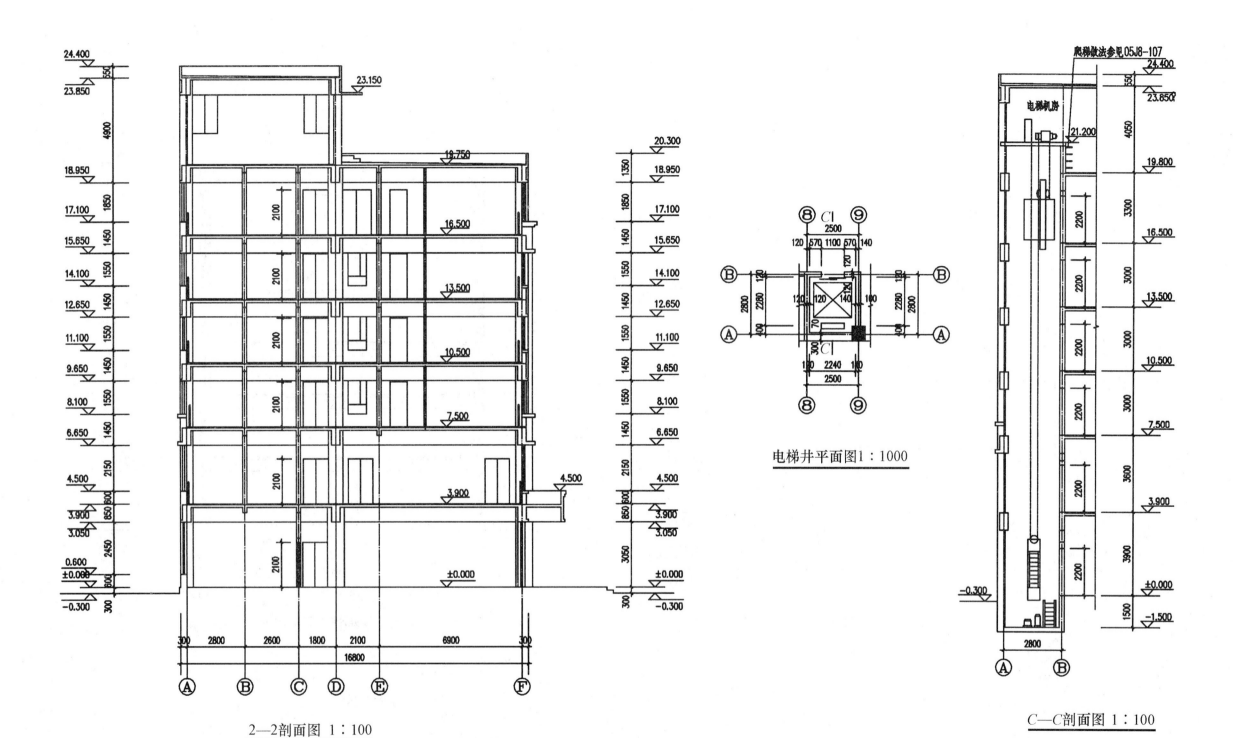

2—2剖面图 1：100

电梯井平面图 1：1000

C—C剖面图 1：100

图 3-21 某办公楼剖面图及电梯井施工图

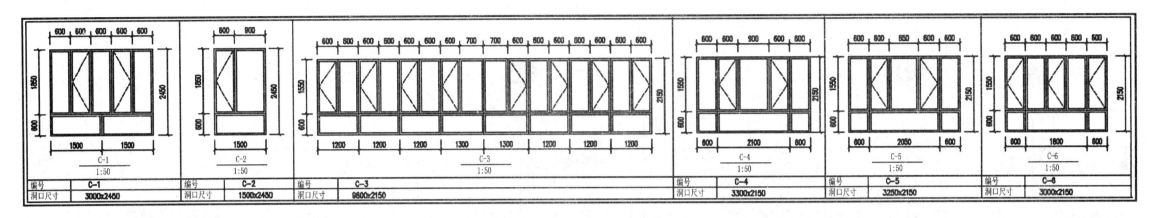

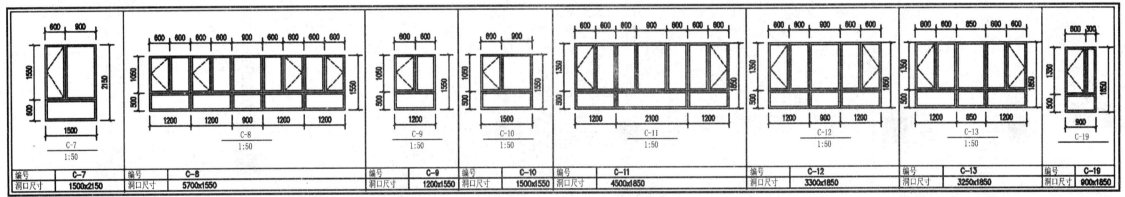

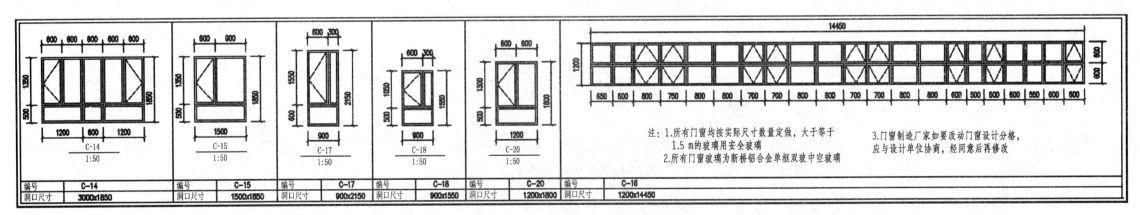

注：1.所有门窗均按实际尺寸数量定做，大于等于
　　1.5 m的玻璃用安全玻璃
　　2.所有门窗玻璃为断桥铝合金单框双玻中空玻璃

3.门窗制造厂家如要改动门窗设计分格，
应与设计单位协商，经同意后再修改

图 3-22　某办公楼门窗大样图

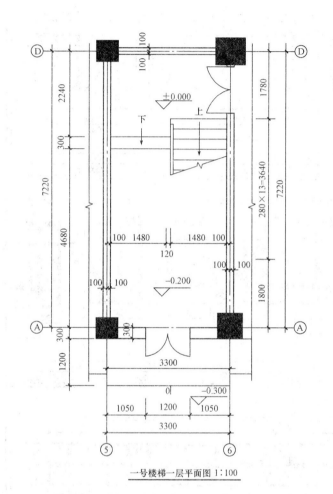

一号楼梯一层平面图 1:100

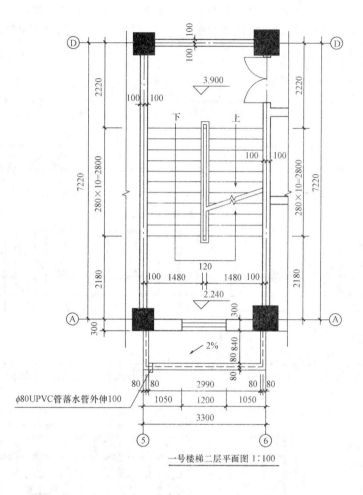

φ80UPVC管落水管外伸100

一号楼梯二层平面图 1:100

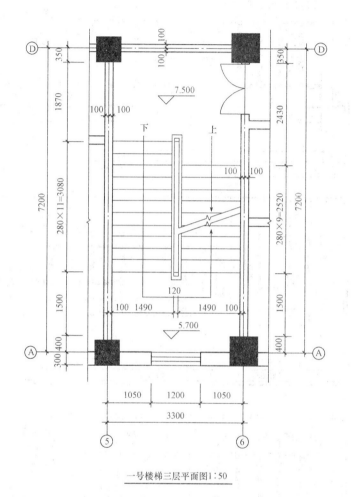

一号楼梯三层平面图1:50

图 3-23 某办公楼楼梯平面图(一)

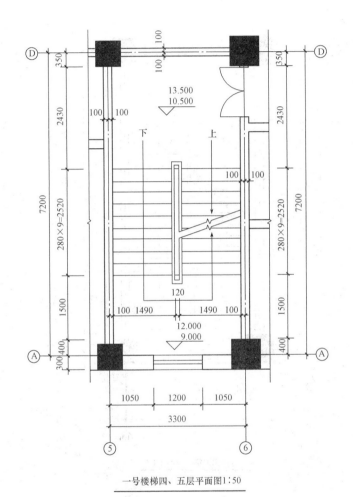

13.500
10.500

280×9=2520

120

12.000
9.000

1050 1200 1050
3300

一号楼梯四、五层平面图1:50

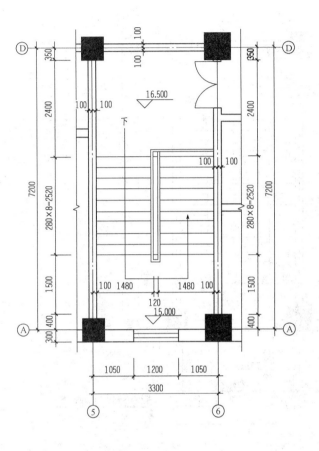

16.500

280×8=2520

120
15.000

1050 1200 1050
3300

六层平面图1:50

洗面台做法详见05 J12-44

拖布池做法
05 J12-111-1

安全抓杆
05 J13-45

安全抓杆
05 J13-55-1

厕所木隔断
05 J12-83-2

成品小便斗

安全抓杆
05 J13-49

2650 1200 2650
3100 3400

一号卫生间大样图1:50

图 3-23 某办公楼楼梯平面图(二)

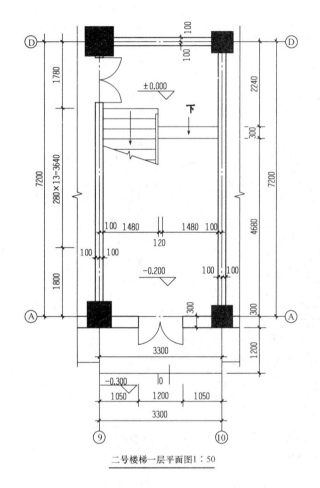

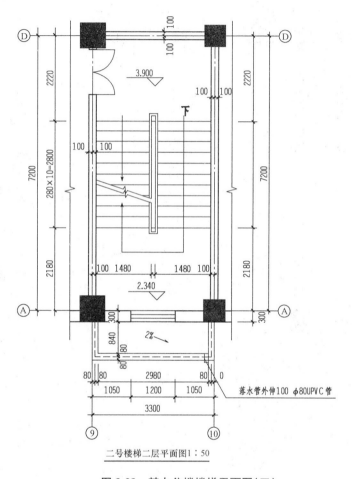

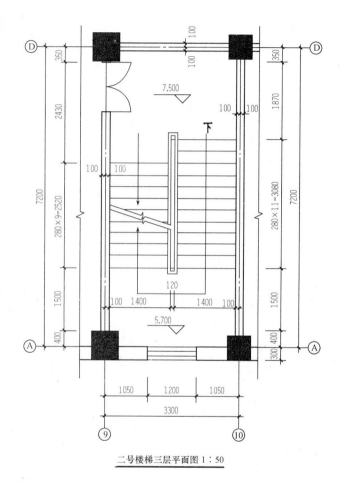

二号楼梯一层平面图1:50

二号楼梯二层平面图1:50

二号楼梯三层平面图 1:50

图 3-23 某办公楼楼梯平面图(三)

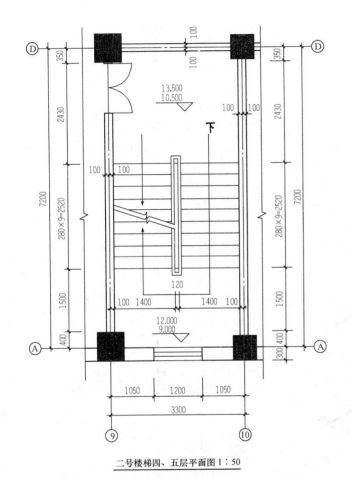

二号楼梯四、五层平面图 1:50

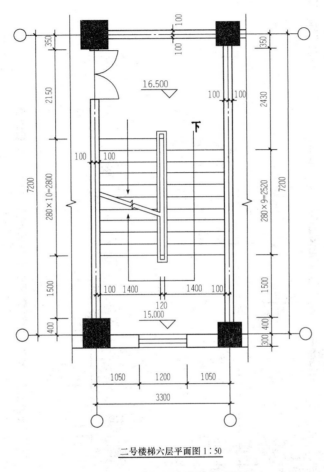

二号楼梯六层平面图 1:50

二号楼梯顶层平面图 1:50

图 3-23   某办公楼楼梯平面图(四)

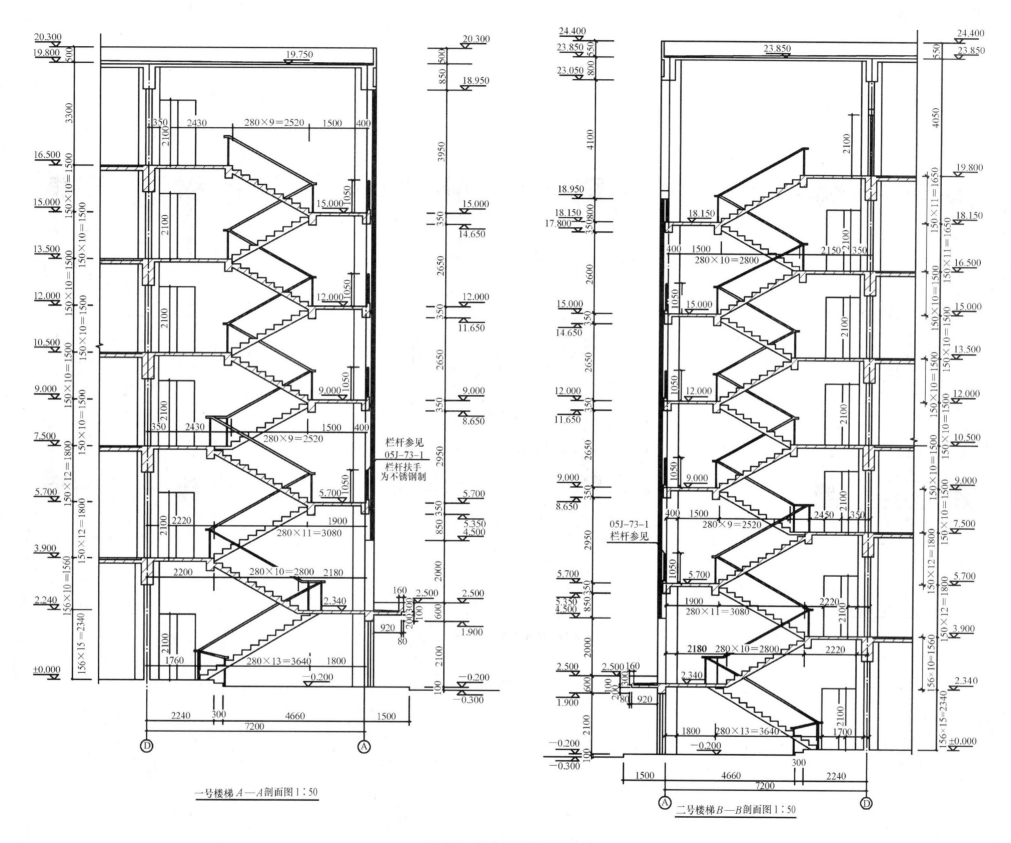

图 3-24　某办公楼楼梯剖面图

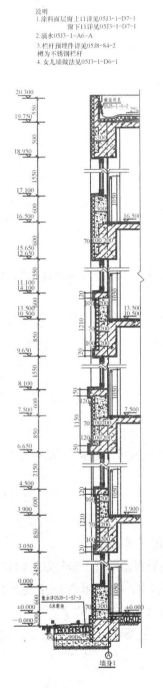

说明
1. 涂料面层窗上口详见05J3-1-D7-1
   窗下口详见05J3-1-D7-1
2. 滴水05J3-1-A6-A
3. 栏杆预埋件详见05J8-84-2
   槽为不锈钢栏杆
4. 女儿墙做法见05J3-1-D6-1

墙身1

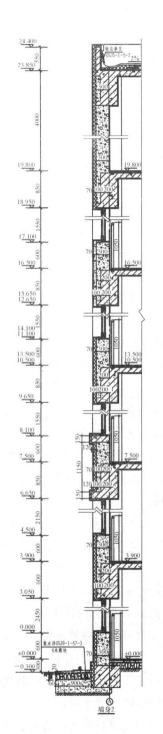

墙身2

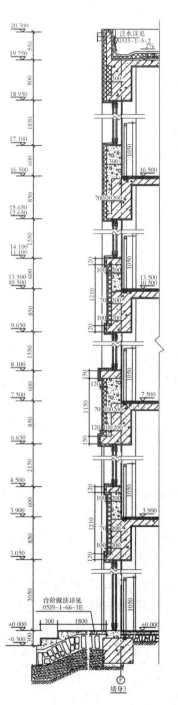

墙身3

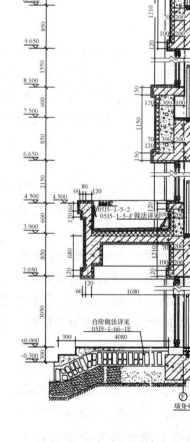

墙身4

图 3-25　某办公楼墙身大样图 1∶20

项目3 住宅建筑装饰施工图识读与绘制

教学目标

- 通过项目实训，使学生巩固已学的相关装饰构造原理和方法；
- 具有依据相应技术质量标准，选择正确建筑与装饰构造方案的能力；
- 按照建筑装饰构造方案，选择和使用常用建筑与装饰材料；
- 具有对建筑装饰构造应用新技术、新材料、新工艺的能力；
- 学习并提高识读与绘制装饰施工图能力；
- 具有节点详图设计的能力；
- 培养学生科学的思维方法，以及分析和解决问题的能力；
- 培养学生科学的工作态度和团结严谨的工作作风，并具有团队合作和创新精神；
- 培养学生作为建筑装饰工程技术及管理人员应具备的职业道德和敬业精神。

作业条件

(1)完整的住宅项目建筑装饰工程施工图纸。

(2)读图纸目录，了解本住宅项目建筑装饰工程施工图的图纸内容，如图 3-26 所示。

(3)读建筑装饰设计说明，了解本工程的工程概况，设计依据，各房间地面、墙面、门窗和顶棚工程做法，所选用的标准构件图集以及一些构造要求和施工中的注意事项等，本工程通用的做法及施工要点等文字说明。读材料表，了解本装饰工程墙面、地面和顶棚所选用材料，如图 3-27 所示。

(4)识读建筑装饰平面布置图，了解建筑空间平面的功能布局、装饰工程在平面上与土建结构的对应关系，以及房间分布和设备的布置情况、地面布置情况、各部分选用材料、隔墙布置等，如图 3-28～图 3-30 所示。

(5)识读顶棚平面布置图，了解顶棚造型、空调、通风、照明布置情况，造型的尺寸和材料，顶部灯具和其他设施的位置和尺寸等，如图 3-31 所示。

(6)识读各房间墙面立面图，了解本建筑装饰工程项目墙面立面效果，装饰构造，门窗、构配件、墙面做法，固定家具、灯具、造型尺寸，轴线编号，控制标高和详图索引符号等，如图 3-32～图 3-38 所示。

(7)识读建筑装饰剖面图和各节点详图，了解剖面形状，标高尺寸，楼地层、楼梯尺寸及细部装饰构造做法等，如图 3-39～图 3-40 所示。

(8)按比例抄绘该套建筑施工图。

装饰施工图综合实训完成成果

(1)装饰平面布置图(比例 1∶100)。

(2)装饰地面布置图(比例 1∶100)。

(3)顶棚平面布置图(比例 1∶100)。

(4)客厅、主卧室、次卧室、厨房、主卫生间、次卫生间墙立面任选两个(比例 1∶100)。

(5)详图(比例 1∶5～1∶50)。

(6)要求：用白纸、铅笔绘制；以 A2(2 号)幅面为主，必要时可采用 A2 加长幅面，少量图可采用 A3 幅面，图纸封面和目录采用 A2 幅面。

综合实训的图纸内容与深度要求

1. 平面图

(1)装饰平面施工图。

①标明室内平面功能的组织、房间的布局；

②原有建筑的轴线、编号及尺寸；

③标明建筑平面布置、空间的划分及分隔尺寸；

④标明家具、设备布局及尺寸、数量、材质；

⑤标明楼地面的平面位置、形状、材料、分格尺寸及工程做法；

⑥标明有关部位的详图索引；

⑦标明平面中各立面图内视符号；

⑧标明门、窗的位置尺寸和开启方向及走道、楼梯、防火通道、安全门、防火门或其他流动空间的位置和尺寸；

⑨标明台阶、水池、组景、踏步、雨篷、阳台及绿化等设施、装饰小品的平面轮廓与位置尺寸。

(2)顶棚平面施工图。

①原有建筑平面图和轴线编号及尺寸；

②标明顶棚造型的位置、形状及尺寸；

③标明顶棚灯具的形式、位置及尺寸；

④标明空调、通风、消防等设备的位置及空调出风口、通风回风口及设备形式及尺寸；

⑤标明吊顶龙骨规格及材料、饰面材料颜色及品质；

⑥标明有造型复杂部位的详图索引。

2. 立面图

(1)标明室内轮廓线，墙面与吊顶的收口形式，可见的灯具形式等。

(2)标明墙面装饰造型及陈设(如壁挂、工艺品等)、门窗、墙面造型壁灯、暖气罩等内容。

(3)标明饰面材料、造型及分格等。做法的标注采用细实线引出。图外标注 1～2 道竖向及水平向尺寸，以及楼地面、顶棚等的装饰标高；图内应标注主要装饰造型尺寸。

(4)标明立面装饰的造型、饰面材料的品名、规格、色彩和工艺要求。

(5)标明依附墙体的固定家具及造型。

(6)标明各种饰面材料的连接收口形式。

(7)标明索引符号、说明文字、图名及比例等。

3. 剖面图及节点详图

(1)剖开部位的构造层次；

(2)标明造型材料之间连接方法；

(3)标明构造做法和造型尺寸；

(4)标明装饰结构和装饰面上的设备安装方式和固定方法；

(5)标明装饰造型材料和建筑主体结构之间的连接方式与衔接尺寸；

(6)标明节点和构配件的详图索引。

时间分配

本课程设计以专用周的形式进行，大纲计入学时为28学时，学生实际需用6天时间完成。

(1)熟悉任务书(0.5天)。

(2)装饰平面和地面布置图绘制(2天)。

(3)顶棚平面图绘制(1.5天)。

(4)剖面图及节点详图绘制(1.5天)。

(5)编写设计说明(0.5天)。

设计步骤和方法

同单元3项目1。

设计成绩考评

同单元3项目1。

实训中参考资料目录

(1)教材有关内容。

(2)《建筑内部装修设计防火规范》(GB 50222—2017)。

图 纸 目 录

序号	图纸名称	图号	规格	备注	序号	图纸名称	图号	规格	备注
01	目录				22				
02	材料表				23				
03	2号样板间平面布置图	装饰 2-01	A2		24				
04	2号样板间地铺图	装饰 2-02	A2		25				
05	2号样板间隔墙定位图	装饰 2-03	A2		26				
06	2号样板间顶面布置图	装饰 2-04	A2		27				
07	客厅立面图	装饰 2-05	A2		28				
08	餐厅立面图	装饰 2-06	A2		29				
09	餐厅及走廊立面图、大样图	装饰 2-07	A2		30				
10	主卧及次卧立面图	装饰 2-08	A2		31				
11	厨房立面图	装饰 2-09	A2		32				
12	主卫立面图	装饰 2-10	A2		33				
13	次卫立面图	装饰 2-11	A2		34				
14	节点图(一)	装饰 2-12	A2		35				
15	节点图(二)	装饰 2-13	A2		36				
16	节点图(三)	装饰 2-14	A2		37				
17	节点图(四)	装饰 2-15	A2		38				
18	节点图(五)	装饰 2-16	A2		39				
19	节点图(六)	装饰 2-17	A2		40				
20					41				
21					42				

图 3-26 图纸目录

材　料　表

编号	材料名称	用处	牌子及型号	规格
M-01	浅色石材	餐厅、厨房、阳台、走廊、卫生间、窗台板	见材料样板	
M-02	深咖啡石材	餐厅、走廊、阳台拼花	见材料样板	
M-03	浅米色石材	主卫、次卫墙面	见材料样板	
M-04	棕色石材	次卫墙面	见材料样板	
CT-01	深色瓷砖	厨房墙面	见材料样板	
CT-02	浅色瓷砖	厨房墙面	见材料样板	
PT-01	白色乳胶漆	天花		
PT-02	深暖色壁纸	客厅、餐厅、走廊、阳台及卧室局部墙面	见材料样板	
PT-03	浅色壁纸	餐厅局部墙面	见材料样板	
PT-04	深棕色皮毛	客厅及主卧局部墙面	见材料样板	

编号	材料名称	用处	牌子及型号	规格
T-01	灶台	厨房	林内-RB-2Q3U	
T-02	星盆	厨房	摩恩23241	
T-03	油烟罩	厨房	林内-CXW-218-K	
T-04	浴缸	主卫,客卫	乐家一威泰普莲浴缸	
T-05	坐便器	主卫,客卫	乐家一米兰	
T-06	面盆	主卫,客卫	乐家一贝娜	
T-07	龙头一淋浴	主卫,客卫	摩恩2884-MCL	
T-08	龙头一面盆	主卫,客卫	摩恩一维莱特5888	
T-09	龙头一星盆	主卫,客卫	摩恩一凯莱恩登7879	
T-10	龙头一浴缸	主卫,客卫	摩恩一维莱特5888	
T-11	厕纸架	主卫,客卫	摩恩-3608(镀络)	
T-12	毛巾杆	主卫	摩恩-3018(镀络)	
T-13	浴巾架	主卫	摩恩-3060(镀络)	
T-14	皂碟	主卫,客卫	摩恩-3006(镀络)	
			贝佳-67751	
W-01	花梨木	客厅、餐厅、走廊、书房	见材料样板	
W-02	花梨色条形吸音板	客厅、餐厅、卧室	见材料样板	
W-03	花梨实木地板	客厅、卧室、书房	见材料样板	

注:本材料表以甲方提供材料表为准

设计师:_____

同意签发:_____

图 3-27　材料表

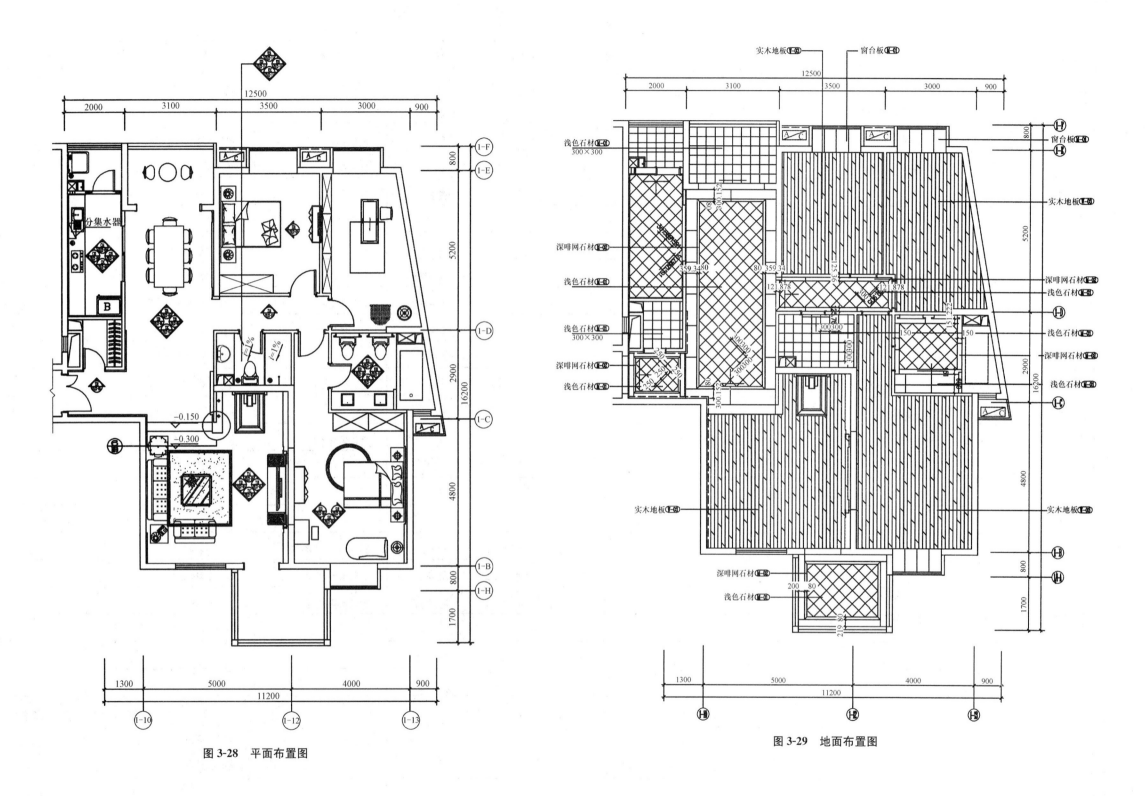

图 3-28 平面布置图

图 3-29 地面布置图

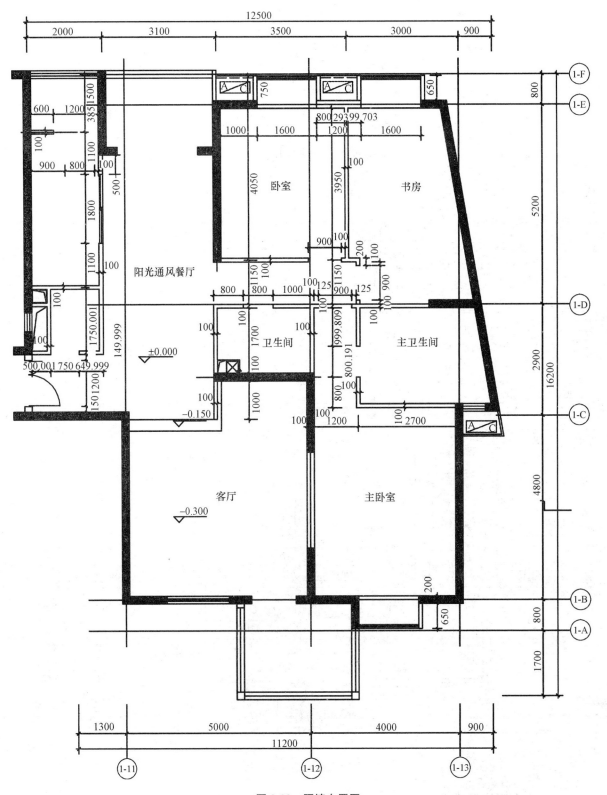

图 3-30 隔墙布置图

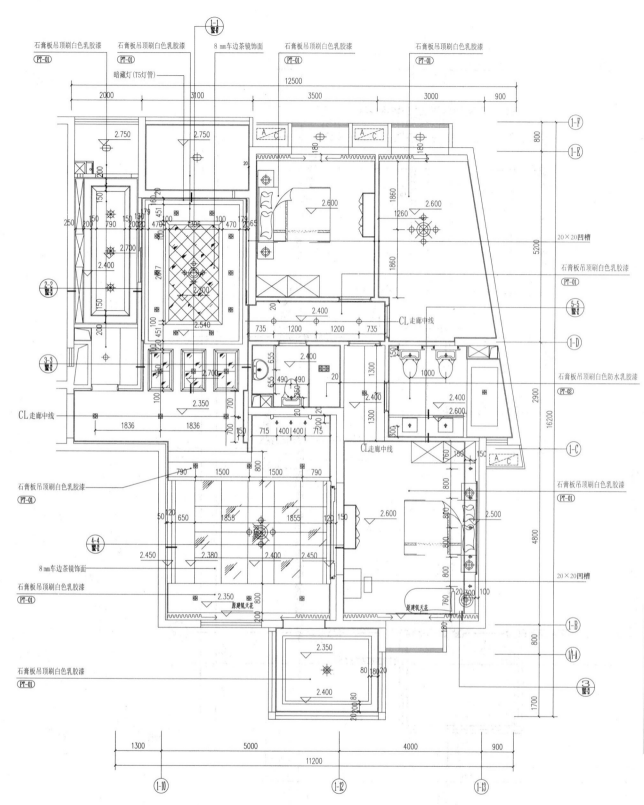

石膏板吊顶刷白色乳胶漆 PT-01
石膏板吊顶刷白色乳胶漆 PT-01
8 mm车边茶镜饰面
石膏板吊顶刷白色乳胶漆 PT-01
石膏板吊顶刷白色乳胶漆 PT-01
暗藏灯(T5灯管)

石膏板吊顶刷白色乳胶漆 PT-01
石膏板吊顶刷白色防水乳胶漆 PT-02
石膏板吊顶刷白色乳胶漆 PT-01

石膏板吊顶刷白色乳胶漆 PT-01
8 mm车边茶镜饰面
石膏板吊顶刷白色乳胶漆 PT-01

CL走廊中线
CL走廊中线
CL走廊中线

2号样板间顶面布置图

图例	说明	编号	图例	说明	编号
	风槽吊灯			通风口	
	小吊灯			防雾筒灯	
	艺术吸顶灯			暗藏射灯	
	单头豆胆灯			防雾射灯	
	暗藏筒灯			明装射灯	
	吸顶灯			四头明装豆胆灯	
	浴霸			空调出风口	

图 3-31 顶棚平面布置图

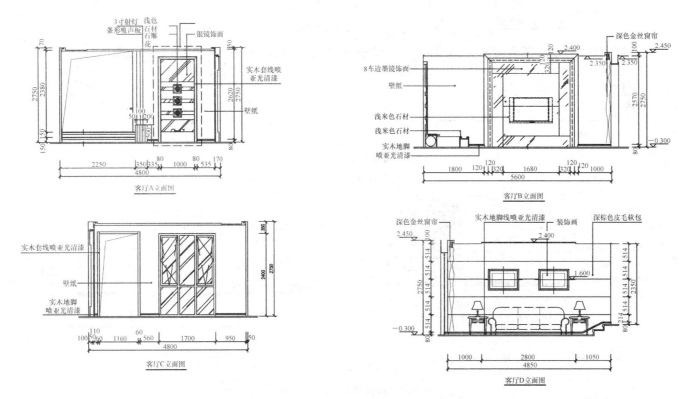

图 3-32　客厅墙立面图

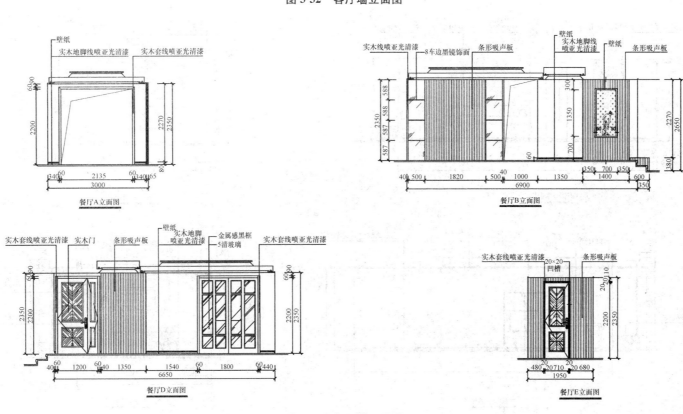

图 3-33　餐厅墙立面图

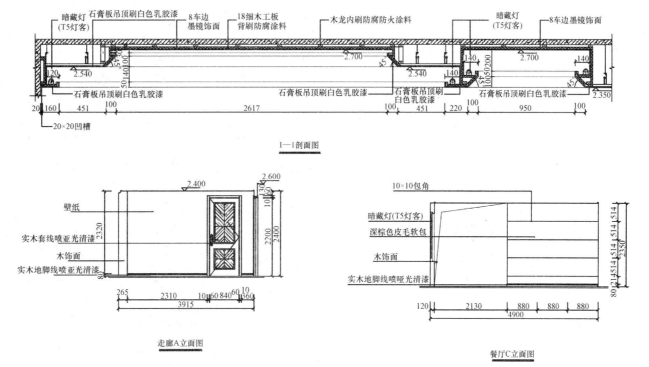

图 3-34　餐厅墙立面及 1—1 剖面图

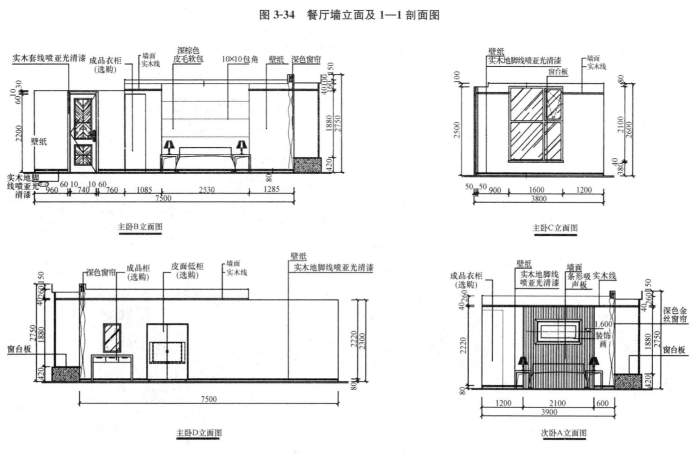

图 3-35　主卧室墙立面图

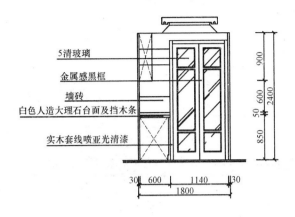

5清玻璃
金属感黑框
墙砖
白色人造大理石台面及挡木条
实木套线喷亚光清漆

300 600 1140 30
1800

900
50 600 2400
850

厨房A立面图

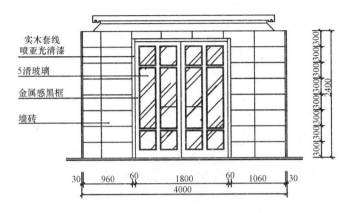

实木套线喷亚光清漆
5清玻璃
金属感黑框
墙砖

30 960 60 1800 60 1060 30
4000

300 300 300 300 300 300 300 300
2400

厨房B立面图

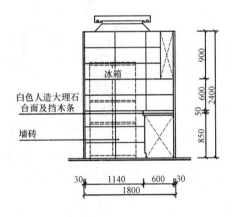

白色人造大理石台面及挡木条
墙砖

冰箱

30 1140 600 30
1800

900
50 600 2400
850

厨房C立面图

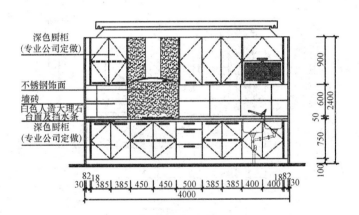

深色厨柜(专业公司定做)
不锈钢饰面
墙砖
白色人造大理石台面及挡水条
深色厨柜(专业公司定做)

82 18
30 385 385 450 450 500 385 385 400 400 130
4000
1882

900
50 600 2400
750
100

厨房D立面图

图3-36 厨房墙立面图

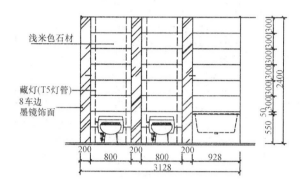

浅米色石材
藏灯(T5灯管)
8车边
墨镜饰面

200 800 200 800 200 928
3128

50 550 2400 300 300 300 300

主卫A立面图

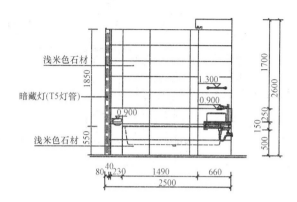

浅米色石材

暗藏灯(T5灯管)

浅米色石材

1850 550
0.900
1.300
0.900

1700 2600 150 250 500

80 40 230 1490 660
2500

主卫B立面图

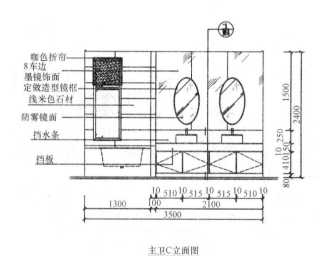

咖色折帘
8车边
墨镜饰面
定做造型镜框
浅米色石材

防雾镜面

挡水条

挡板

1300 100 2100
3500
10 510 10 515 10 515 10 510 10

1500 2400 10 250 10 150 410 80

主卫C立面图

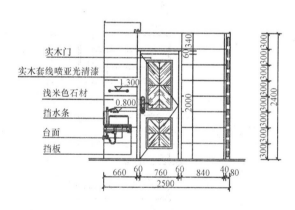

实木门

实木套线喷亚光清漆

浅米色石材

挡水条

台面

挡板

1.300
0.800
60 340 2000

660 60 760 60 840 40 80
2500

300 300 300 300 2400

主卫D立面图

图 3-37 主卫生间墙立面图

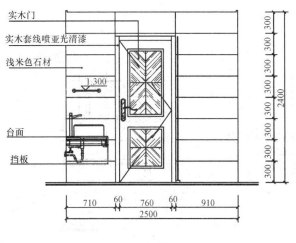

实木门
实木套线喷亚光清漆
浅米色石材
1.300
台面
挡板

710 60 760 60 910
2500

300 300 300 300 300 300 300 300
2400

次卫A立面图

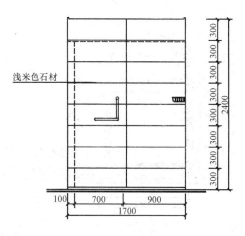

浅米色石材

100 700 900
1700

300 300 300 300 300 300 300 300
2400

次卫B立面图

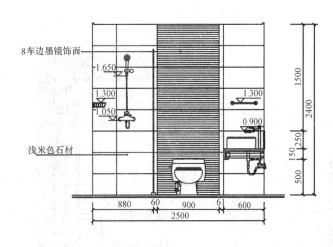

8车边墨镜饰面
1.650
1.300
1.050
1.300
0.900
浅米色石材

880 60 900 61 600
2500

1500
2400
150 250
500

次卫C立面图

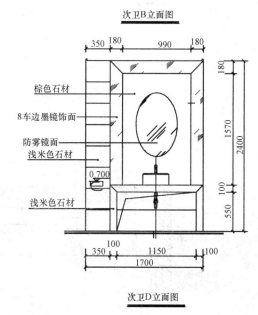

350 180 990 180

棕色石材
8车边墨镜饰面
防雾镜面
浅米色石材
0.700
浅米色石材

180
1570
2400
100
550

350 100 1150 100
1700

次卫D立面图

图 3-38　次卫生间墙立面图

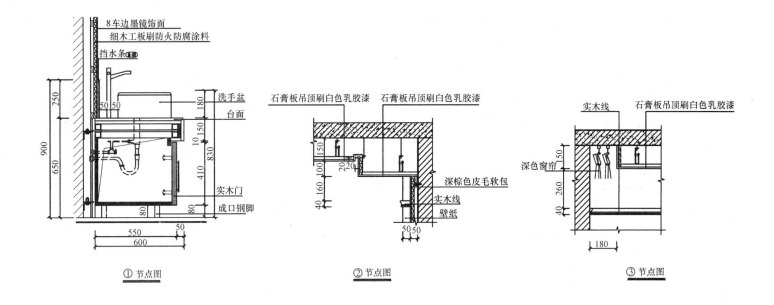

① 节点图　　　② 节点图　　　③ 节点图

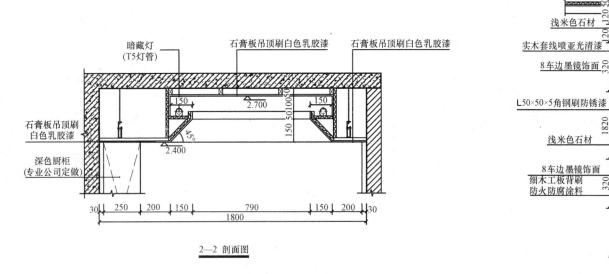

2—2 剖面图　　　　　　　　　⑤ 节点图

图 3-39　节点详图(一)

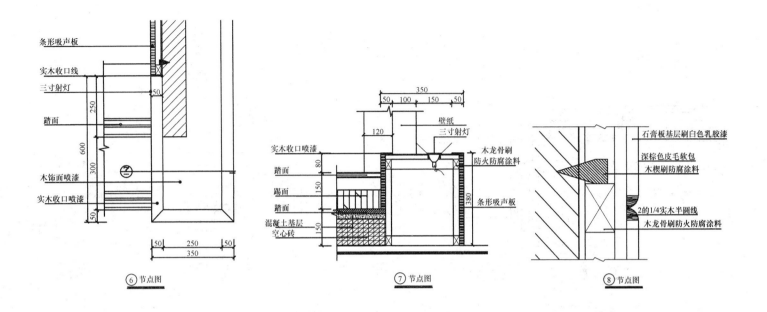

⑥ 节点图   ⑦ 节点图   ⑧ 节点图

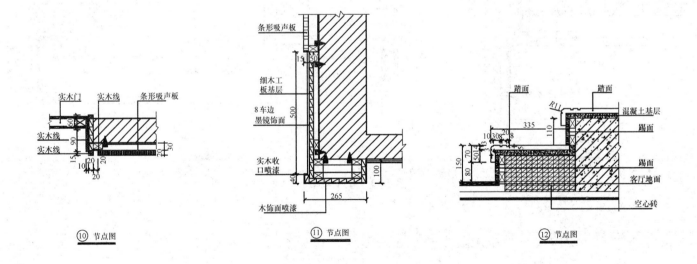

⑩ 节点图   ⑪ 节点图   ⑫ 节点图

图 3-39　节点详图(二)

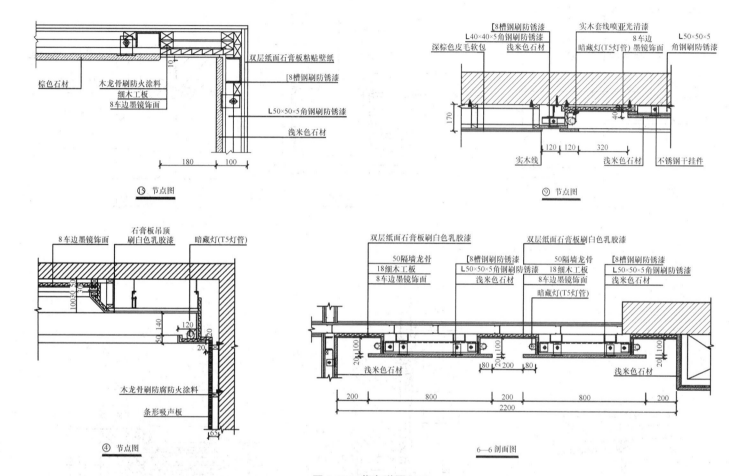

图 3-39　节点详图(三)

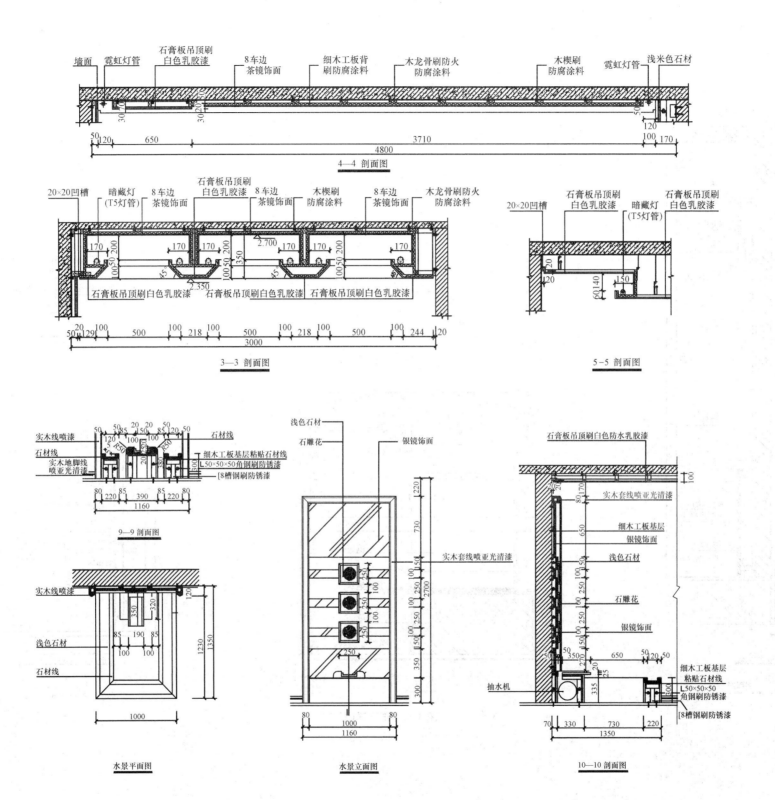

图 3-40 剖面详图(一)

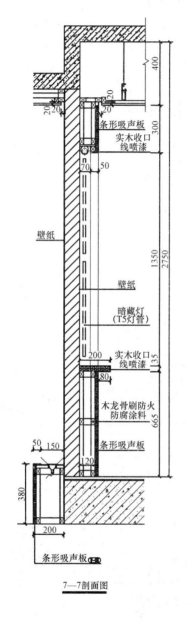

7—7剖面图

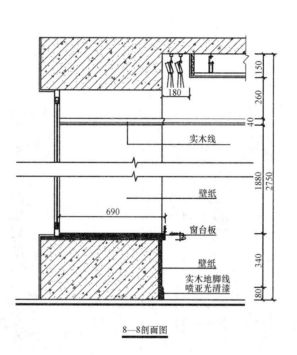

8—8剖面图

图 3-40　剖面详图(二)

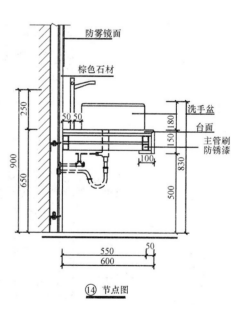

⑬ 节点图

⑭ 节点图

项目4 办公建筑装饰施工图识读与绘制

教学目标

- 通过本项目实训，使学生巩固已学的相关装饰构造原理、方法和工艺；
- 具有依据相应技术质量标准，选择正确建筑与装饰构造方案的能力；
- 按照建筑装饰构造方案，选择和使用常用建筑与装饰材料；
- 具有对建筑装饰构造应用新技术、新材料、新工艺进行再学习的能力；
- 学习并提高识读与绘制装饰施工图的能力，掌握节点详图设计的全过程；
- 培养学生科学的思维方法，以及分析和解决问题的能力；
- 培养学生科学的工作态度和团结严谨的工作作风，并具有团队合作和创新精神；
- 培养学生作为建筑装饰工程技术及管理人员应具备的职业道德、敬业精神。

作业条件

(1)一套完整办公楼项目建筑装饰工程施工图纸。

(2)读图纸目录，让学生了解本办公楼项目建筑装饰工程施工图纸内容，如图3-41所示。

(3)读建筑装饰设计说明，了解本工程的工程概况，设计依据，各房间地面、墙面、门窗和顶棚工程做法，本装饰工程材料说明，所选用的标准构件图集以及一些构造要求，施工中的注意事项，本工程通用的做法及施工要点等，如图3-42所示。

(4)识读建筑装饰平面布置图，了解建筑空间平面的功能布局，装饰工程在平面上与土建结构的对应关系，以及房间分布和设备的布置情况，如图3-43~图3-47所示。

(5)识读建筑装饰地面布置图，了解建筑各层地面布置情况、各部分选用材料等，如图3-48~图3-52所示。

(6)识读顶棚平面布置图，了解办公楼各层顶棚造型、空调、通风、照明布置情况，各部分造型的尺寸和材料，顶部灯具和其他设施的位置和尺寸等，如图3-53~图3-57所示。

(7)识读共享大厅装饰施工图，包括平面图、地面布置图、吊顶棚平面图、各墙立面及其剖面详图，了解共享大厅各层地面布置情况、各部分选用材料等，了解共享大厅各层顶棚造型、空调、通风、照明布置情况，如图3-58所示。

(8)识读接待室装饰施工图，包括平面图、地面布置图、吊顶棚平面图、各墙立面及其剖面详图，了解接待室地面布置情况、各部分选用材料等，了解接待室顶棚造型、空调、通风、照明布置情况，如图3-59所示。

(9)识读会议室装饰施工图，包括平面图、地面布置图、吊顶棚平面图、各墙立面及其剖面详图，了解会议室所在位置、各层地面布置情况、各部分选用材料等，了解会议室各层顶棚造型、空调、通风、照明布置情况，如图3-60所示。

(10)识读校长室、副校长室装饰施工图，包括平面图、地面布置图、吊顶棚平面图、各墙立面及其剖面详图，了解校长室、副校长室平面尺寸、地面布置情况、各部分选用材料等，了解校长室、副校长室顶棚造型、空调、通风、照明布置情况，如图3-61所示。

(11)识读行政会议室装饰施工图，包括平面图、地面布置图、吊顶棚平面图、各墙立面及其剖面详图，了解行政会议室所在位置、平面尺寸和地面布置情况、各部分选用材料等，了解行政会议室顶棚造型、空调、通风、照明布置情况，如图3-62所示。

(12)识读卫生间装饰施工图，包括平面图、地面布置图、吊顶棚平面图、各墙立面及其剖面详图，了解卫生间所在位置、平面尺寸和地面布置情况、各部分选用材料等，了解卫生间顶棚造型、空调、通风、照明布置情况，如图3-63所示。

(13)识读电梯、楼梯间装饰施工图内容，包括平面布置图、地面布置图、顶棚平面布置图、墙立面图和节点构造图，了解电梯、楼梯间平面位置及尺寸关系，地面布置情况，电梯顶棚造型、空调、通风、照明布置情况，造型的尺寸和材料，顶部灯具和其他设施的位置和尺寸等，如图3-64所示。

(14)识读其他装饰施工图内容，包括台阶、走廊和窗帘盒等细部构造，如图3-65所示。

(15)按比例抄绘该套建筑施工图。

目　　录

图号	图纸名称	图幅	图号	图纸名称	图幅	图号	图纸名称	图幅
00	目录	A2	22	办公楼共享大厅一～五层天井⑥—③立面图	A2	45	办公楼四层行政会议室B/D立面图、节点图	A2
00	设计说明	A2	23	办公楼共享大厅一～五层天井Ⓐ—Ⓓ立面图	A2	46	办公楼四层行政会议室地台做法图	A2
01	办公楼一层平面图	A2+1/4	24	办公楼共享大厅天井节点图	A2	47	办公楼四层会议室平面、地面图	A2
02	办公楼一层地面图	A2+1/4	25	办公楼一层接待室平面、地面图	A2	48	办公楼四层会议室吊顶、吊顶剖面图	A2
03	办公楼一层顶面图	A2+1/4	26	办公楼一层接待室顶面、剖面图	A2	49	办公楼四层会议室立面图	A2
04	办公楼二层平面图	A2+1/4	27	办公楼一层接待室A/C立面图	A2	50	办公楼四层会议室立面节点图	
05	办公楼二层地面图	A2+1/4	28	办公楼一层接待室B/D立面图、节点图	A2	51	办公楼五层会议室平面、地面吊顶图	
06	办公楼二层顶面图	A2+1/4	29	办公楼三层会议室平面、地面图	A2	52	办公楼五层会议室吊顶剖面图	
07	办公楼三层平面图	A2+1/4	30	办公楼三层会议室顶面、剖面图	A2	53	办公楼五层会议室A/C立面图	
08	办公楼三层地面图	A2+1/4	31	办公楼三层会议室立面图	A2	54	办公楼五层会议室B/D立面图	
09	办公楼三层顶面图	A2+1/4	32	办公楼三层会议室立面节点图	A2	55	办公楼一～五层电梯间平面、地面、吊顶图	
10	办公楼四层平面图	A2+1/4	33	办公楼三层校长室(四层书记室)平面、地面图	A2	56	办公楼一～五层电梯间立面图	
11	办公楼四层地面图	A2+1/4	34	办公楼三层校长室(四层书记室)吊顶、吊顶剖面图	A2	57	办公楼卫生间平面、顶面、地面图	
12	办公楼四层顶面图	A2+1/4	35	办公楼三层校长室(四层书记室)A/C立面图	A2	58	办公楼卫生间立面图	
13	办公楼五层平面图	A2+1/4	36	办公楼三层校长室(四层书记室)B/D/E/F立面图	A2	59	办公楼卫生间前室立面图	
14	办公楼五层地面图	A2+1/4	37	办公楼二～四层副校长室平面、地面图	A2	60	办公楼卫生间洗漱台、节点图	
15	办公楼五层顶面图	A2+1/4	38	办公楼二～四层副校长室吊顶、吊顶剖面图	A2	61	办公楼一号楼梯平面图	
16	办公楼共享大厅平面图	A2	39	办公楼二～四层副校长室A/C立面图	A2	62	办公楼一号楼梯剖面图	
17	办公楼共享大厅地面图	A2	40	办公楼二～四层副校长室B/D立面图	A2	63	办公楼主入口处雨篷图	
18	办公楼共享大厅顶面、顶面剖面图	A2	41	办公楼四层行政会议室平面、地面图	A2	64	节点详图	
19	办公楼共享大厅一～二层轴⑥—③/Ⓐ—Ⓓ立面图	A2	42	办公楼四层行政会议室吊顶、吊顶剖面图	A2	65		
20	办公楼共享大厅二层轴⑥—③/Ⓐ—Ⓓ立面图	A2	43	办公楼四层行政会议室吊顶剖面图	A2	66		
21	办公楼共享大厅～五层天井③—⑥立面图	A2	44	办公楼四层行政会议室A/C立面图	A2			

图 3-41　办公楼装饰施工图目录

设 计 说 明

1. 工程概况

1.1　工程名称：×××学校新校区办公楼
1.2　建设地点：×××市滨河新区
1.3　功能设置：办公楼

2. 设计依据

2.1　建设单位设计委托书及设计合同
2.2　业主关于方案设计的认定意见及相关资料的提供
2.3　有关国家规范　　《建筑结构荷载规范》　　　　　　GB 50009—2012
　　　　　　　　　　　《建筑设计防火规范（2018年版）》　GB 50016—2014
　　　　　　　　　　　《建筑内部装修设计防火规范》　　GB 50222—2017
　　　　　　　　　　　《建筑装饰装修工程质量验收标准》　GB 50210—2018

3. 标高与尺寸单位

3.1　本图纸中尺寸除标高以米为单位外，其余尺寸均以毫米为单位；吊顶装修标高为装修完成面实际高度，图中各层地面标高相当于各楼层的相对标高±0.00。
3.2　施工图纸中所表示的合格部分内容，应以图纸所标注尺寸为准，避免在图纸上按比例测量，如有出入，应及时联系设计师解决。

4. 图纸内容

4.1　本图纸为室内装修竣工图纸，不含水暖、消防喷淋、烟感、空调系统图，以及通风、强、弱电图。
4.2　本工程图中所示尺寸为现场测量核定。

5. 设计防火要求

5.1　本工程内装修设计遵循原土建设计的防火分区、防火卷帘安装位置、人员疏散等各项防火措施。
5.2　本工程内所有木龙骨及夹板基层，均刷防火涂料三遍，所有钢构件采用国标型材，表面做热镀锌处理（卫生间洗漱台所用钢结构为└40×4角钢，表面刷防锈漆三遍）。
5.3　本工程内各种洞口（消火栓、配电箱等）背后应加网抹灰或用防火石膏板分隔，耐火极限不小于1.0小时。梯间疏散走道隔墙耐火极限不小于1.5小时。

6. 墙面设计说明

6.1　走廊及楼梯两侧墙面做高为1200 mm墙裙，墙裙做法为：墙面抹界面剂一遍，水泥砂浆找平，饰面横贴300 mm×600 mm瓷砖；墙裙以上墙面均滚界面剂一遍，抹828一遍，刮腻子三遍、乳胶漆三遍；大厅及电梯间墙面干挂石材，主龙骨采用8#热镀锌槽钢@＜1000，穿墙螺杆固定，副龙骨采用└50×5镀锌角钢@＜600，饰面采用奥金米黄石材，表面做结晶。其余房间内墙面装修均为图纸中标注，图纸中未注明的室内墙面做法为原墙面滚界面剂一遍，抹828一遍，刮腻子三遍、乳胶漆三遍，安装高140 mm地砖踢脚线。卫生间墙面做法为：墙面抹界面剂一遍，水泥砂浆，贴300 mm×600 m瓷砖。
6.2　卫生间内墙角包管处做法均为30×40木龙骨@＝300 mm×300 mm，刷防火涂料三遍，细木工板基层刷防火涂料三遍，象牙白铝塑板饰面。其他室内包管处做法均为30×40龙骨刷防火涂料三遍，细木工板基层刷防火涂料三遍，纸面石膏板面板，刮腻子三遍，饰面做法随墙面。

7. 吊顶设计说明

7.1　走廊吊顶采用轻钢龙骨，矿棉板吊平顶，安装300 mm×1200 m格栅灯（内装T8灯管）；卫生间及饮水间顶面安装集成吊顶，集成吊顶配套吸顶灯、换气扇；其余室内顶面做法均为38-50系列轻钢龙骨纸面石膏板（造型）吊顶，抹828一遍，刮腻子三遍、乳胶漆三遍，安装600 mm×600 mm格栅灯（内装T8灯管）。
7.2　本工程中所采用的纸面石膏板及轻钢龙骨均为××牌。
7.3　本工程中所采用的灯具及灯源均为××牌；所有灯箱内及灯槽内均安装欧普牌T5灯管。

8. 地面设计说明

8.1　走廊地面：原地面做50 mm厚水泥砂浆垫层找平，干硬性砂浆结合层，两侧铺宽200 mm地砖走边线，其余部分均铺50 mm水泥砂浆垫层，铺800 mm×800 mm地砖。
8.2　卫生间地面：原地面做50 mm水泥砂浆垫层找平，做防水保护层，抹水泥砂浆，铺300 mm×300 m防滑地砖。
8.3　楼梯间地面：原地面做50 mm厚水泥砂浆垫层找平，干硬性砂浆结合层，四周铺宽200 mm丰镇黑石材走边线，其余地面铺600 mm×600 mm大花白石材；楼梯踏步水泥砂浆找平，踏步两侧铺240 m丰镇黑石材走边线，中间铺大花白石材踏步板，安装高1200 m不锈钢栏杆扶手。
8.4　与走廊相接的门口处均铺设与走廊走边线相同的地砖过门石。
8.5　其余室内地面（除图纸中特殊标注外）做法均为原地面做50 mm水泥砂浆垫层找平，铺800 mm×800 mm地砖。

9. 其他说明

9.1　本工程中除三层财务室及档案室三套防盗门门套由我施工方提供及安装外，其余所有套装门均由甲方自行提供安装。
9.2　本工程中一～五层两侧轴B-C之间原设计玻璃幕墙现改造为窗户，每层用小红砖砌筑500 m高窗下墙，安装窗台板及木质窗套线（窗套线尺寸为2730 mm×3160 mm×220 mm×60 mm），室外加设高900mm不锈钢安全护栏，共计10套。

10. 结语

本说明和图纸具有同等效力，两者均应遵守。

图3-42　办公楼装饰施工图设计说明

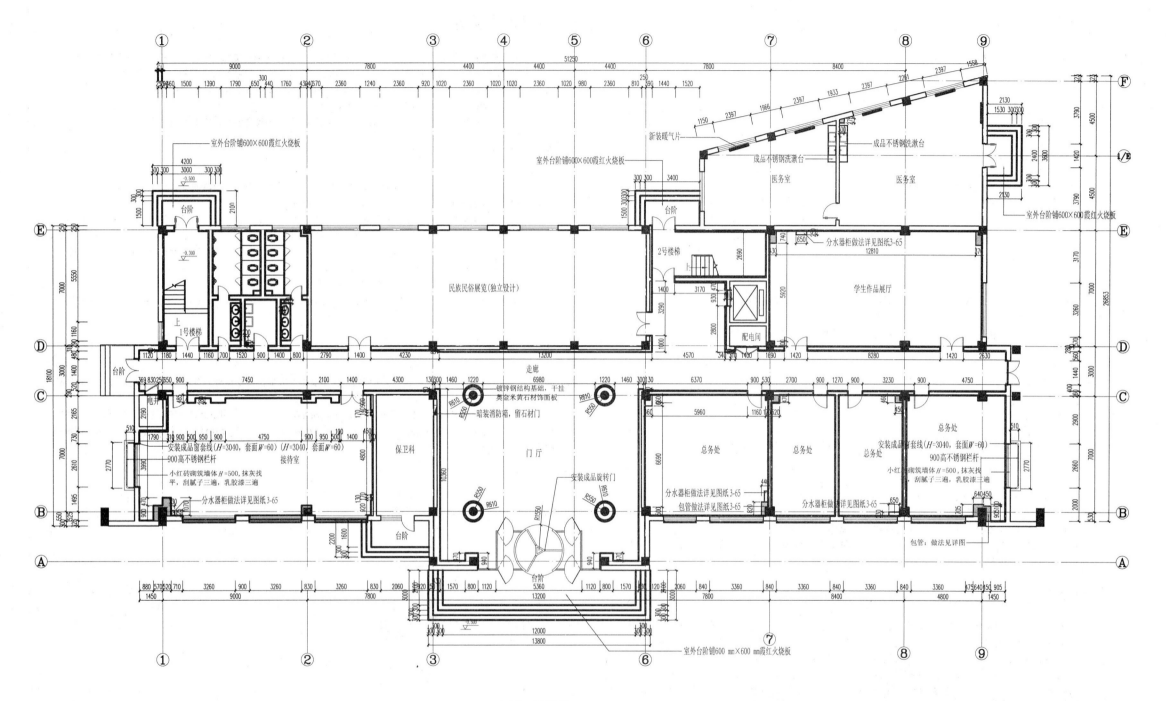

办公楼一层平面图1：100

图 3-43　办公楼一层平面图

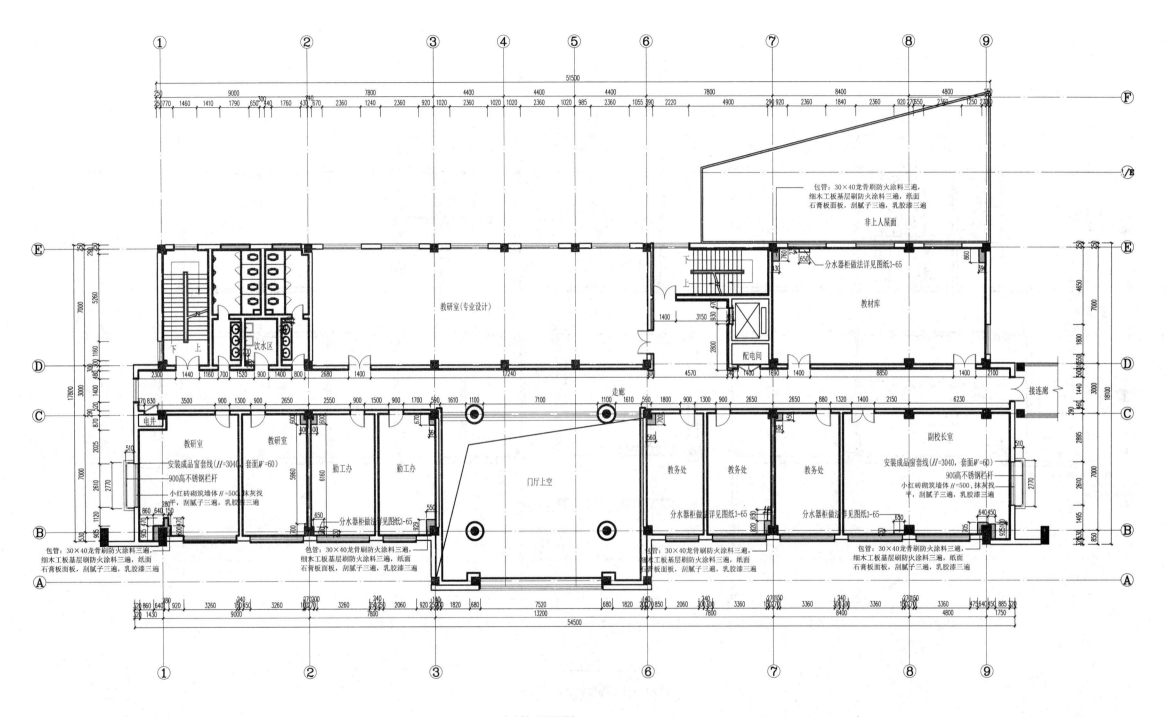

办公楼二层平面图1：100

图 3-44 办公楼二层平面图

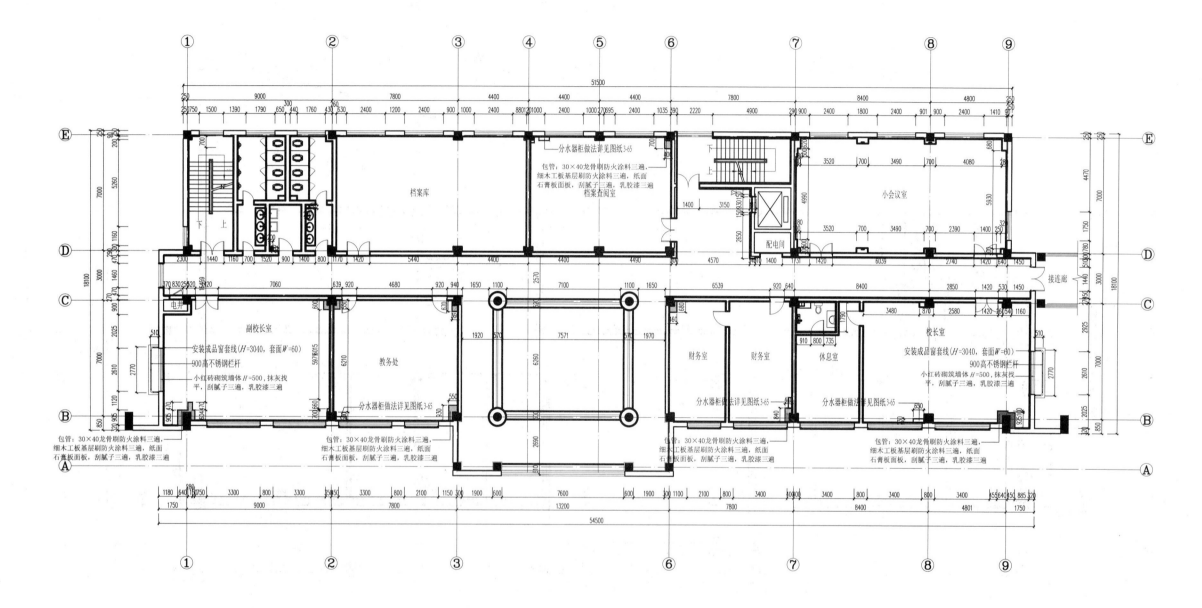

办公楼三层平面图1∶100

图 3-45　办公楼三层平面图

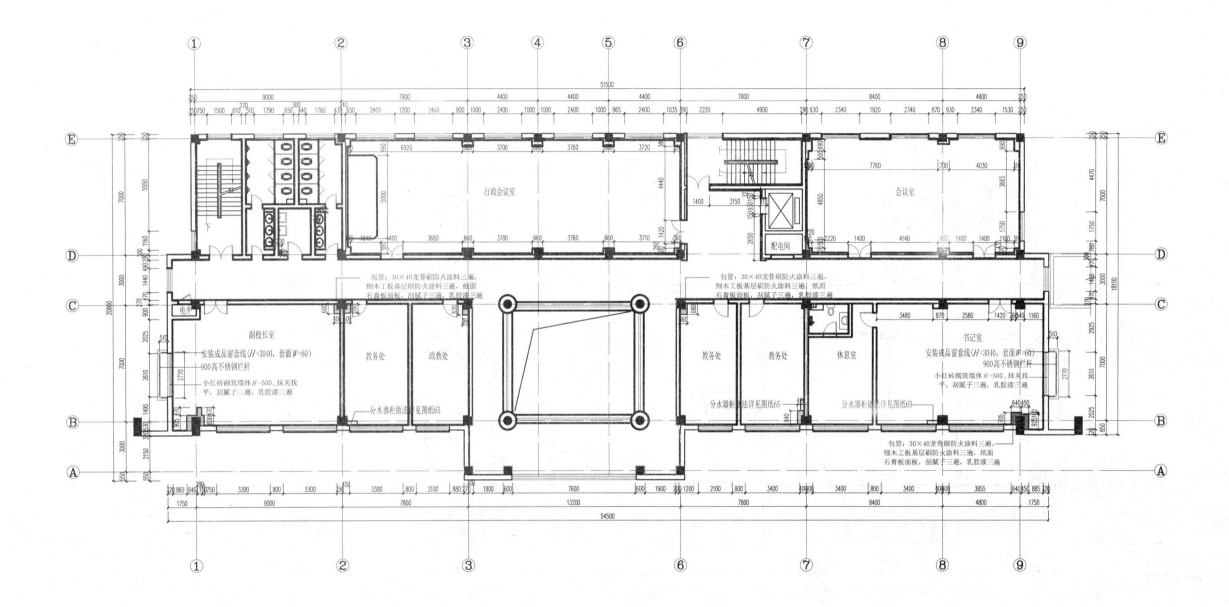

办公楼四层平面图1:100

图 3-46　办公楼四层平面图

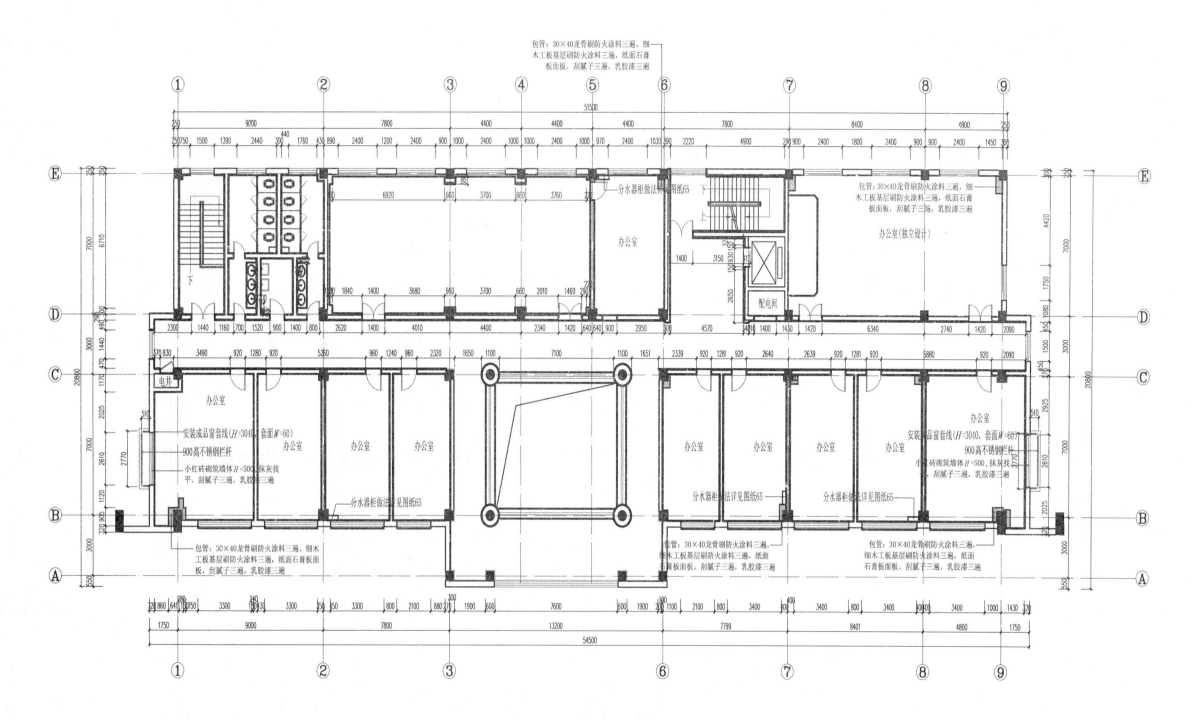

办公楼五层平面图1：100

图 3-47　办公楼五层平面图

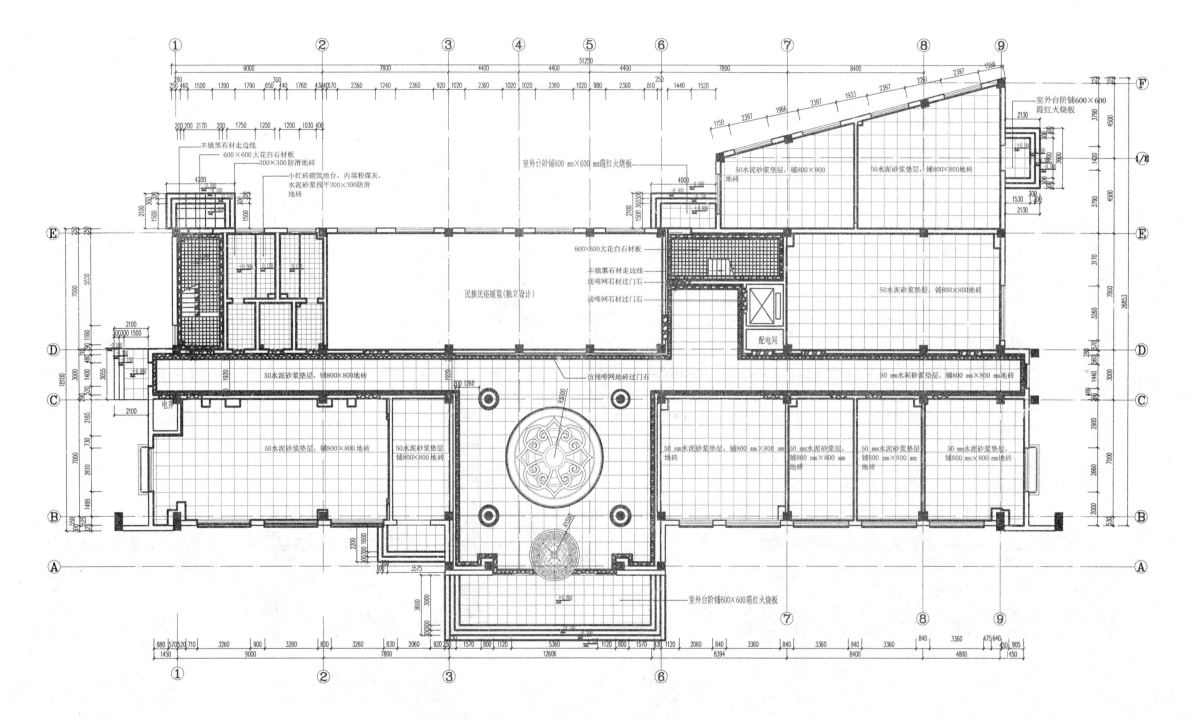

办公楼一层地面图1:100

图 3-48　办公楼一层地面布置图

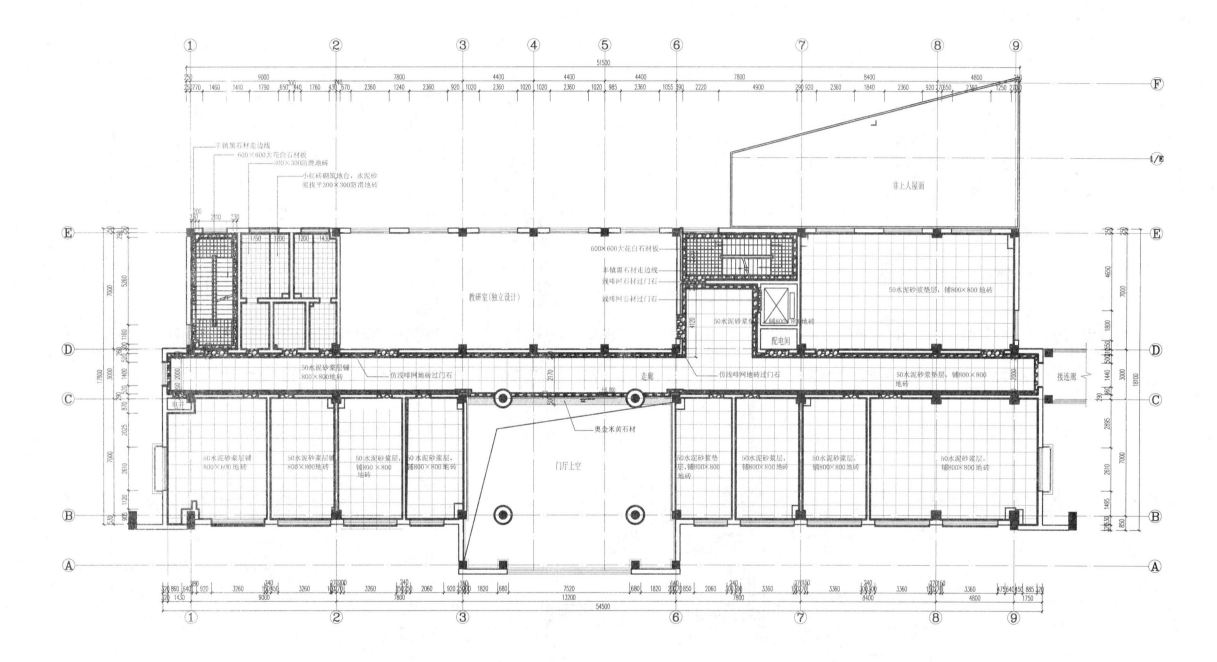

办公楼二层地面图1:100

图 3-49　办公楼二层地面布置图

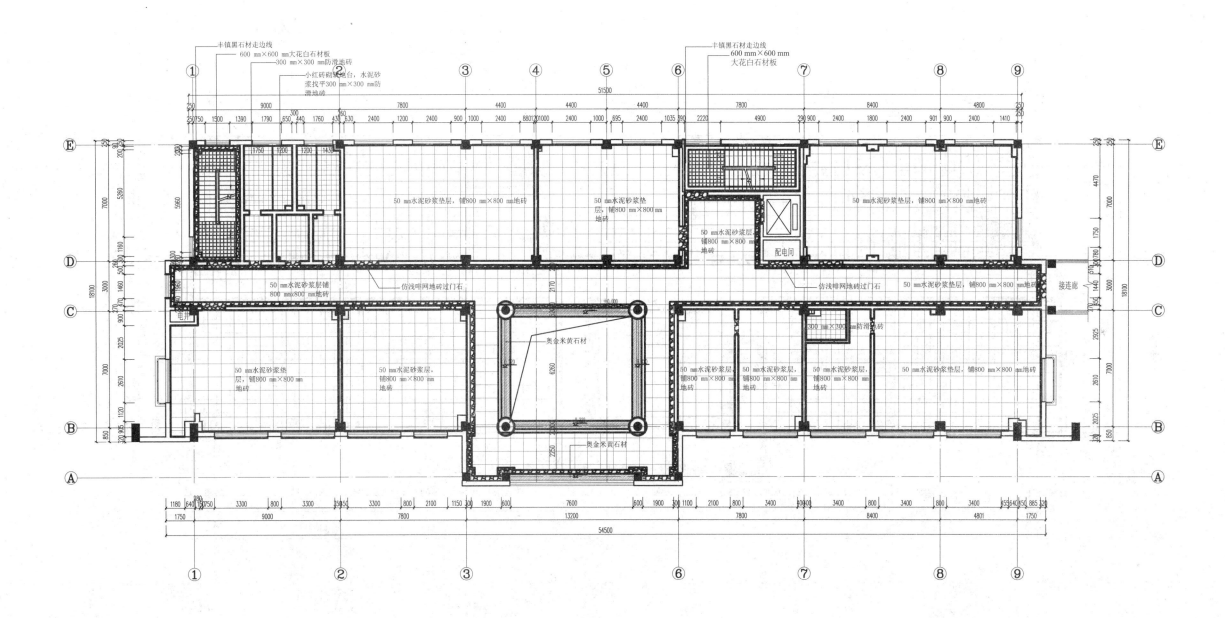

办公楼三层地面图1：100

图 3-50　办公楼三层地面布置图

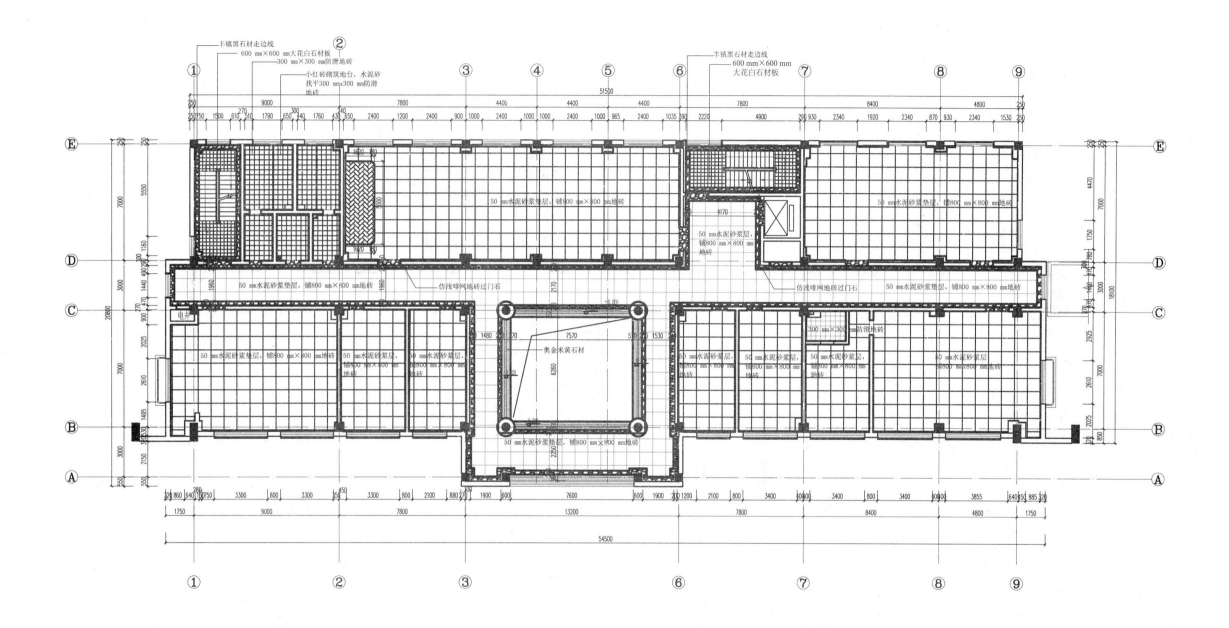

办公楼四层地面图1：100

图 3-51　办公楼四层地面布置图

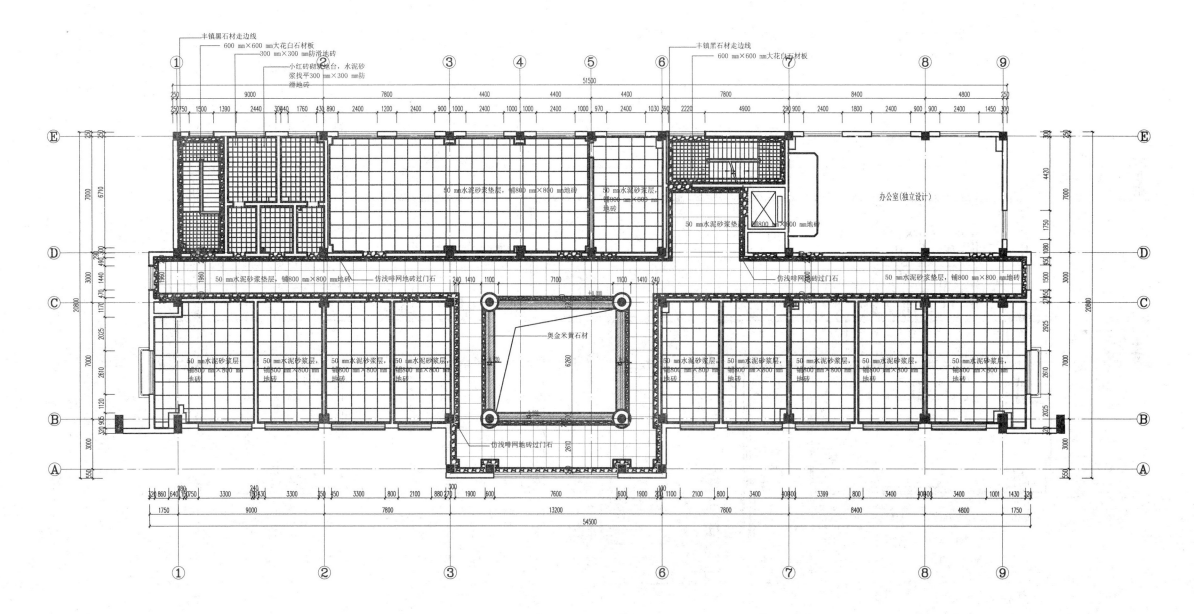

办公楼五层地面图1∶100

图 3-52 办公楼五层地面布置图

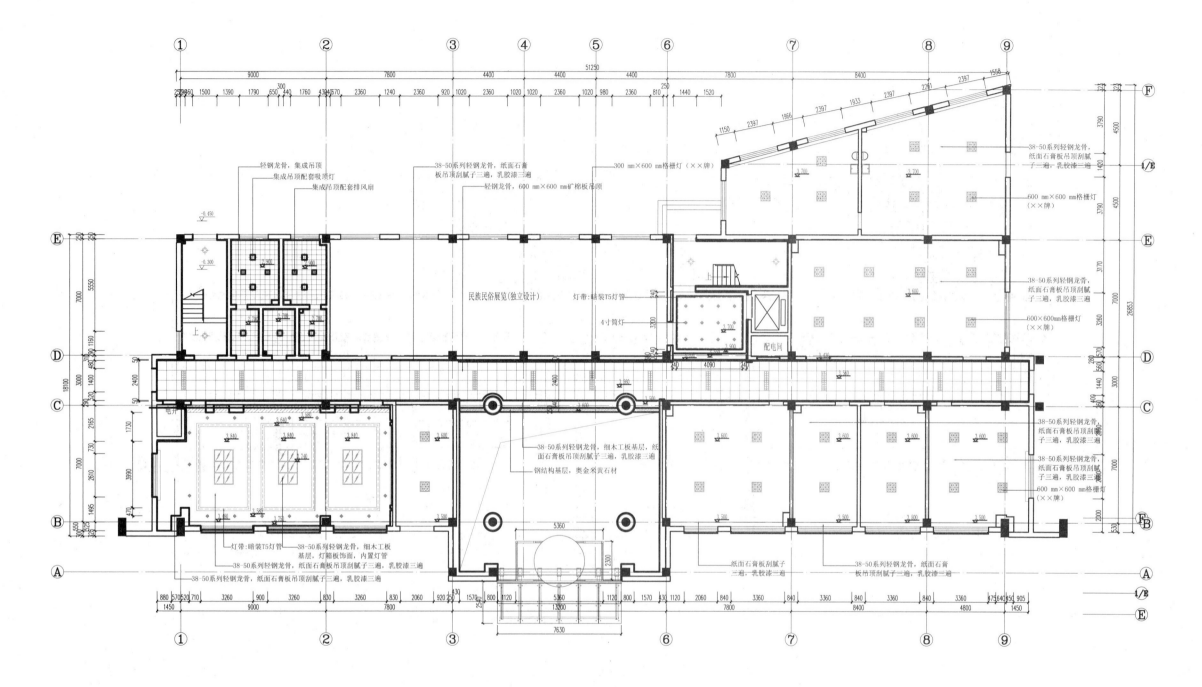

办公楼一层吊顶平面图1:100

图 3-53　办公楼一层吊顶平面图

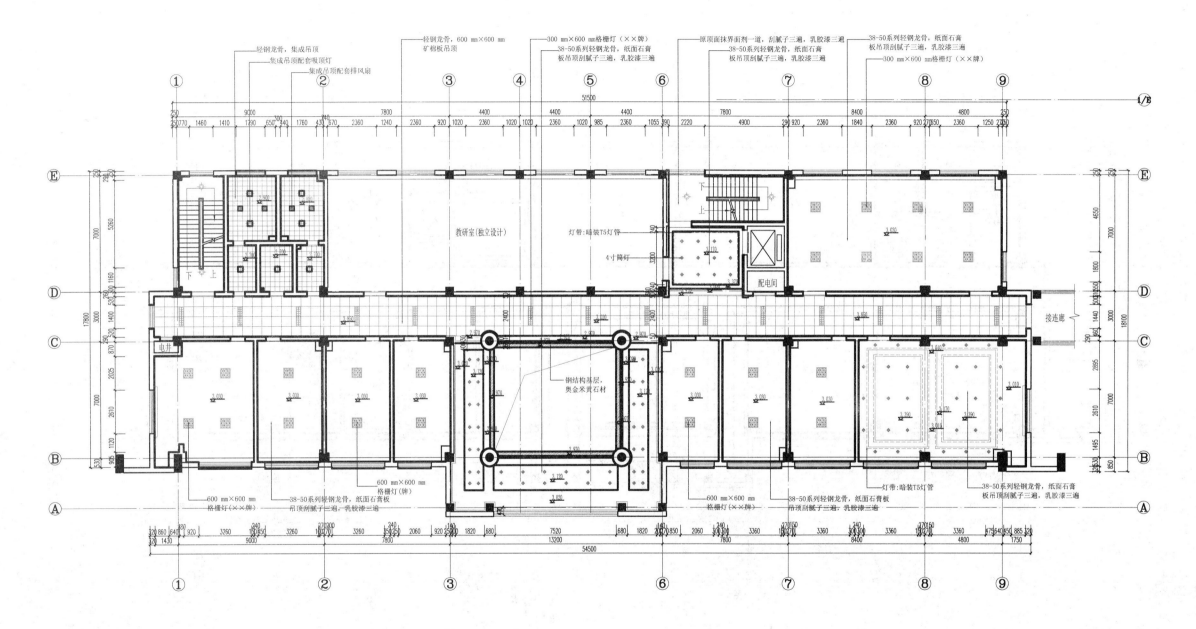

办公楼二层吊顶平面图1：100

图 3-54　办公楼二层吊顶平面图

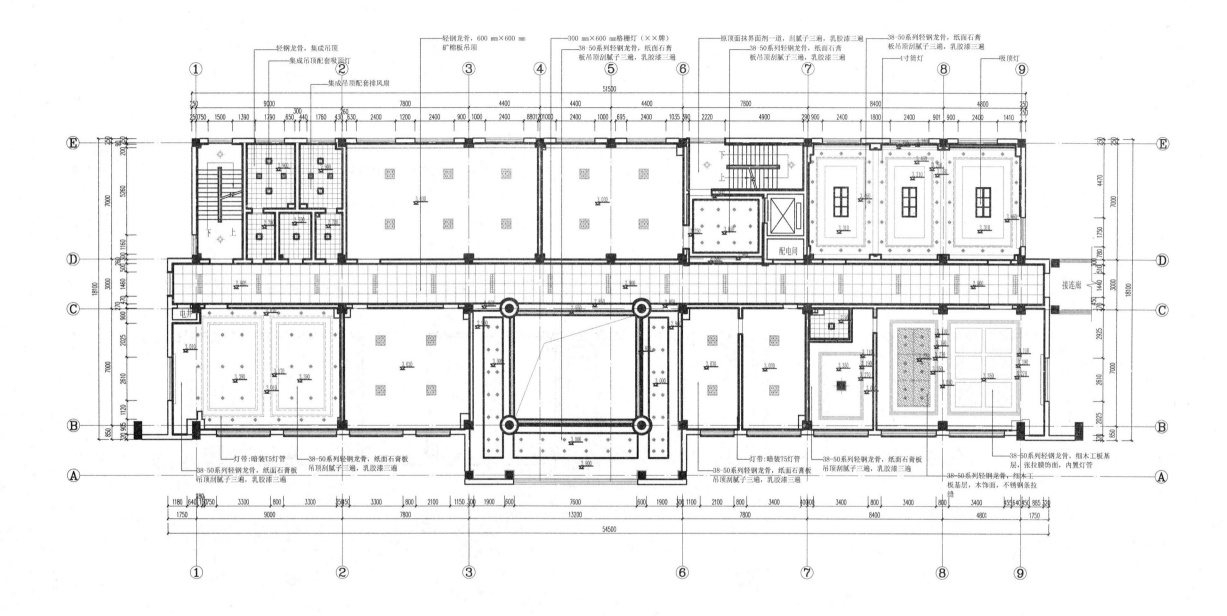

办公楼三层吊顶平面图1:100

图 3-55　办公楼三层吊顶平面图

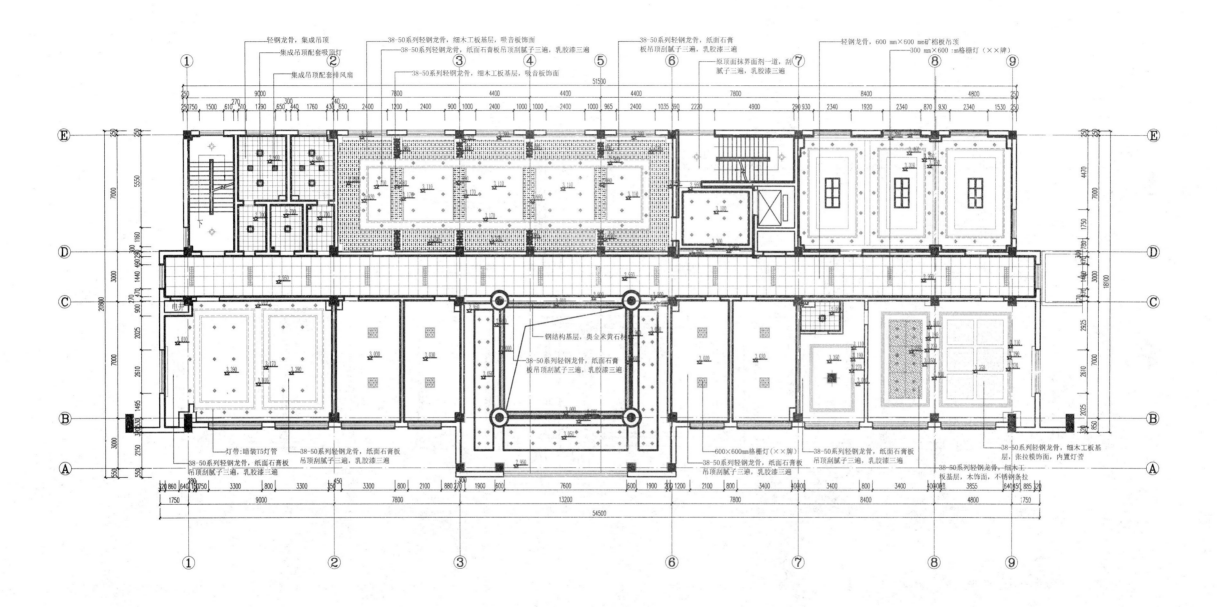

办公楼四层吊顶平面图1:100

图 3-56　办公楼四层吊顶平面图

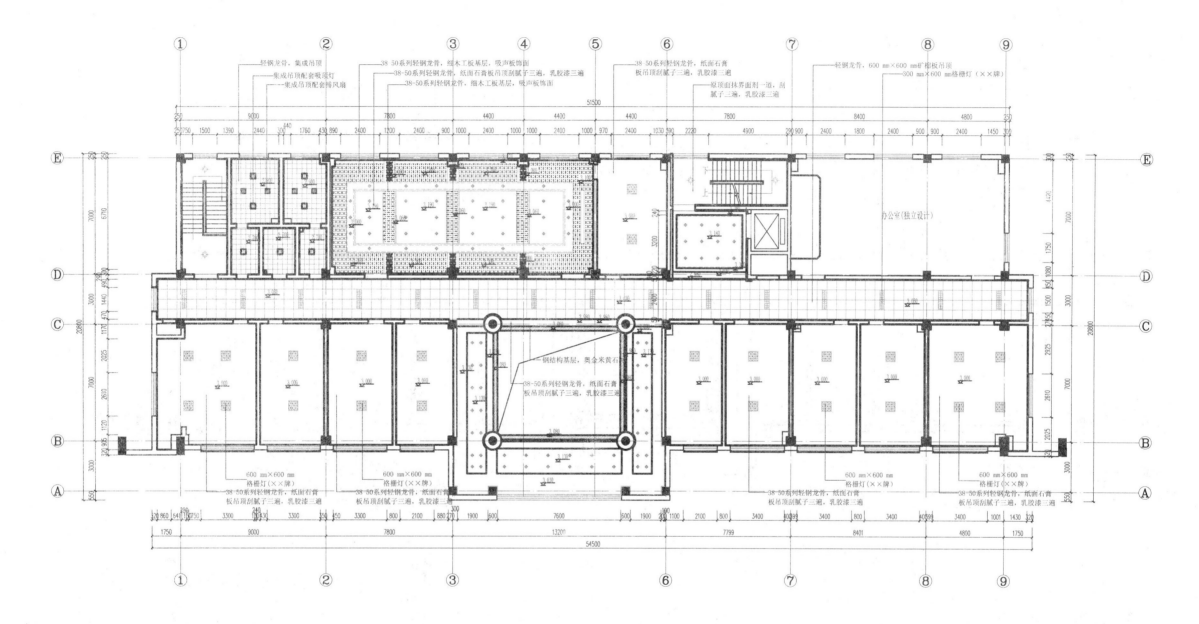

办公楼五层吊顶平面图1:100

图 3-57　办公楼五层吊顶平面图

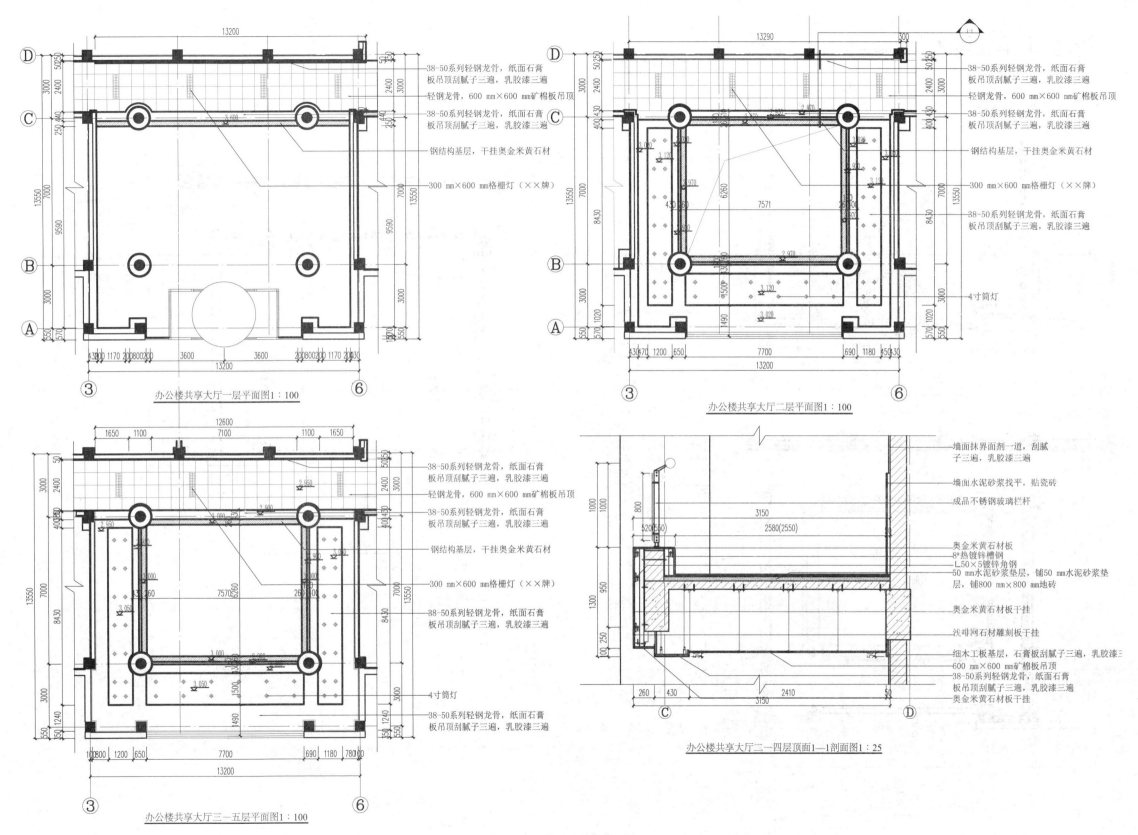

图 3-58　共享大厅装饰施工图(一)

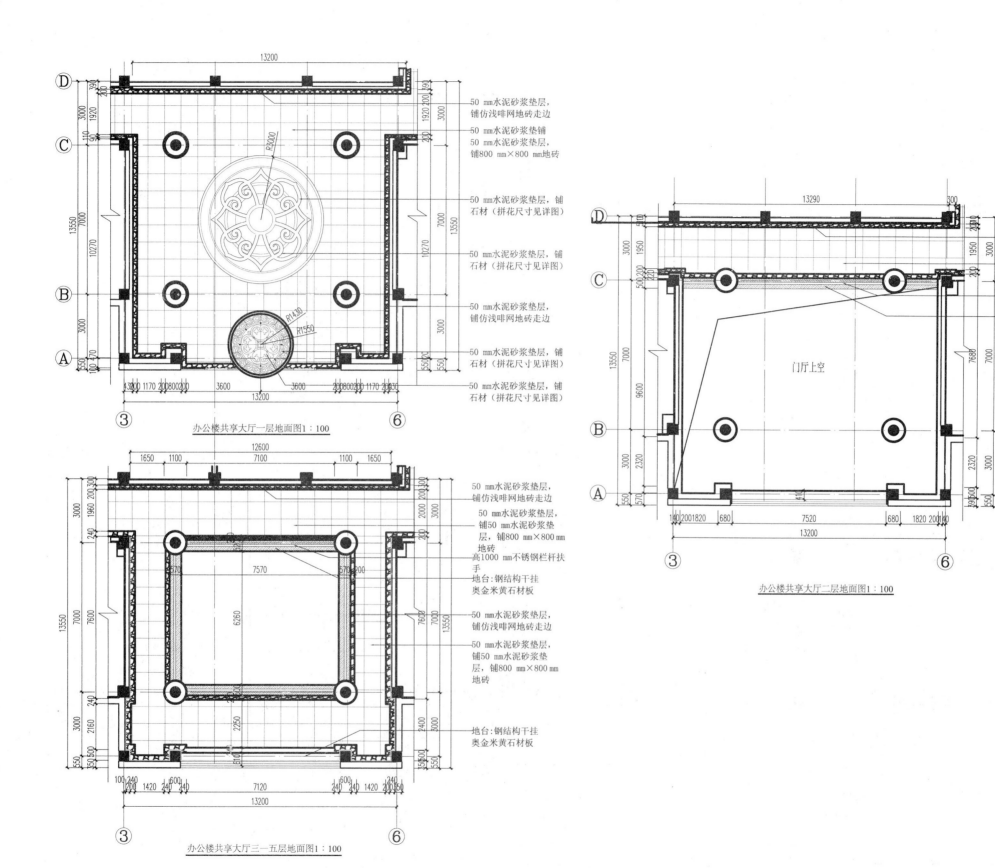

50 mm水泥砂浆垫层，
铺仿浅啡网地砖走边
50 mm水泥砂浆垫铺
50 mm水泥砂浆垫层，
铺800 mm×800 mm地砖

50 mm水泥砂浆垫层，铺
石材（拼花尺寸见详图）

50 mm水泥砂浆垫层，铺
石材（拼花尺寸见详图）

50 mm水泥砂浆垫层，
铺仿浅啡网地砖走边

50 mm水泥砂浆垫层，铺
石材（拼花尺寸见详图）

50 mm水泥砂浆垫层，铺
石材（拼花尺寸见详图）

办公楼共享大厅一层地面图1：100

50 mm水泥砂浆垫层，
铺仿浅啡网地砖走边
50 mm水泥砂浆垫
层，铺800 mm×800 mm
地砖
高1000 mm不锈钢栏杆扶
手
地台：钢结构干挂
奥金米黄石材板

50 mm水泥砂浆垫层，
铺仿浅啡网地砖走边
50 mm水泥砂浆垫层，铺50 mm水泥砂浆垫
层，铺800 mm×800 mm
地砖

地台：钢结构干挂
奥金米黄石材板

办公楼共享大厅三一五层地面图1：100

50 mm水泥砂浆垫层，
铺仿浅啡网地砖走边
50 mm水泥砂浆垫层，
铺50 mm水泥砂浆垫
层，铺800 mm×800 mm
地砖
高1000 mm不锈钢栏杆扶
手
地台：钢结构干挂
奥金米黄石材板

门厅上空

办公楼共享大厅二层地面图1：100

图3-58　共享大厅装饰施工图（二）

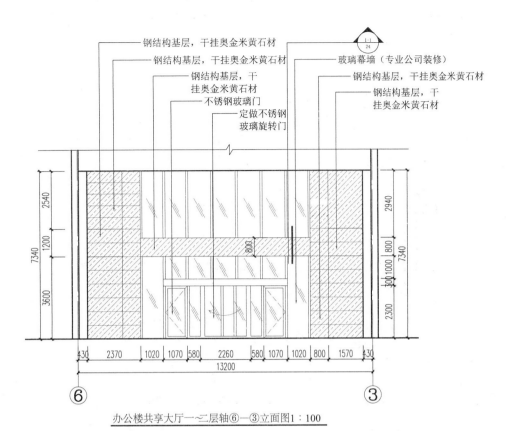

钢结构基层，干挂奥金米黄石材
钢结构基层，干挂奥金米黄石材
钢结构基层，干挂奥金米黄石材
不锈钢玻璃门
定做不锈钢玻璃旋转门
玻璃幕墙（专业公司装修）
钢结构基层，干挂奥金米黄石材
钢结构基层，干挂奥金米黄石材

办公楼共享大厅一～二层轴⑥—③立面图1：100

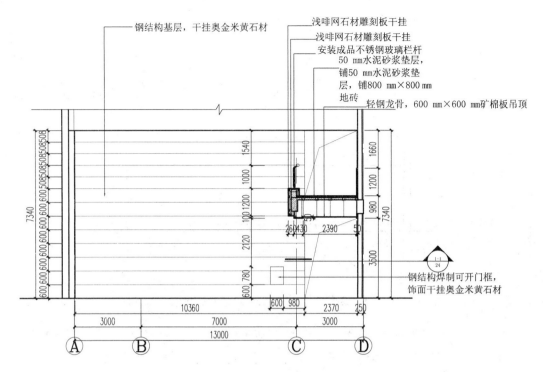

钢结构基层，干挂奥金米黄石材
浅啡网石材雕刻板干挂
浅啡网石材雕刻板干挂
安装成品不锈钢玻璃栏杆
50 mm水泥砂浆垫层，铺50 mm水泥砂浆垫层，铺800 mm×800 mm地砖
轻钢龙骨，600 mm×600 mm矿棉板吊顶
钢结构焊制可开门框，饰面干挂奥金米黄石材

办公楼共享大厅一～二层轴Ⓐ/Ⓓ立面图1：100

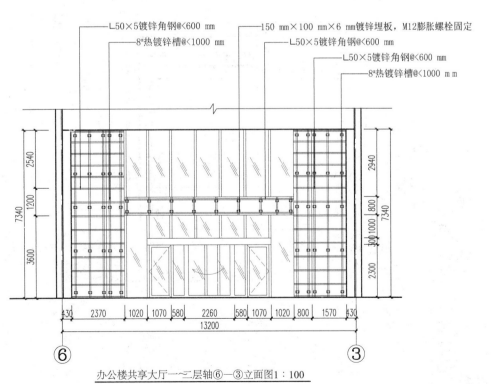

L50×5镀锌角钢@<600 mm
8#热镀锌槽@<1000 mm
150 mm×100 mm×6 mm镀锌埋板，M12膨胀螺栓固定
L50×5镀锌角钢@<600 mm
L50×5镀锌角钢@<600 mm
8#热镀锌槽@<1000 m m

办公楼共享大厅一～二层轴⑥—③立面图1：100

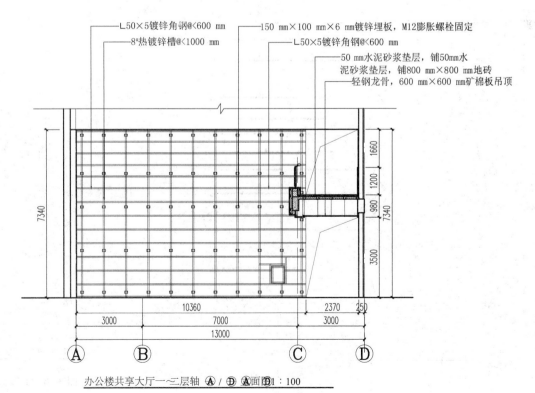

L50×5镀锌角钢@<600 mm
8#热镀锌槽@<1000 mm
150 mm×100 mm×6 mm镀锌埋板，M12膨胀螺栓固定
L50×5镀锌角钢@<600 mm
50 mm水泥砂浆垫层，铺50mm水泥砂浆垫层，铺800 mm×800 mm地砖
轻钢龙骨，600 mm×600 mm矿棉板吊顶

办公楼共享大厅一～二层轴Ⓐ/Ⓓ立面图1：100

图 3-58　共享大厅装饰施工图(三)

墙面抹原墙面抹界面剂
一遍，水泥砂浆找平，
贴300 mm×600 mm墙砖
墙面抹界面剂一道，刮
腻子三遍，乳胶漆三遍

地台：钢结构干挂奥金米黄石材板
玻璃幕墙（专业公司装修）
墙面抹原墙面抹界面剂
一遍，水泥砂浆找平，
贴300 mm×600 mm墙砖

墙面抹原墙面抹界面剂一遍，水泥砂浆找平，贴300 mm×
600 mm墙砖
墙面抹界面剂一道，刮腻子三遍，乳胶漆三遍
墙面抹原墙面抹界面剂一遍，水泥砂浆找平，贴300 mm×
600 mm墙砖
墙面抹界面剂一道，刮
腻子三遍，乳胶漆三遍

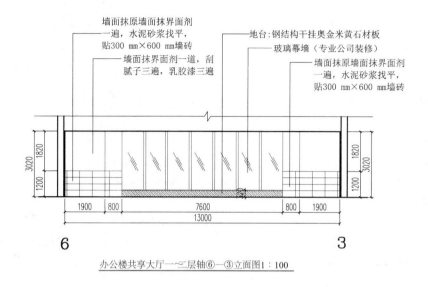

3020 1820 1200
1900 800 7600 800 1900
13000
6   3
办公楼共享大厅一～二层轴⑥—③立面图1：100

3020 1820 1200
500 2400 7600 2400 50
12950
A   D
办公楼共享大厅三～五层轴Ⓐ—Ⓓ立面图1：100

注：办公楼内一～五层走廊、楼梯间墙面装修做法均与共享大厅三～五层轴 **A** — **D** 墙面装修做法相同，具体尺寸参照总平面图

啡网纹石材
大花白石材
啡网纹石材
米黄石材
橙皮红石材
大花白石材
米黄石材
啡网纹石材
橙皮红石材
800×800地砖
R3000
办公楼共享大厅一层地面拼花图1：50

800 mm×800 mm地砖
50 mm水泥砂浆垫层，
铺石材地拼花
50 mm水泥砂浆垫层，
铺仿浅啡网地砖走边
办公楼共享大厅一层地面拼花2图1：50

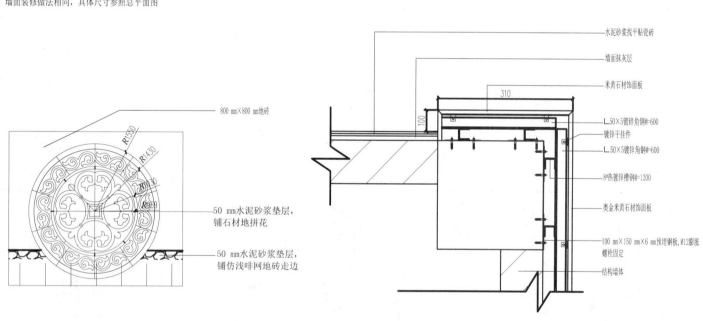

水泥砂浆找平贴瓷砖
墙面抹灰层
米黄石材饰面板
L 50×5镀锌角钢@=600
镀锌干挂件
L 50×5镀锌角钢@=600
8#热镀锌槽钢@=1200
奥金米黄石材饰面板
100 mm×150 mm×6 mm预埋钢板，M12膨胀
螺栓固定
结构墙体
310
100
办公楼共享大厅一层走廊墙面1—1详图1：10

图 3-58 **共享大厅装饰施工图（四）**

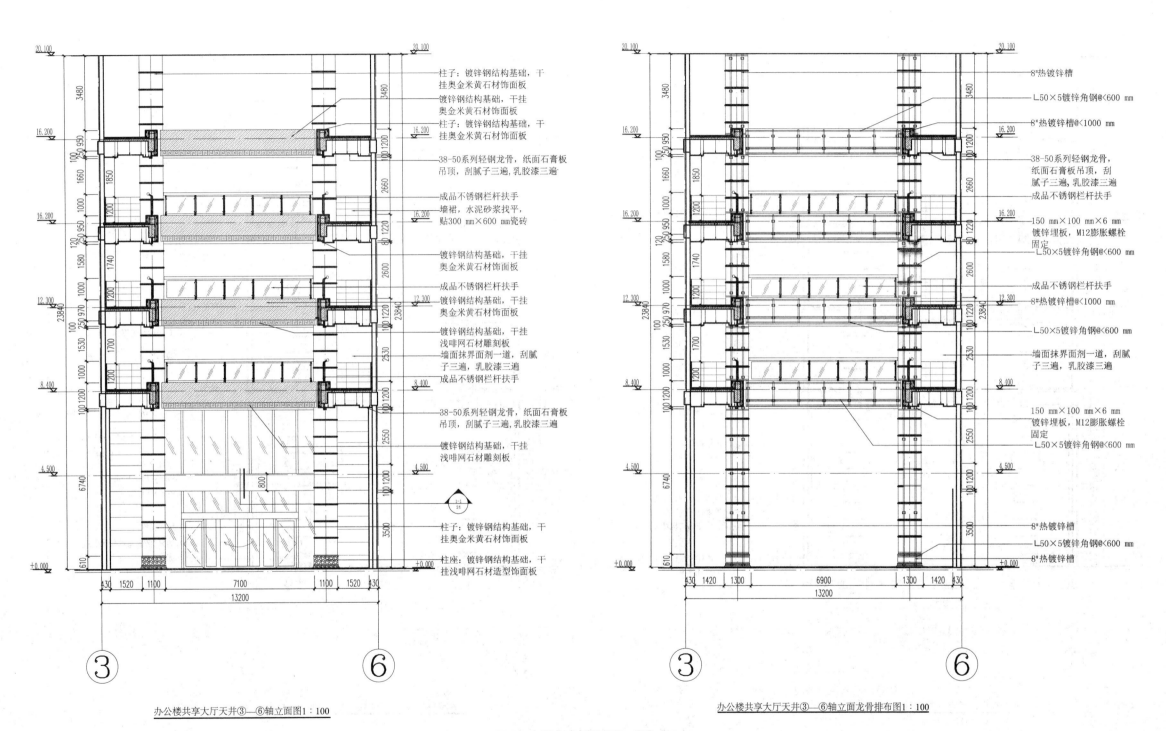

柱子：镀锌钢结构基础，干
挂奥金米黄石材饰面板
镀锌钢结构基础，干挂
奥金米黄石材饰面板
柱子：镀锌钢结构基础，干
挂奥金米黄石材饰面板

38-50系列轻钢龙骨，纸面石膏板
吊顶，刮腻子三遍，乳胶漆三遍

成品不锈钢栏杆扶手
墙裙，水泥砂浆找平，
贴300 mm×600 mm宽砖

镀锌钢结构基础，干挂
奥金米黄石材饰面板

成品不锈钢栏杆扶手
镀锌钢结构基础，干挂
奥金米黄石材饰面板

镀锌钢结构基础，干挂
浅啡网石材雕刻板
墙面抹界面剂一道，刮腻
子三遍，乳胶漆三遍
成品不锈钢栏杆扶手

38-50系列轻钢龙骨，纸面石膏板
吊顶，刮腻子三遍，乳胶漆三遍
镀锌钢结构基础，干挂
浅啡网石材雕刻板

柱子：镀锌钢结构基础，干
挂奥金米黄石材饰面板
柱座：镀锌钢结构基础，干
挂浅啡网石材造型饰面板

办公楼共享大厅天井③—⑥轴立面图1：100

8#热镀锌槽
L50×5镀锌角钢@<600 mm
8#热镀锌槽@<1000 mm

38-50系列轻钢龙骨，
纸面石膏板吊顶，刮
腻子三遍，乳胶漆三遍
成品不锈钢栏杆扶手

150 mm×100 mm×6 mm
镀锌埋板，M12膨胀螺栓
固定
L50×5镀锌角钢@<600 mm

成品不锈钢栏杆扶手
8#热镀锌槽@<1000 mm

L50×5镀锌角钢@<600 mm

墙面抹界面剂一道，刮腻
子三遍，乳胶漆三遍

150 mm×100 mm×6 mm
镀锌埋板，M12膨胀螺栓
固定
L50×5镀锌角钢@<600 mm

8#热镀锌槽
L50×5镀锌角钢@<600 mm
8#热镀锌槽

办公楼共享大厅天井③—⑥轴立面龙骨排布图1：100

图3-58 共享大厅装饰施工图（五）

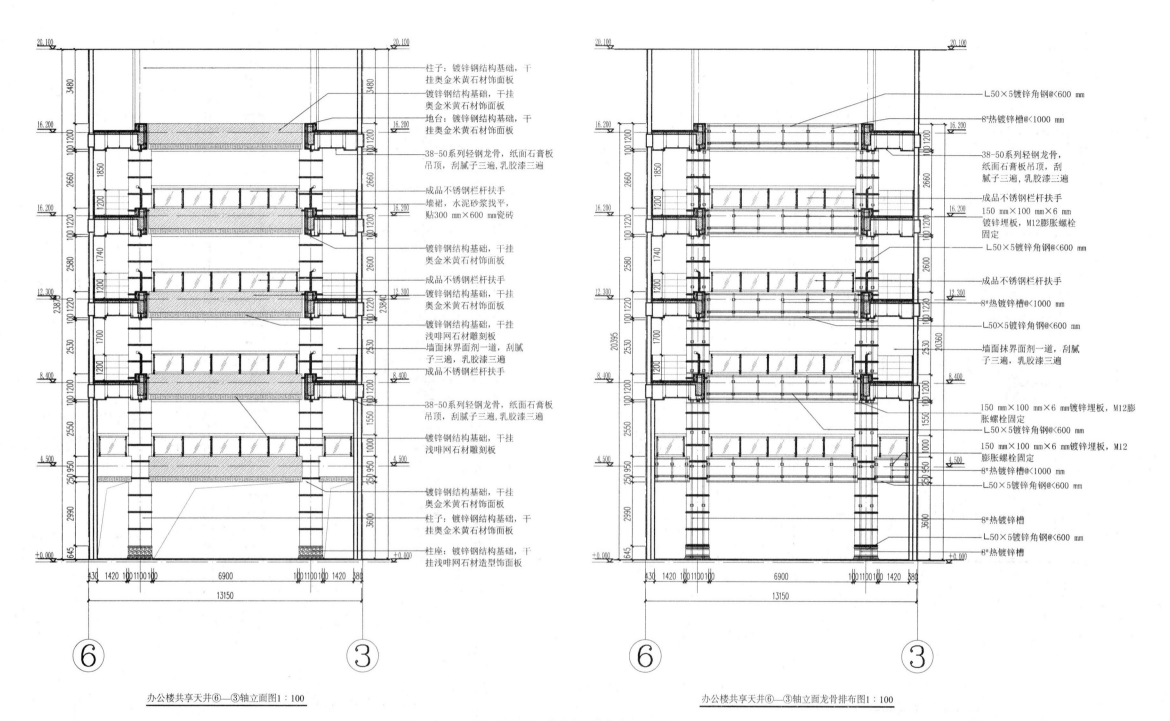

柱子：镀锌钢结构基础，干
挂奥金米黄石材饰面板

镀锌钢结构基础，干挂
奥金米黄石材饰面板

地台：镀锌钢结构基础，干
挂奥金米黄石材饰面板

38-50系列轻钢龙骨，纸面石膏板
吊顶，刮腻子三遍，乳胶漆三遍

成品不锈钢栏杆扶手
墙裙：水泥砂浆找平，
贴300 mm×600 mm瓷砖

镀锌钢结构基础，干挂
奥金米黄石材饰面板

成品不锈钢栏杆扶手

镀锌钢结构基础，干挂
奥金米黄石材饰面板

镀锌钢结构基础，干挂
浅啡网石材雕刻板
墙面抹界面剂一道，刮腻
子三遍，乳胶漆三遍

成品不锈钢栏杆扶手

38-50系列轻钢龙骨，纸面石膏板
吊顶，刮腻子三遍，乳胶漆三遍

镀锌钢结构基础，干挂
浅啡网石材雕刻板

镀锌钢结构基础，干挂
奥金米黄石材饰面板

柱子：镀锌钢结构基础，干
挂奥金米黄石材饰面板

柱座：镀锌钢结构基础，干
挂浅啡网石材造型饰面板

办公楼共享天井⑥—③轴立面图1∶100

L50×5镀锌角钢@<600 mm

8#热镀锌槽@<1000 mm

38-50系列轻钢龙骨，
纸面石膏板吊顶，刮
腻子三遍，乳胶漆三遍

成品不锈钢栏杆扶手
150 mm×100 mm×6 mm
镀锌埋板，M12膨胀螺栓
固定

L50×5镀锌角钢@<600 mm

成品不锈钢栏杆扶手

8#热镀锌槽@<1000 mm

L50×5镀锌角钢@<600 mm

墙面抹界面剂一道，刮腻
子三遍，乳胶漆三遍

150 mm×100 mm×6 mm镀锌埋板，M12膨
胀螺栓固定
L50×5镀锌角钢@<600 mm
150 mm×100 mm×6 mm镀锌埋板，M12
膨胀螺栓固定
8#热镀锌槽@<1000 mm
L50×5镀锌角钢@<600 mm

8#热镀锌槽
L50×5镀锌角钢@<600 mm
8#热镀锌槽

办公楼共享天井⑥—③轴立面龙骨排布图1∶100

图 3-58　共享大厅装饰施工图（六）

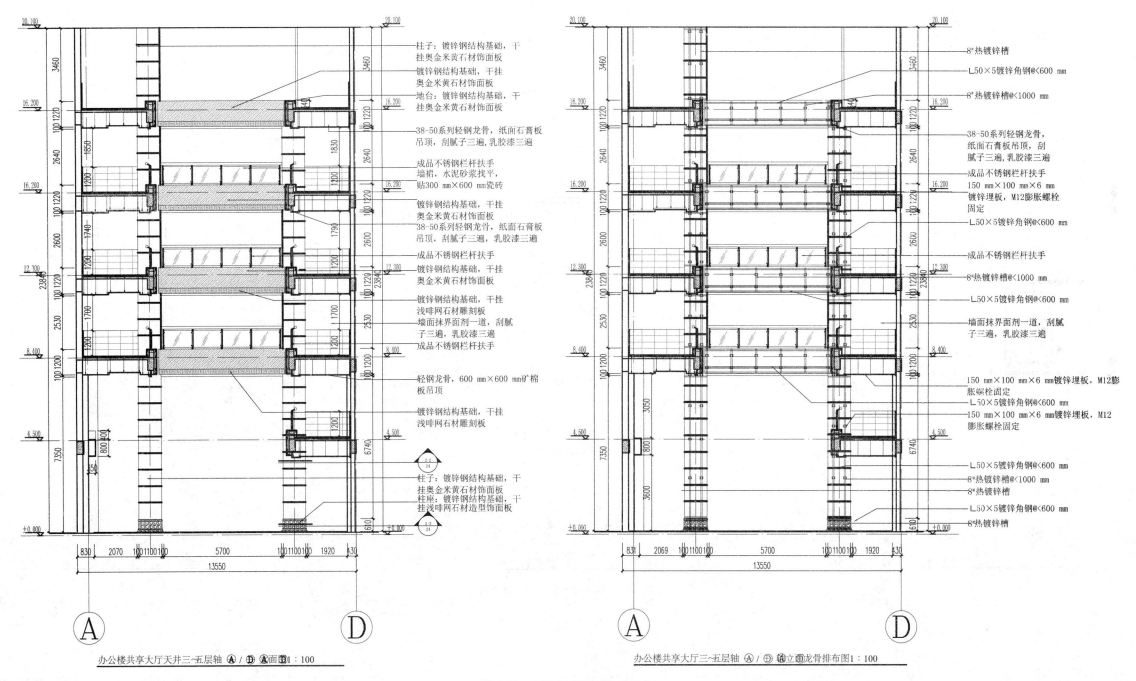

左图标注（从上到下）：

柱子：镀锌钢结构基础，干挂奥米黄石材饰面板

镀锌钢结构基础，干挂奥米黄石材饰面板

地台：镀锌钢结构基础，干挂奥米黄石材饰面板

38-50系列轻钢龙骨，纸面石膏板吊顶，刮腻子三遍，乳胶漆三遍

成品不锈钢栏杆扶手
墙裙，水泥砂浆找平，贴300 mm×600 mm瓷砖

镀锌钢结构基础，干挂奥米黄石材饰面板

38-50系列轻钢龙骨，纸面石膏板吊顶，刮腻子三遍，乳胶漆三遍

成品不锈钢栏杆扶手

镀锌钢结构基础，干挂奥米黄石材饰面板

镀锌钢结构基础，干挂浅啡网石材雕刻板

墙面抹界面剂一道，刮腻子三遍，乳胶漆三遍

成品不锈钢栏杆扶手

轻钢龙骨，600 mm×600 mm矿棉板吊顶

镀锌钢结构基础，干挂浅啡网石材雕刻板

柱子：镀锌钢结构基础，干挂奥米黄石材饰面板
柱座：镀锌钢结构基础，干挂浅啡网石材造型饰面板

办公楼共享大厅天井三~五层轴 Ⓐ/Ⓓ Ⓐ面Ⓓ1:100

右图标注（从上到下）：

8#热镀锌槽

L50×5镀锌角钢@<600 mm

8#热镀锌槽@<1000 mm

38-50系列轻钢龙骨，纸面石膏板吊顶，刮腻子三遍，乳胶漆三遍

成品不锈钢栏杆扶手
150 mm×100 mm×6 mm镀锌埋板，M12膨胀螺栓固定

L50×5镀锌角钢@<600 mm

成品不锈钢栏杆扶手

8#热镀锌槽@<1000 mm

L50×5镀锌角钢@<600 mm

墙面抹界面剂一道，刮腻子三遍，乳胶漆三遍

150 mm×100 mm×6 mm镀锌埋板，M12膨胀螺栓固定

L50×5镀锌角钢@<600 mm

150 mm×100 mm×6 mm镀锌埋板，M12膨胀螺栓固定

L50×5镀锌角钢@<600 mm

8#热镀锌槽@<1000 mm

8#热镀锌槽

L50×5镀锌角钢@<600 mm

8#热镀锌槽

办公楼共享大厅三~五层轴 Ⓐ/Ⓓ轴立面龙骨排布图1:100

图3-58 共享大厅装饰施工图(七)

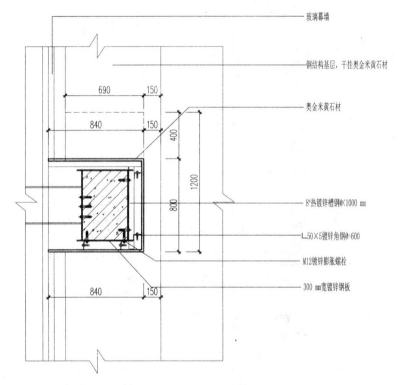

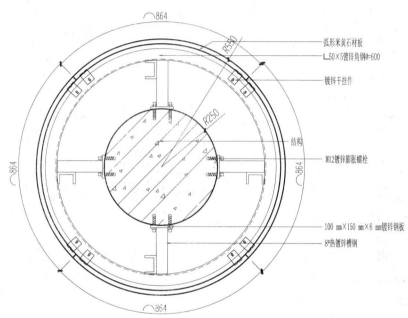

玻璃幕墙

钢结构基层,干挂奥金米黄石材

奥金米黄石材

8#热镀锌槽钢@<1000 mm

L50×5镀锌角钢@=600

M12镀锌膨胀螺栓

300 mm宽镀锌钢板

690 150
840 150
400
1200
800
840 150

弧形米黄石材板
L50×5镀锌角钢@=600

镀锌干挂件

结构

M12镀锌膨胀螺栓

100 mm×150 mm×6 mm镀锌钢板

8#热镀锌槽钢

R340
R250
864
864
864
864

弧形米黄石材板

L50×5镀锌角钢@=600

L50×5镀锌角钢

浅啡网石材造型线

弧形浅啡网石材

8#热镀锌槽钢

结构

150 mm×100 mm×6 mm
镀锌钢板,M12膨胀螺
栓固定

610

办公楼共享大厅天井1—1节点图1:20

办公楼共享大厅天井2—2节点图1:10

办公楼共享大厅天井3—3节点图1:10

图 3-58　共享大厅装饰施工图(八)

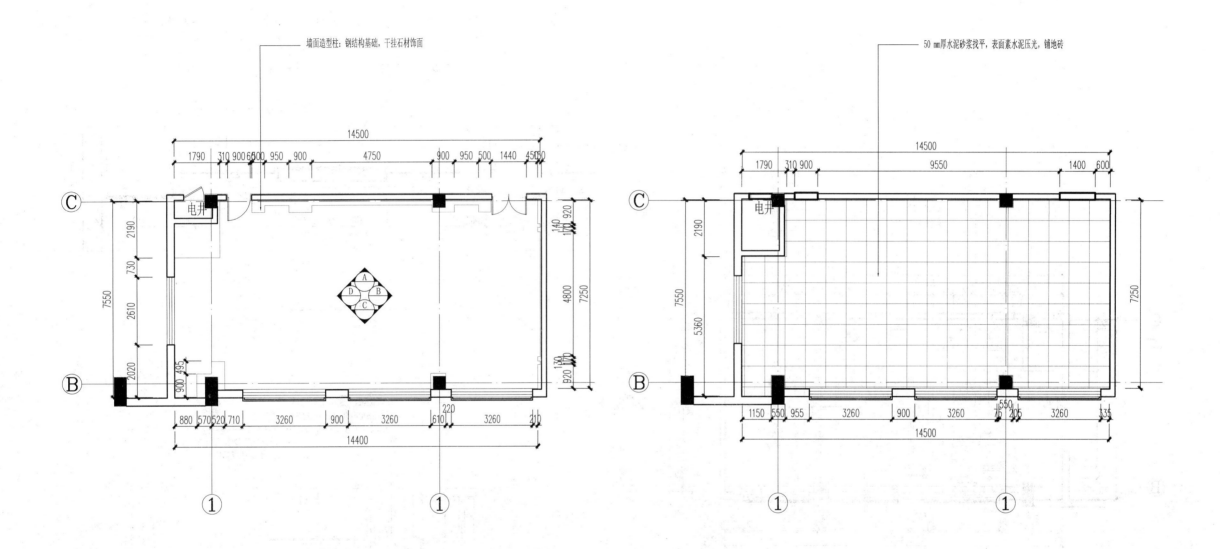

墙面造型柱：钢结构基础，干挂石材饰面

50 mm厚水泥砂浆找平，表面素水泥压光，铺地砖

办公楼一层接待室平面图1：100

办公楼一层接待室地面图1：100

图 3-59　接待室装饰施工图（一）

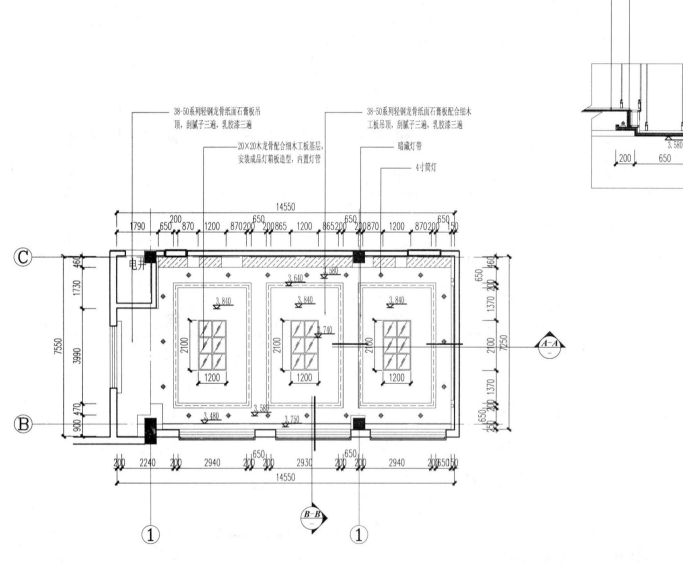

38-50系列轻钢龙骨纸面石膏板吊顶，刮腻子三遍，乳胶漆三遍

38-50系列轻钢龙骨纸面石膏板配合细木工板吊顶，刮腻子三遍，乳胶漆三遍

20×20木龙骨配合细木工板基层，安装成品灯箱板造型，内置灯管

暗藏灯带

4寸筒灯

14550

1790 200 650 870 1200 870200 200865 1200 865200 200870 1200 870200 650 150

C 460 电井

1730

3.640 380

3.840 3.840 3.840

3.740

2100 2100 2100

1200 1200 1200

7550 3990 7250 1370 1370

3.480 3.580 3.750

B 900 470 650 250

200 2240 200 2940 200 650 2930 200 650 200 2940 200 650 50

14550

A—A

B—B

1 1

办公楼一层接待室吊顶平面图1：100

38-50系列轻钢龙骨纸面石膏板吊顶，刮腻子三遍，乳胶漆三遍

细木工板基层

细木工板基层，纸面石膏板刮腻子三遍，乳胶漆三遍

细木工板基层，纸面石膏板刮腻子三遍

发光灯片

灯管

38-50系列轻钢龙骨纸面石膏板吊顶，刮腻子三遍，乳胶漆三遍

20×20木龙骨

3.840 3.740 3.760 3.840

3.580 3.640 3.640 3.580

200 650 200 870 40 540 40 540 40 870 200 800

接待室吊顶A—A剖面图1：25

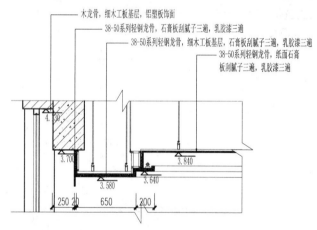

木龙骨，细木工板基层，铝塑板饰面

38-50系列轻钢龙骨，石膏板刮腻子三遍，乳胶漆三遍

38-50系列轻钢龙骨，细木工板基层

38-50系列轻钢龙骨，纸面石膏板刮腻子三遍，乳胶漆三遍

4.730

3.700 3.840

3.580 3.640

250 20 650 200

接待室吊顶B—B剖面图1：25

图 3-59　接待室装饰施工图（二）

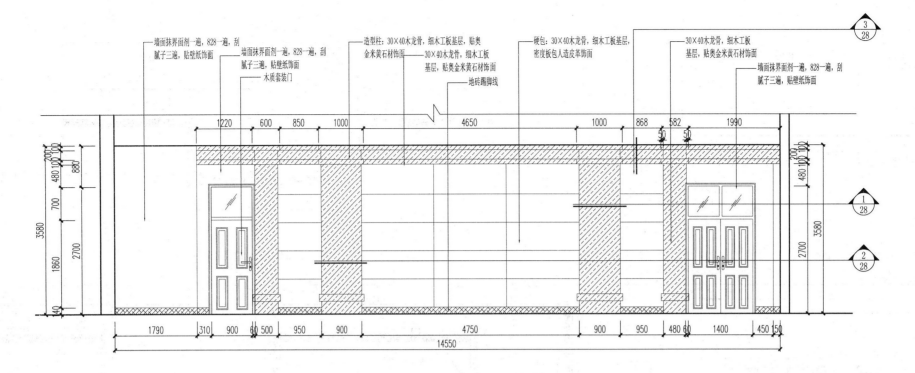

墙面抹界面剂一遍, 828一遍, 刮腻子三遍, 贴壁纸饰面
墙面抹界面剂一遍, 828一遍, 刮腻子三遍, 贴壁纸饰面
造型柱: 30×40木龙骨, 细木工板基层, 贴奥金米黄石材饰面
硬包: 30×40木龙骨, 细木工板基层, 密度板包人造皮革饰面
30×40木龙骨, 细木工板基层, 贴奥金米黄石材饰面
墙面抹界面剂一遍, 828一遍, 刮腻子三遍, 贴壁纸饰面
木质套装门
30×40木龙骨, 细木工板基层, 贴奥金米黄石材饰面
地砖踢脚线

办公楼一层接待室A立面图1：50

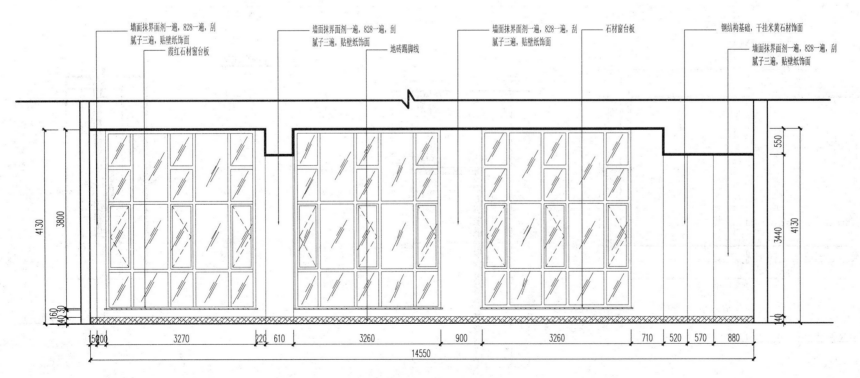

墙面抹界面剂一遍, 828一遍, 刮腻子三遍, 贴壁纸饰面
墙面抹界面剂一遍, 828一遍, 刮腻子三遍, 贴壁纸饰面
墙面抹界面剂一遍, 828一遍, 刮腻子三遍, 贴壁纸饰面
石材窗台板
钢结构基础, 干挂米黄石材饰面
霞红石材窗台板
地砖踢脚线
墙面抹界面剂一遍, 828一遍, 刮腻子三遍, 贴壁纸饰面

办公楼一层接待室C立面 图1：50

图 3-59　接待室装饰施工图(三)

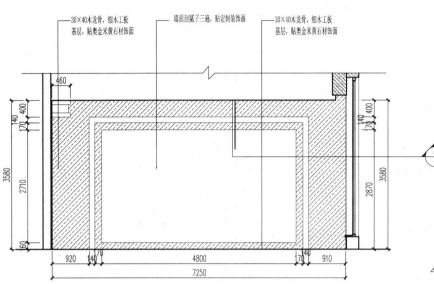

30×40木龙骨,细木工板基层,贴奥金米黄石材饰面
墙面刮腻子三遍,贴定制装饰面
30×40木龙骨,细木工板基层,贴奥金米黄石材饰面

460
740 400
170
3580
2710
60

920 140 170 4800 170 910
7250

740 400
170
3580
2870
60

4

办公楼一层接待室B立面图1∶50

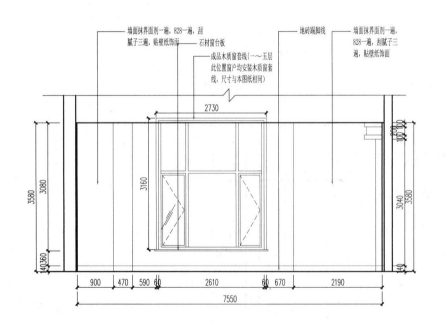

墙面抹界面剂一遍,828一遍,刮腻子三遍,贴壁纸饰面
石材窗台板
成品木质窗套线(一~五层此位置窗户均安装木质窗套线,尺寸与本图纸相同)
地砖踢脚线
墙面抹界面剂一遍,828一遍,刮腻子三遍,贴壁纸饰面

2730

3580
3080
3160

140 360
100 120
3040

900 470 590 60 2610 60 670 2190
7550

办公楼一层接待室D立面图1∶50

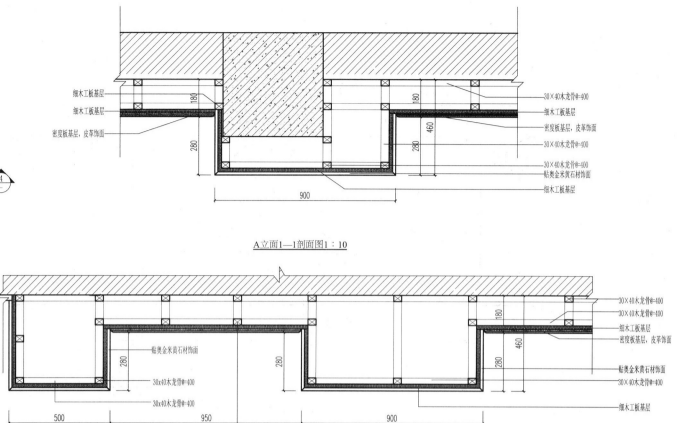

A立面1—1剖面图1∶10

细木工板基层
细木工板基层
密度板基层,皮革饰面

180
280

900

180
460
280

30×40木龙骨@=400
细木工板基层
密度板基层,皮革饰面
30×40木龙骨@=400
贴奥金米黄石材饰面
30×40木龙骨@=400
细木工板基层

30×40木龙骨@=400
30×40木龙骨@=400
细木工板基层
密度板基层,皮革饰面

280
贴奥金米黄石材饰面
30x40木龙骨@=400

180
460
280

贴奥金米黄石材饰面
30×40木龙骨@=400
细木工板基层

500 950 900

木龙骨,细木工板基层,密度板包皮革饰面
30×40木龙骨@=400
30×40木龙骨@=400

A立面2—2剖面图1∶10

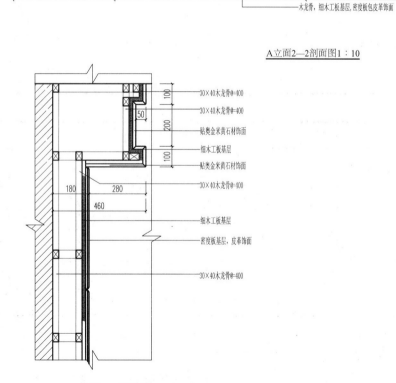

100
50
200
100

180 280
460

30×40木龙骨@=400
30×40木龙骨@=400
贴奥金米黄石材饰面
细木工板基层
贴奥金米黄石材饰面
30×40木龙骨@=400
细木工板基层
密度板基层,皮革饰面

30×40木龙骨@=400

A立面3—3剖面图1∶10

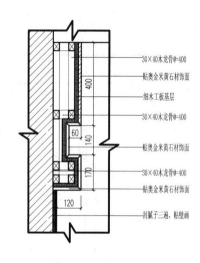

400

60 140

170

120

30×40木龙骨@=400
贴奥金米黄石材饰面
细木工板基层
30×40木龙骨@=400
贴奥金米黄石材饰面
30×40木龙骨@=400
贴奥金米黄石材饰面
刮腻子三遍,贴壁画

B立面4—4剖面图1∶10

图3-59 接待室装饰施工图(四)

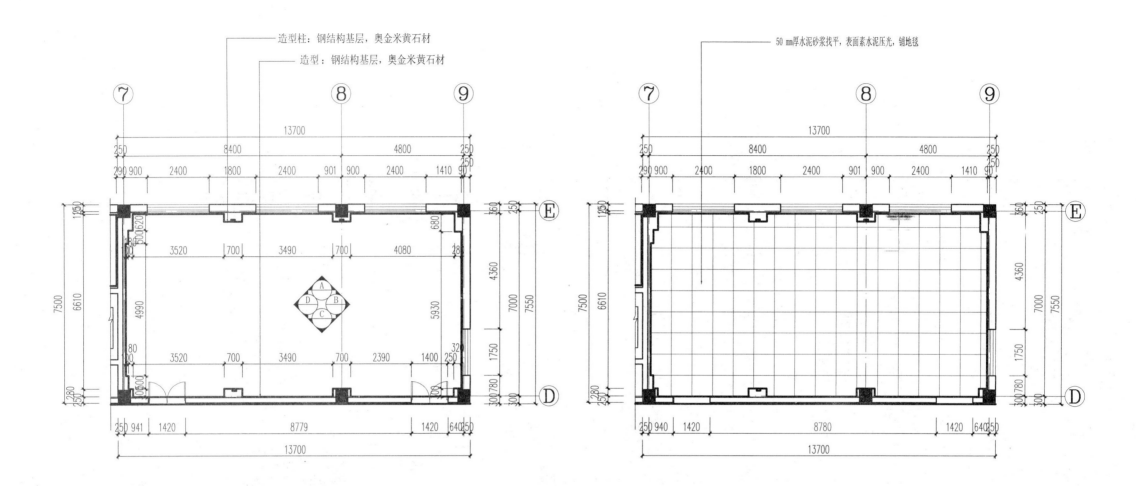

造型柱：钢结构基层，奥金米黄石材

造型：钢结构基层，奥金米黄石材

50 mm厚水泥砂浆找平，表面素水泥压光，铺地毯

办公楼三层会议室平面图1：100

办公楼三层会议室地面图1：100

注：四层会议室装修做法与三层会议室装修做法相同，尺寸详见总平面图

图 3-60　会议室装饰施工图（一）

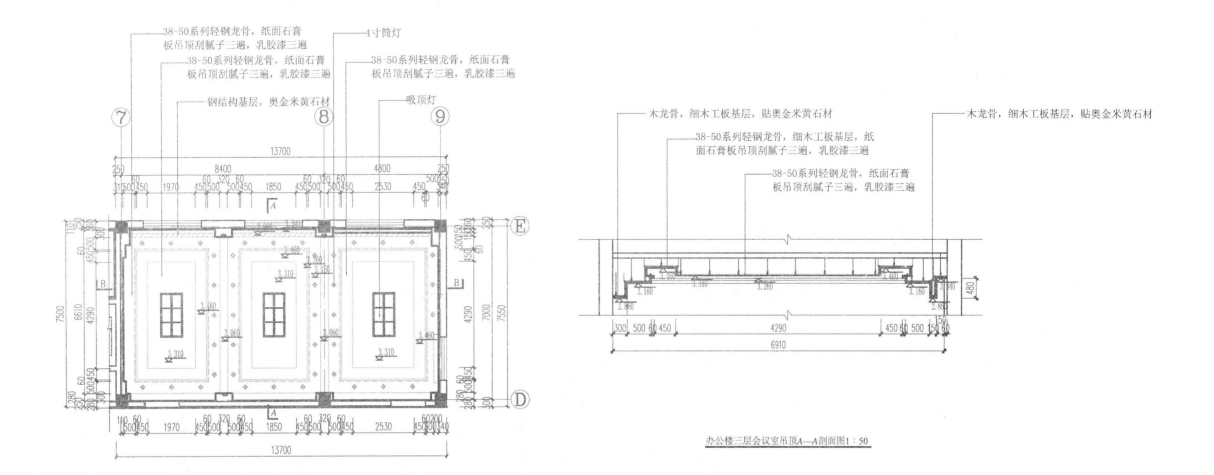

38-50系列轻钢龙骨,纸面石膏板吊顶刮腻子三遍,乳胶漆三遍

38-50系列轻钢龙骨,纸面石膏板吊顶刮腻子三遍,乳胶漆三遍

4寸筒灯

38-50系列轻钢龙骨,纸面石膏板吊顶刮腻子三遍,乳胶漆三遍

钢结构基层,奥金米黄石材

吸顶灯

木龙骨,细木工板基层,贴奥金米黄石材

木龙骨,细木工板基层,贴奥金米黄石材

38-50系列轻钢龙骨,细木工板基层,纸面石膏板吊顶刮腻子三遍,乳胶漆三遍

38-50系列轻钢龙骨,纸面石膏板吊顶刮腻子三遍,乳胶漆三遍

办公楼三层会议室吊顶平面图1:100

办公楼三层会议室吊顶A—A剖面图1:50

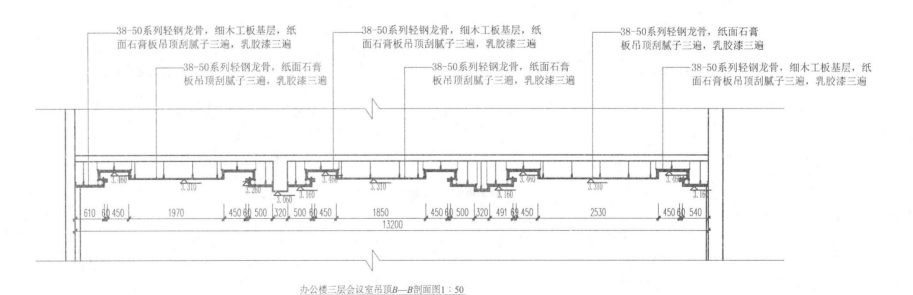

38-50系列轻钢龙骨,细木工板基层,纸面石膏板吊顶刮腻子三遍,乳胶漆三遍

38-50系列轻钢龙骨,细木工板基层,纸面石膏板吊顶刮腻子三遍,乳胶漆三遍

38-50系列轻钢龙骨,纸面石膏板吊顶刮腻子三遍,乳胶漆三遍

38-50系列轻钢龙骨,纸面石膏板吊顶刮腻子三遍,乳胶漆三遍

38-50系列轻钢龙骨,纸面石膏板吊顶刮腻子三遍,乳胶漆三遍

38-50系列轻钢龙骨,细木工板基层,纸面石膏板吊顶刮腻子三遍,乳胶漆三遍

办公楼三层会议室吊顶B—B剖面图1:50

图3-60　会议室装饰施工图(二)

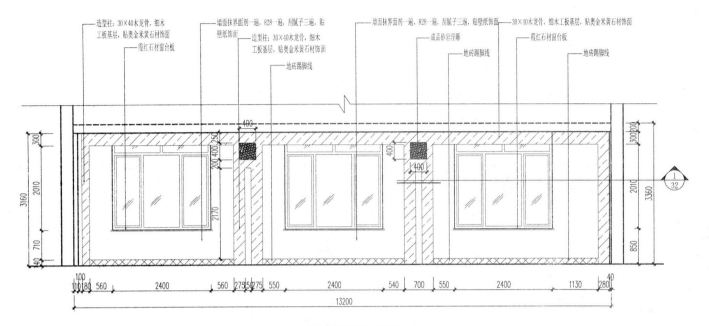

办公楼三层会议室A立面图1：50

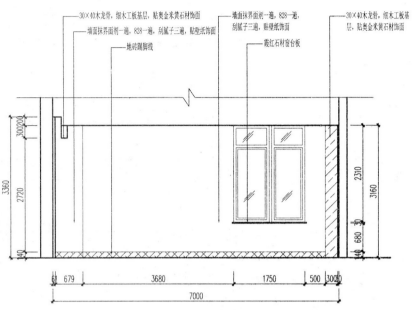

办公楼三层会议室B立面图1：50

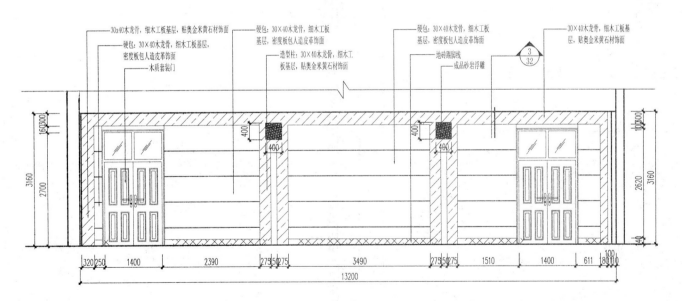

办公楼三层会议室C立面图1：50

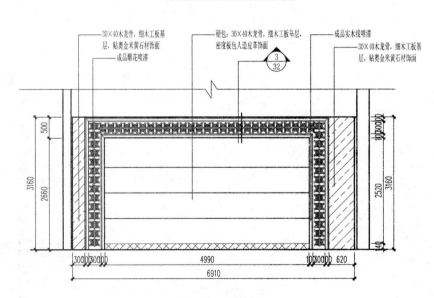

办公楼三层会议室D立面图1：50

图 3-60　会议室装饰施工图(三)

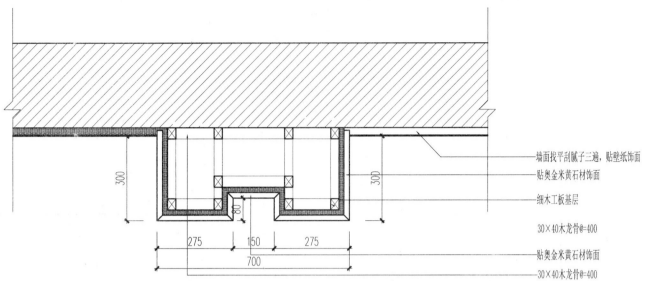

墙面找平刮腻子三遍，贴壁纸饰面

贴奥金米黄石材饰面

细木工板基层

30×40木龙骨@=400

贴奥金米黄石材饰面

30×40木龙骨@=400

办公楼三层会议室1—1剖面图1：10

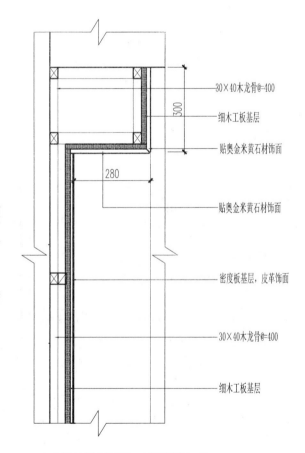

30×40木龙骨@=400

细木工板基层

贴奥金米黄石材饰面

贴奥金米黄石材饰面

密度板基层，皮革饰面

30×40木龙骨@=400

细木工板基层

办公楼三层会议室2—2剖面图1：10

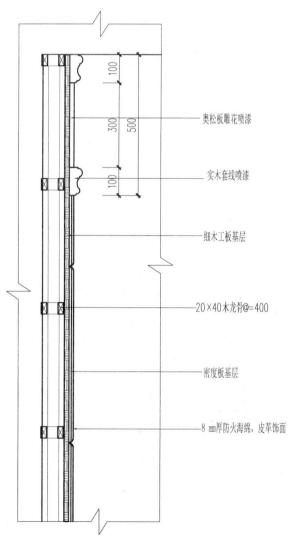

奥松板雕花喷漆

实木套线喷漆

细木工板基层

20×40木龙骨@=400

密度板基层

8 mm厚防火海绵，皮革饰面

办公楼三层会议室3—3剖面图1：10

图 3-60 会议室装饰施工图(四)

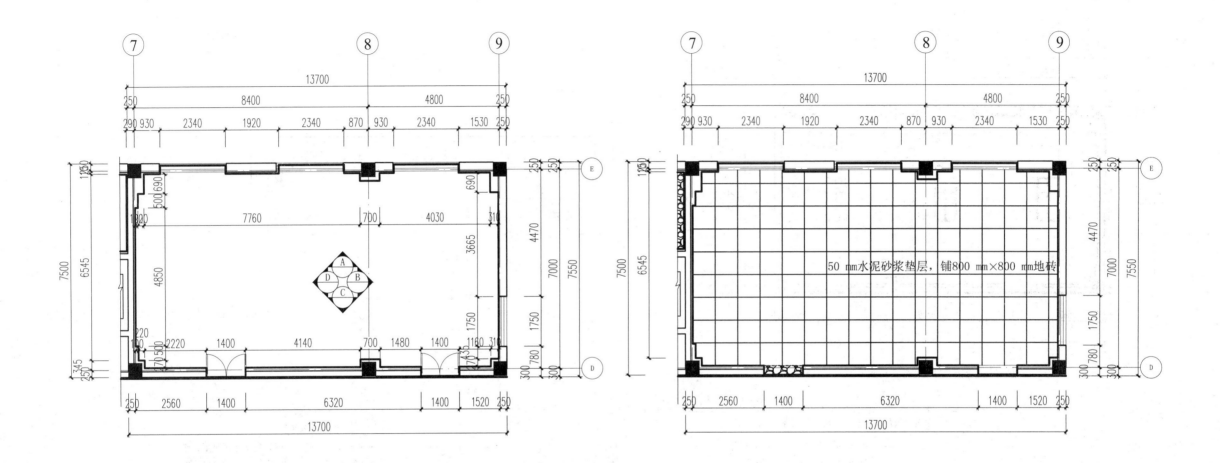

办公楼四层会议室平面图1：10　　　　　　　　　　　　　办公楼四层会议室地面图1：10

图 3-60　会议室装饰施工图(五)

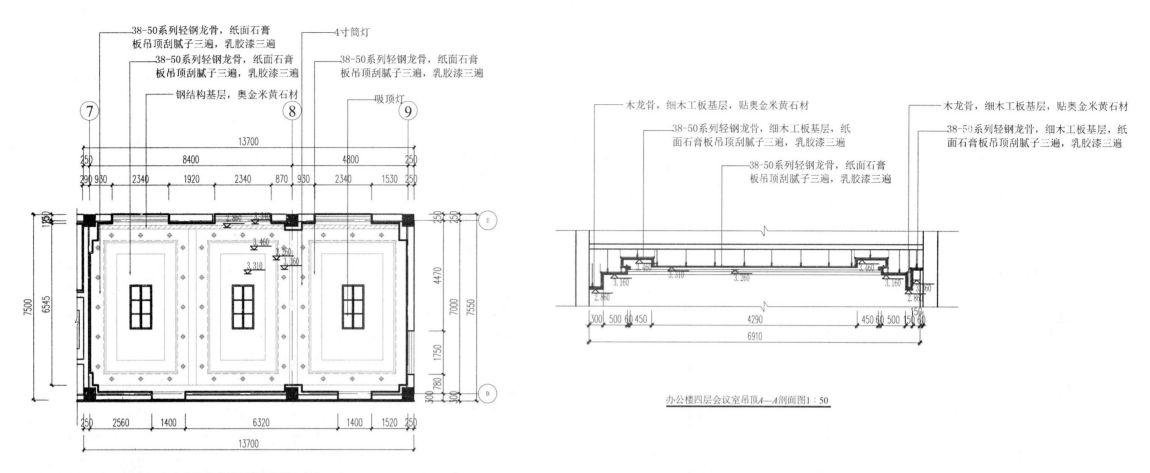

38-50系列轻钢龙骨，纸面石膏板吊顶刮腻子三遍，乳胶漆三遍

38-50系列轻钢龙骨，纸面石膏板吊顶刮腻子三遍，乳胶漆三遍

4寸筒灯

38-50系列轻钢龙骨，纸面石膏板吊顶刮腻子三遍，乳胶漆三遍

钢结构基层，奥金米黄石材

吸顶灯

木龙骨，细木工板基层，贴奥金米黄石材

38-50系列轻钢龙骨，细木工板基层，纸面石膏板吊顶刮腻子三遍，乳胶漆三遍

38-50系列轻钢龙骨，纸面石膏板吊顶刮腻子三遍，乳胶漆三遍

木龙骨，细木工板基层，贴奥金米黄石材

38-50系列轻钢龙骨，细木工板基层，纸面石膏板吊顶刮腻子三遍，乳胶漆三遍

办公楼四层会议室吊顶平面图1：100

办公楼四层会议室吊顶A—A剖面图1：50

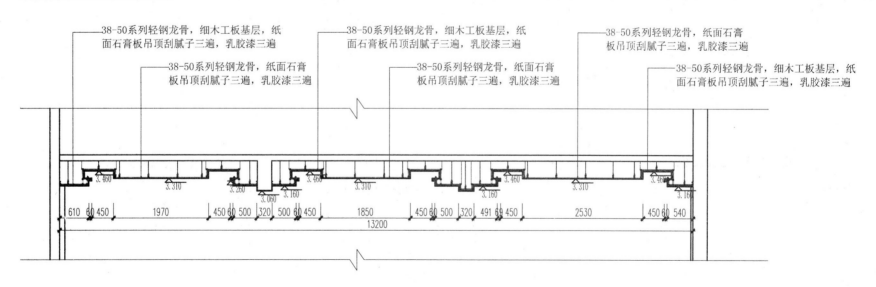

38-50系列轻钢龙骨，细木工板基层，纸面石膏板吊顶刮腻子三遍，乳胶漆三遍

38-50系列轻钢龙骨，纸面石膏板吊顶刮腻子三遍，乳胶漆三遍

38-50系列轻钢龙骨，细木工板基层，纸面石膏板吊顶刮腻子三遍，乳胶漆三遍

38-50系列轻钢龙骨，纸面石膏板吊顶刮腻子三遍，乳胶漆三遍

38-50系列轻钢龙骨，纸面石膏板吊顶刮腻子三遍，乳胶漆三遍

38-50系列轻钢龙骨，细木工板基层，纸面石膏板吊顶刮腻子三遍，乳胶漆三遍

办公楼四层会议室吊顶B—B剖面图1：50

图3-60　会议室装饰施工图(六)

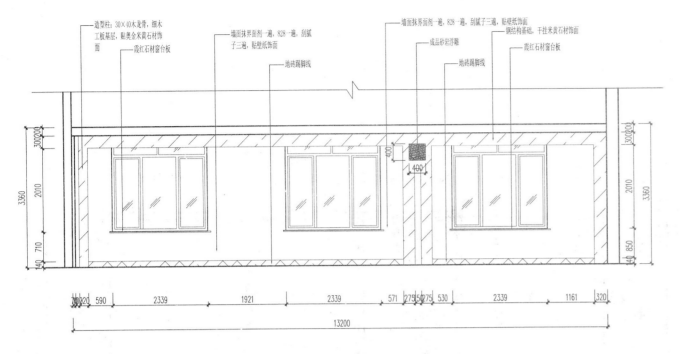

造型柱:30×40木龙骨,细木
工板基层,贴奥金米黄石材饰面

霞红石材窗台板

墙面抹界面剂一遍,828一遍,刮腻
子三遍,贴壁纸饰面

地砖踢脚线

墙面抹界面剂一遍,828一遍,刮腻子三遍,贴壁纸饰面

成品砂岩浮雕

地砖踢脚线

钢结构基础,干挂米黄石材饰面

霞红石材窗台板

3360 300200 2010 710 140

3360 300200 2010 850 140

100 220 590 2339 1921 2339 571 275 50 275 530 2339 1161 320

13200

办公楼四层会议室A立面图1:50

造型柱:30×40木龙骨,细木工板基层,贴奥金米黄石材饰面

墙面抹界面剂一遍,828一遍,刮腻子三遍,贴壁纸饰面

霞红石材窗台板

墙面抹界面剂一遍,828一遍,刮腻子三遍,贴壁纸饰面

3360 300200 2720 850 140

65 690 3665 1750 435 270

7000

办公楼四层会议室B立面图1:50

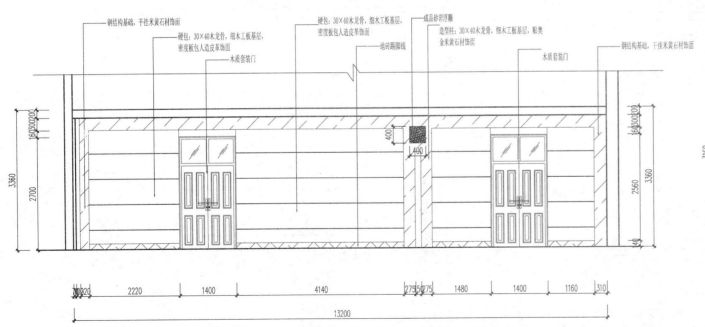

钢结构基础,干挂米黄石材饰面

硬包:30×40木龙骨,细木工板基层,密度板包人造皮革饰面

木质套装门

硬包:30×40木龙骨,细木工板基层,密度板包人造皮革饰面

成品砂岩浮雕

地砖踢脚线

造型柱:30×40木龙骨,细木工板基层,贴奥金米黄石材饰面

木质套装门

钢结构基础,干挂米黄石材饰面

3360 160 300 200 2700 140

100 220 2220 1400 4140 275 50 275 1480 1400 1160 310

13200

办公楼四层会议室C立面图1:50

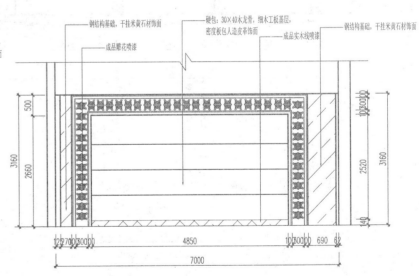

钢结构基础,干挂米黄石材饰面

硬包:30×40木龙骨,细木工板基层,密度板包人造皮革饰面

成品雕花喷漆

钢结构基础,干挂米黄石材饰面

成品实木线喷漆

3360 500 2660 140

125 270 500 4850 100 300 690 60

7000

办公楼四层会议室D立面图1:50

图 3-60 会议室装饰施工图(七)

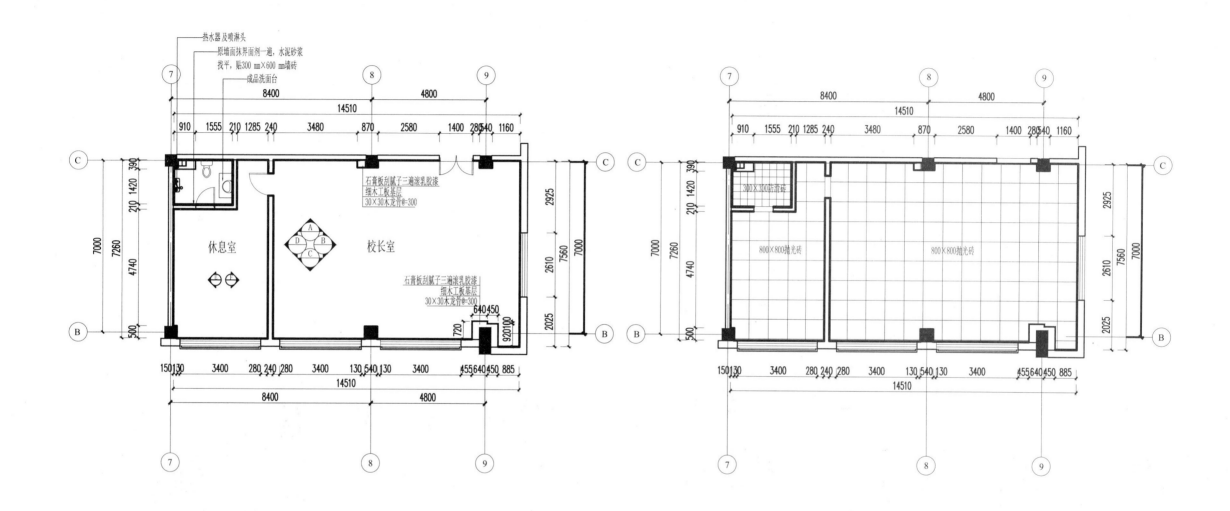

热水器及喷淋头

原墙面抹界面剂一遍，水泥砂浆
找平，贴300 mm×600 mm墙砖

成品洗面台

7   8   9
8400   4800
14510
910 1555 210 1285 240   3480   870   2580   1400 280540 1160

C   C
390
210 1420
7000 7260
石膏板刮腻子三遍滚乳胶漆
细木工板基层
30×30木龙骨@=300

4740
休息室   校长室

2925
7560 7000
2610

石膏板刮腻子三遍滚乳胶漆
细木工板基层
30×30木龙骨@=300
2025
B   B
500   720 640450
920100

150130   3400   280 240 280   3400   130 540 130   3400   455640450 885
8400   4800
14510

7   8   9

办公楼三层校长室平面图1：100

7   8   9
8400   4800
14510
910 1555 210 1285 240   3480   870   2580   1400 280540 1160

C   C
390
210 1420
7000 7260
300×300防滑砖

4740
800×800抛光砖   800×800抛光砖

2925
7560 7000
2610

2025
B   B
500

150130   3400   280 240 280   3400   130 540 130   3400   455640450 885
14510

7   8   9

办公楼三层校长室地面图1：100

注：四层书记办公室装修做法与三层校长室装修做法相同，尺寸详见总平面图

图 3-61　校长室装饰施工图(一)

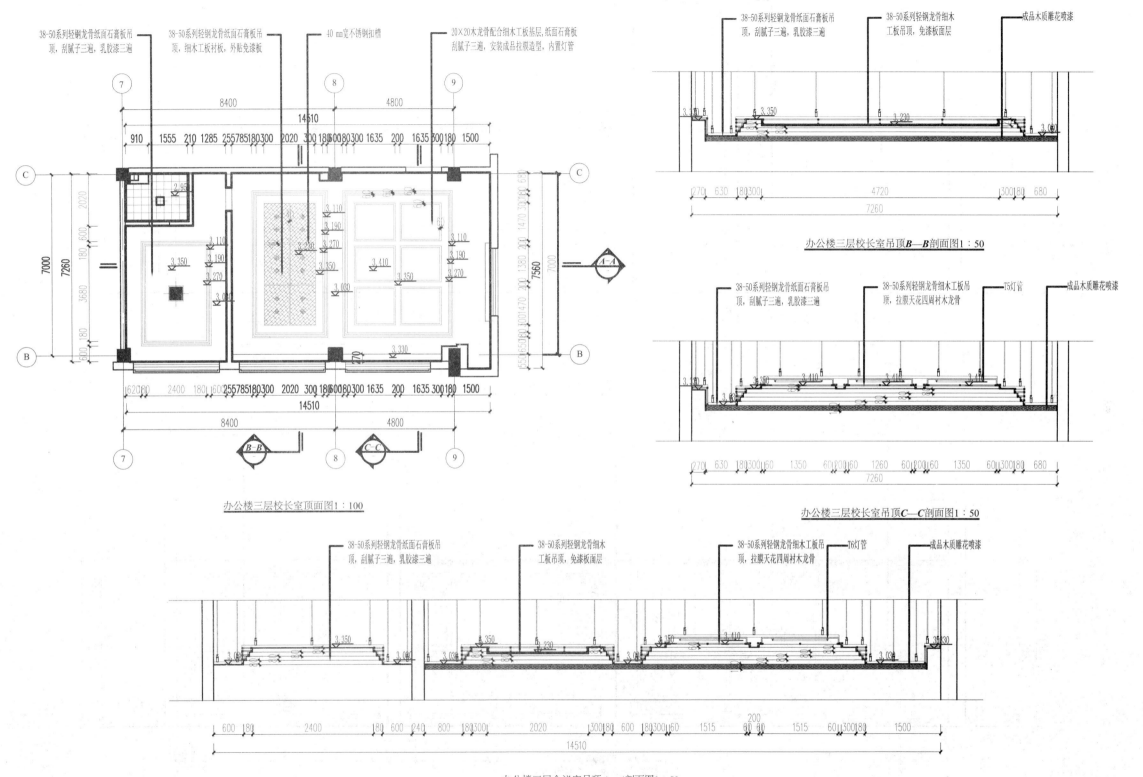

办公楼三层校长室顶面图1：100

办公楼三层校长室吊顶B—B剖面图1：50

办公楼三层校长室吊顶C—C剖面图1：50

办公楼三层会议室吊顶A—A剖面图1：50

图 3-61 校长室装饰施工图(二)

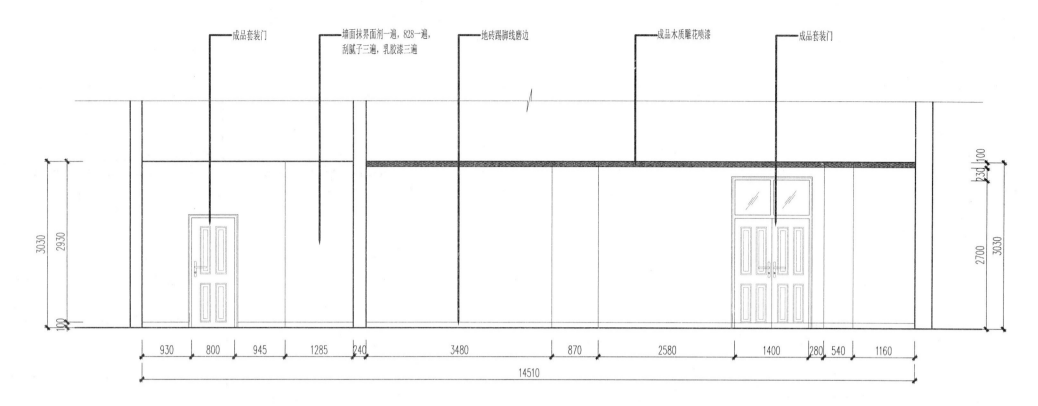

成品套装门　　墙面抹界面剂一遍, 828一遍,　　　地砖踢脚线磨边　　　　　　　　成品木质雕花喷漆　　　成品套装门
　　　　　　　刮腻子三遍, 乳胶漆三遍

930　800　945　1285　240　3480　870　2580　1400　280　540　1160

14510

办公楼三层校长室A立面图1∶50

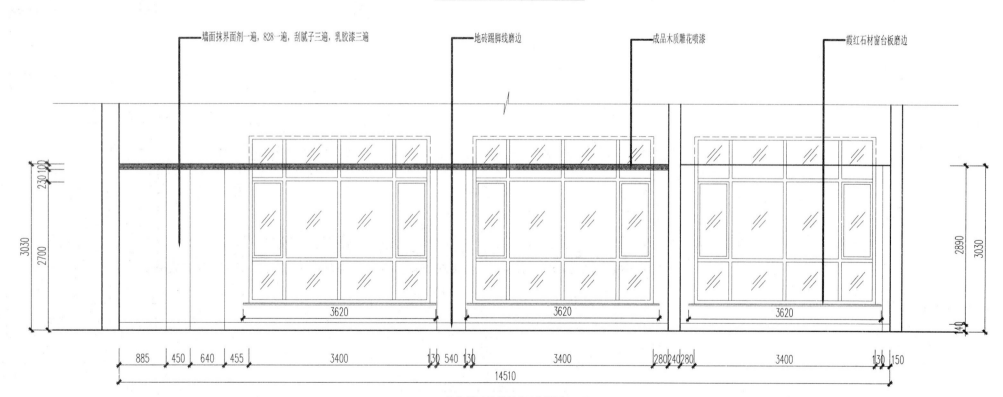

墙面抹界面剂一遍, 828一遍,刮腻子三遍, 乳胶漆三遍　　　地砖踢脚线磨边　　　成品木质雕花喷漆　　　霞红石材窗台板磨边

3620　　　3620　　　3620

885　450　640　455　3400　130　540　130　3400　280　240　280　3400　130　150

14510

办公楼三层校长室C立面图1∶50

图3-61　校长室装饰施工图(三)

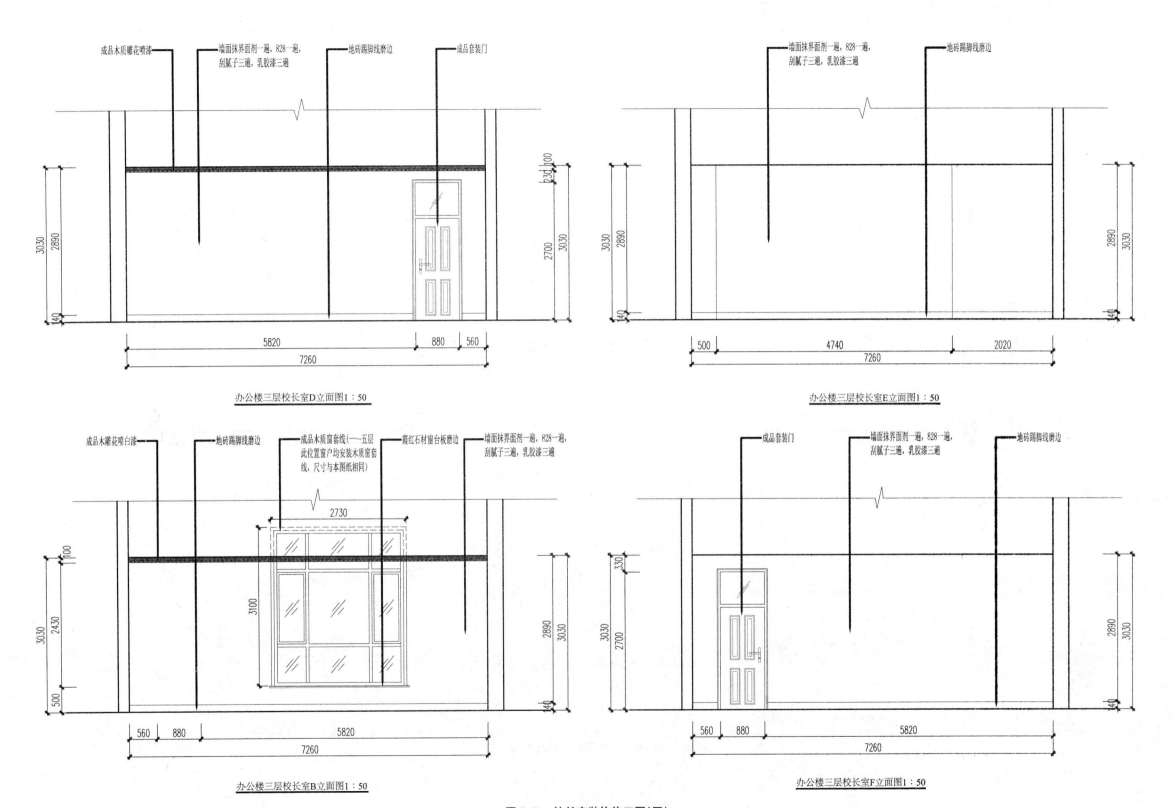

成品木质雕花喷漆　　墙面抹界面剂一遍，828一遍，刮腻子三遍，乳胶漆三遍　　地砖踢脚线磨边　　成品套装门

3030　2890　140

100　230　2700　3030

5820　880　560

7260

办公楼三层校长室D立面图1：50

墙面抹界面剂一遍，828一遍，刮腻子三遍，乳胶漆三遍　　地砖踢脚线磨边

3030　2890　140

2890　3030

500　4740　2020

7260

办公楼三层校长室E立面图1：50

成品木雕花喷白漆　　地砖踢脚线磨边　　成品木质窗套线(一～五层此位置窗户均安装木质窗套线，尺寸与本图纸相同)　　霞红石材窗台板磨边　　墙面抹界面剂一遍，828一遍，刮腻子三遍，乳胶漆三遍

100　3030　2430　500

2730

3100

2890　3030

560　880　5820

7260

办公楼三层校长室B立面图1：50

成品套装门　　墙面抹界面剂一遍，828一遍，刮腻子三遍，乳胶漆三遍　　地砖踢脚线磨边

3030　2700　330

2890　3030　140

560　880　5820

7260

办公楼三层校长室F立面图1：50

图3-61　校长室装饰施工图(四)

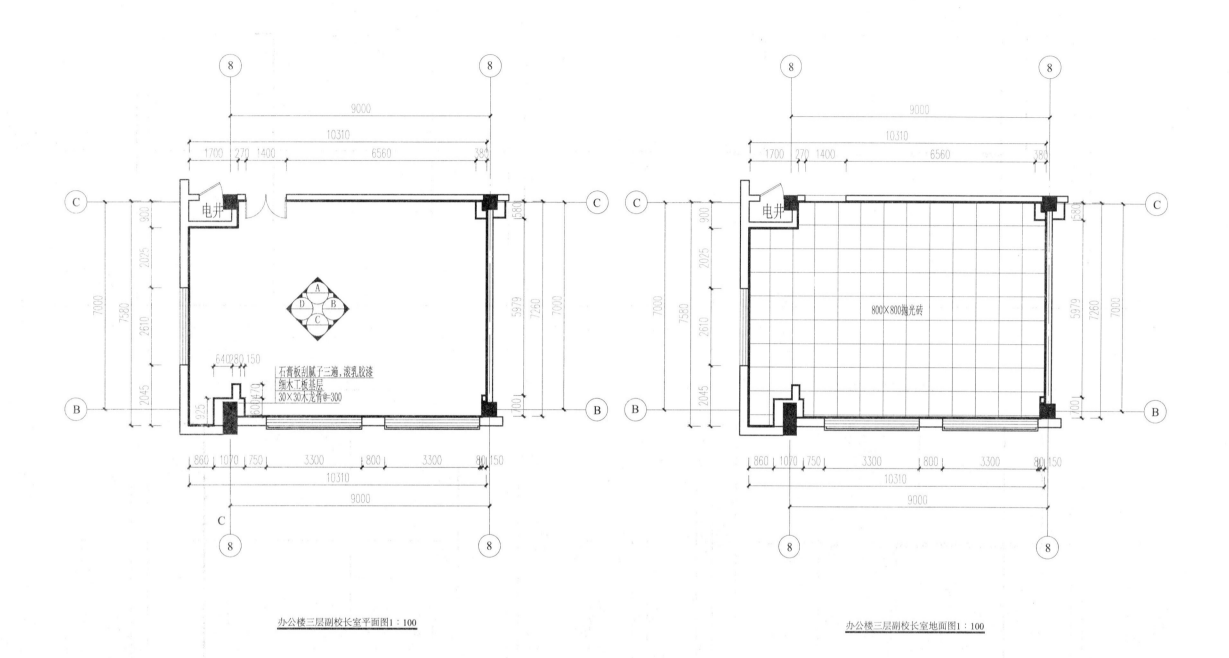

办公楼三层副校长室平面图1:100

办公楼三层副校长室地面图1:100

注：二~四层副校长办公室装修做法与三层副校长室装修做法相同，尺寸详见总平面图

图 3-61　校长室装饰施工图(五)

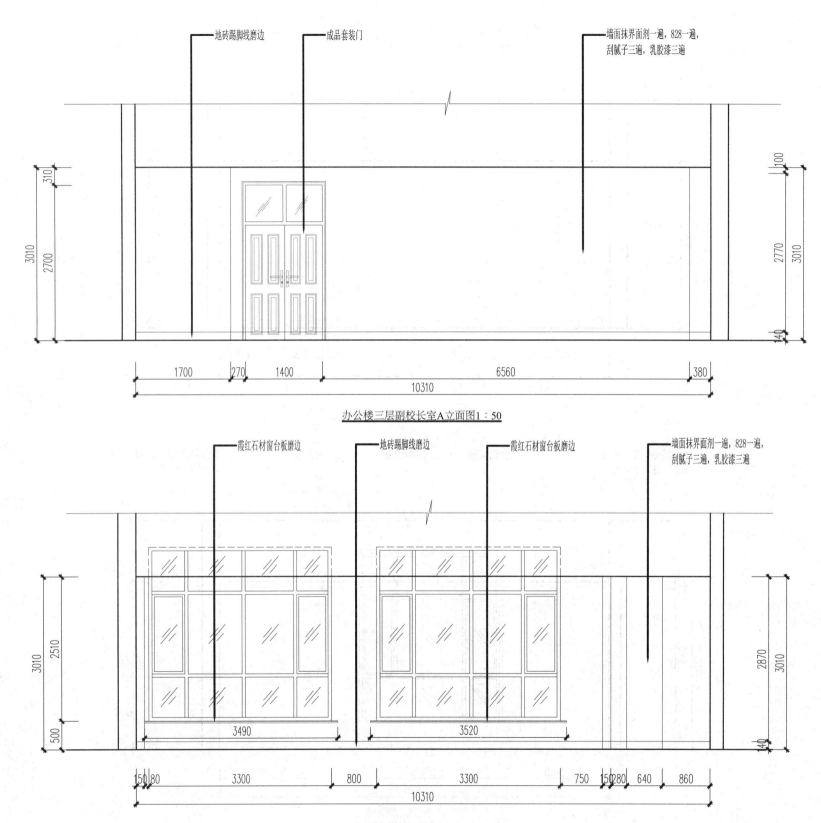

地砖踢脚线磨边　　成品套装门　　墙面抹界面剂一遍，828一遍，刮腻子三遍，乳胶漆三遍

310　3010　2700

100　2770　3010　140

1700　270　1400　6560　380
10310

办公楼三层副校长室A立面图1：50

霞红石材窗台板磨边　　地砖踢脚线磨边　　霞红石材窗台板磨边　　墙面抹界面剂一遍，828一遍，刮腻子三遍，乳胶漆三遍

3010　2510　500

2870　3010　140

3490　3520

150 80　3300　800　3300　750　150 280　640　860
10310

办公楼三层副校长室C立面图1：50

图3-61　校长室装饰施工图(六)

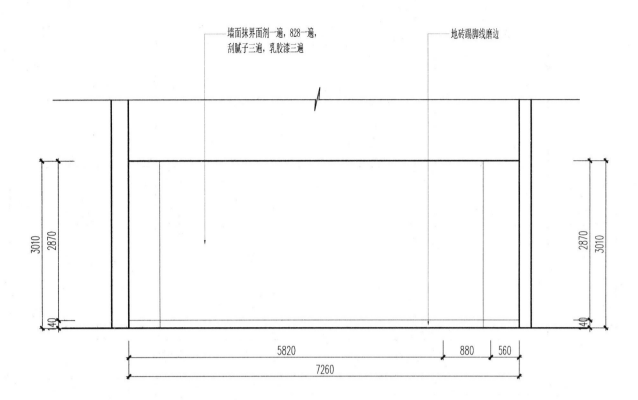

墙面抹界面剂一遍，828一遍，
刮腻子三遍，乳胶漆三遍

地砖踢脚线磨边

办公楼三层校长室B立面图1：50

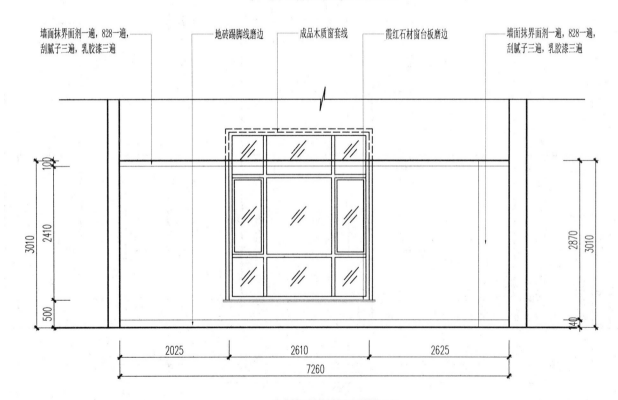

墙面抹界面剂一遍，828一遍，
刮腻子三遍，乳胶漆三遍

地砖踢脚线磨边

成品木质窗套线

霞红石材窗台板磨边

墙面抹界面剂一遍，828一遍，
刮腻子三遍，乳胶漆三遍

办公楼三层校长室D立面图1：50

图 3-61 校长室装饰施工图（七）

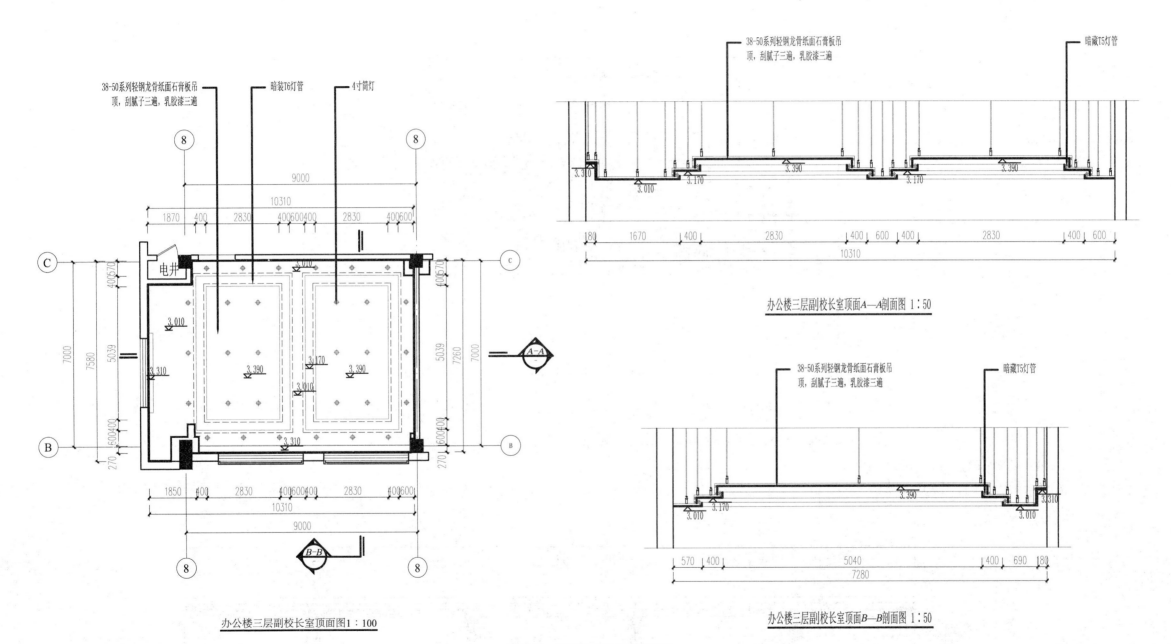

38-50系列轻钢龙骨纸面石膏板吊顶，刮腻子三遍，乳胶漆三遍

暗装T6灯管

4寸筒灯

38-50系列轻钢龙骨纸面石膏板吊顶，刮腻子三遍，乳胶漆三遍

暗藏T5灯管

电井

办公楼三层副校长室顶面图1：100

办公楼三层副校长室顶面A—A剖面图 1：50

38-50系列轻钢龙骨纸面石膏板吊顶，刮腻子三遍，乳胶漆三遍

暗藏T5灯管

办公楼三层副校长室顶面B—B剖面图 1：50

图 3-61　校长室装饰施工图(八)

· 153 ·

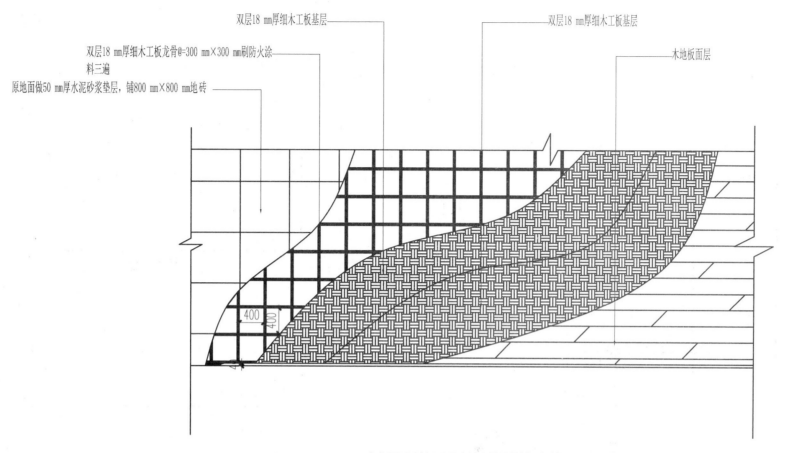

双层18 mm厚细木工板基层   双层18 mm厚细木工板基层

双层18 mm厚细木工板龙骨@=300 mm×300 mm刷防火涂料三遍

原地面做50 mm厚水泥砂浆垫层，铺800 mm×800 mm地砖

木地板面层

400   400

办公楼四层行政会议室地台做法详图(平面分层)1:50

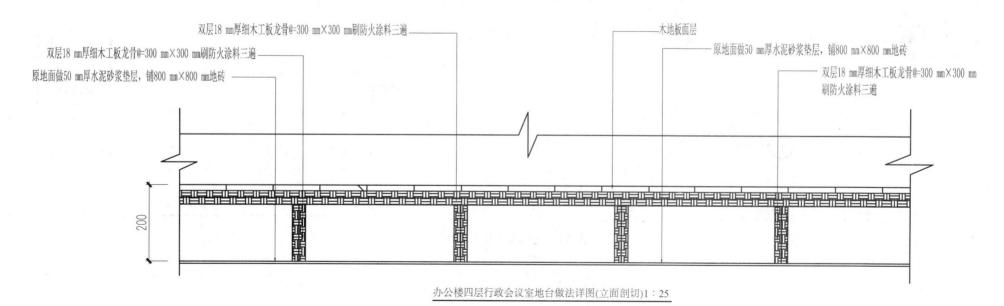

双层18 mm厚细木工板龙骨@=300 mm×300 mm刷防火涂料三遍

双层18 mm厚细木工板龙骨@=300 mm×300 mm刷防火涂料三遍

原地面做50 mm厚水泥砂浆垫层，铺800 mm×800 mm地砖

木地板面层

原地面做50 mm厚水泥砂浆垫层，铺800 mm×800 mm地砖

双层18 mm厚细木工板龙骨@=300 mm×300 mm刷防火涂料三遍

200

办公楼四层行政会议室地台做法详图(立面剖切)1:25

图 3-62　行政会议室装饰施工图(一)

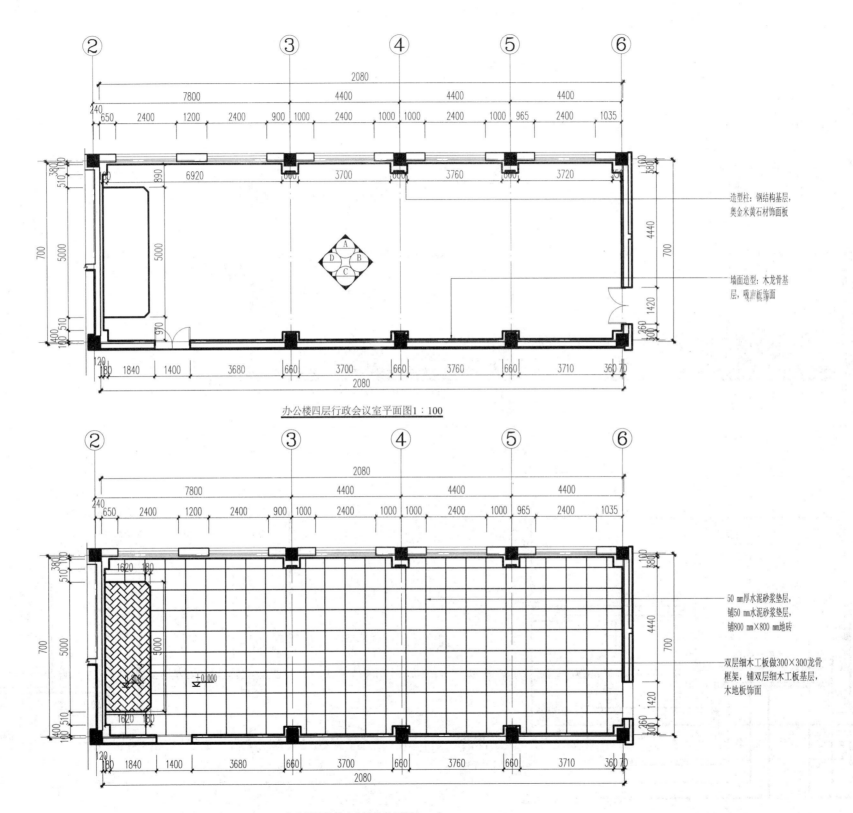

造型柱：钢结构基层，
奥金米黄石材饰面板

墙面造型：木龙骨基
层，吸声板饰面

办公楼四层行政会议室平面图1：100

50 mm厚水泥砂浆垫层，
铺50 mm水泥砂浆垫层，
铺800 mm×800 mm地砖

双层细木工板做300×300龙骨
框架，铺双层细木工板基层，
木地板饰面

办公楼四层行政会议室地面图1：100

图3-62　行政会议室装饰施工图(二)

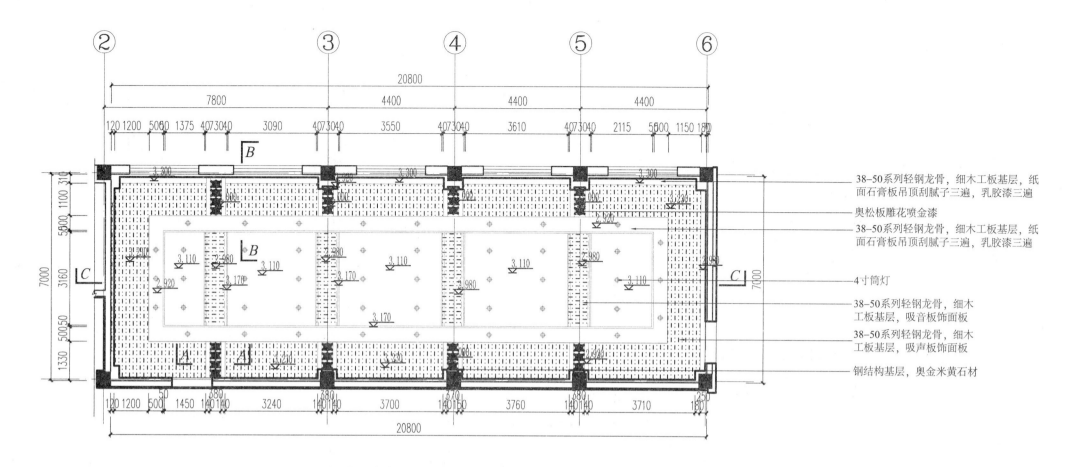

办公楼四层行政会议室地面图1:100

右侧标注（从上到下）:
38-50系列轻钢龙骨,细木工板基层,纸面石膏板吊顶刮腻子三遍,乳胶漆三遍
奥松板雕花喷金漆
38-50系列轻钢龙骨,细木工板基层,纸面石膏板吊顶刮腻子三遍,乳胶漆三遍
4寸筒灯
38-50系列轻钢龙骨,细木工板基层,吸音板饰面板
38-50系列轻钢龙骨,细木工板基层,吸声板饰面板
钢结构基层,奥金米黄石材

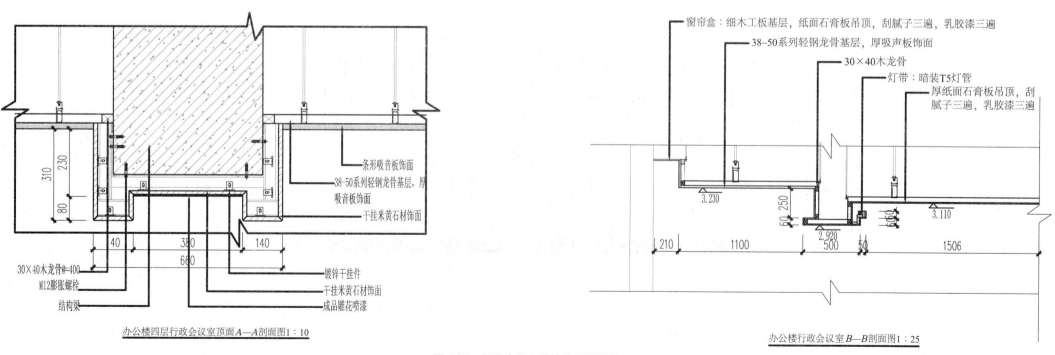

左侧剖面图标注:
条形吸音板饰面
38-50系列轻钢龙骨基层,厚吸音板饰面
干挂米黄石材饰面
30×40木龙骨@=400
M12膨胀螺栓
结构梁
镀锌干挂件
干挂米黄石材饰面
成品雕花喷漆

办公楼四层行政会议室顶面A—A剖面图1:10

右侧剖面图标注:
窗帘盒:细木工板基层,纸面石膏板吊顶,刮腻子三遍,乳胶漆三遍
38-50系列轻钢龙骨基层,厚吸声板饰面
30×40木龙骨
灯带:暗装T5灯管
厚纸面石膏板吊顶,刮腻子三遍,乳胶漆三遍

办公楼行政会议室B—B剖面图1:25

图3-62 行政会议室装饰施工图(三)

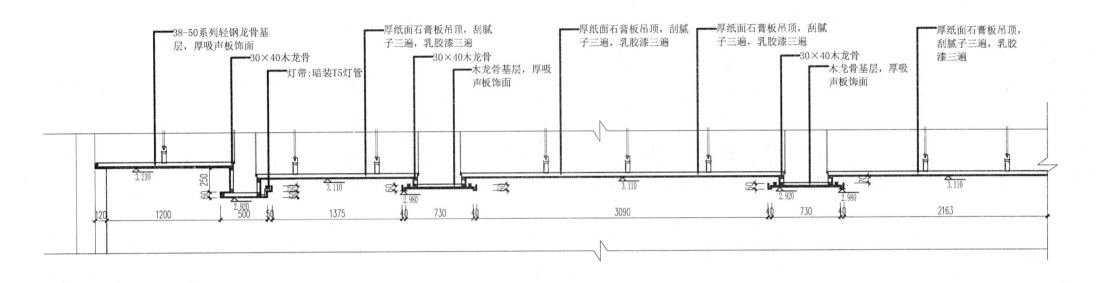

38-50系列轻钢龙骨基层，厚吸声板饰面

30×40木龙骨

灯带:暗装T5灯管

厚纸面石膏板吊顶，刮腻子三遍，乳胶漆三遍

30×40木龙骨

木龙骨基层，厚吸声板饰面

厚纸面石膏板吊顶，刮腻子三遍，乳胶漆三遍

厚纸面石膏板吊顶，刮腻子三遍，乳胶漆三遍

30×40木龙骨

木龙骨基层，厚吸声板饰面

厚纸面石膏板吊顶，刮腻子三遍，乳胶漆三遍

3.230   250   3.110   2.980   3.110   2.920   2.980   3.110

120   1200   500   1375   730   3090   730   2163

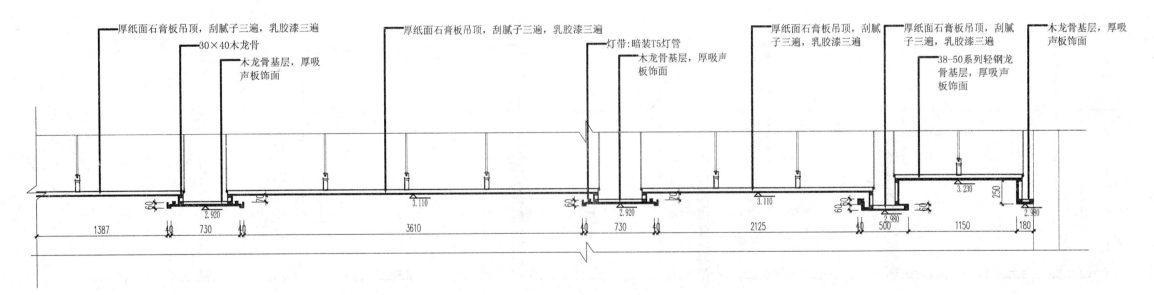

厚纸面石膏板吊顶，刮腻子三遍，乳胶漆三遍

30×40木龙骨

木龙骨基层，厚吸声板饰面

厚纸面石膏板吊顶，刮腻子三遍，乳胶漆三遍

灯带:暗装T5灯管

木龙骨基层，厚吸声板饰面

厚纸面石膏板吊顶，刮腻子三遍，乳胶漆三遍

厚纸面石膏板吊顶，刮腻子三遍，乳胶漆三遍

38-50系列轻钢龙骨基层，厚吸声板饰面

木龙骨基层，厚吸声板饰面

2.920   3.110   2.920   3.110   2.980   3.230   250   2.980

1387   730   3610   730   2125   500   1150   180

办公楼行政会议室顶面C—C剖面图1：25

图 3-62　行政会议室装饰施工图(四)

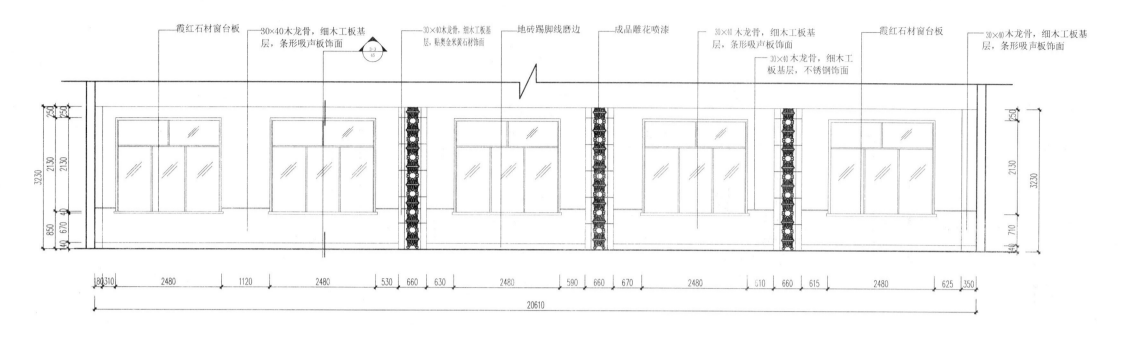

霞红石材窗台板　　30×40木龙骨,细木工板基　　30×40木龙骨,细木工板基　　地砖踢脚线磨边　　成品雕花喷漆　　30×40木龙骨,细木工板基　　霞红石材窗台板　　30×40木龙骨,细木工板基
　　　　　　　　　层,条形吸声板饰面　　　　层,贴奥金米黄石材饰面　　　　　　　　　　　　　　　　　层,条形吸声板饰面　　　　　　　　　　　　层,条形吸声板饰面

30×40木龙骨,细木工
板基层,不锈钢饰面

办公楼行政会议室A立面图1:50

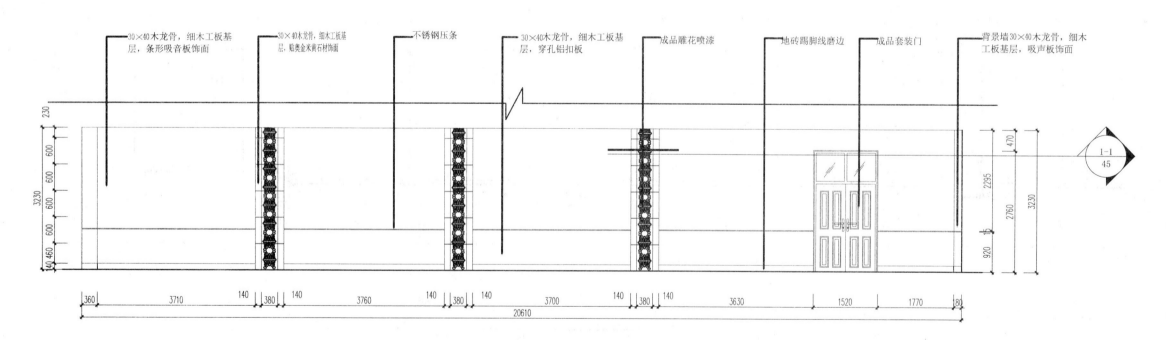

30×40木龙骨,细木工板基　　30×40木龙骨,细木工板基　　不锈钢压条　　30×40木龙骨,细木工板基　　成品雕花喷漆　　地砖踢脚线磨边　　成品套装门　　背景墙30×40木龙骨,细木
层,条形吸音板饰面　　　　层,贴奥金米黄石材饰面　　　　　　　　　　层,穿孔铝扣板　　　　　　　　　　　　　　　　　　　　　　　　　　　　工板基层,吸声板饰面

办公楼行政会议室C立面图1:50

图3-62　行政会议室装饰施工图(五)

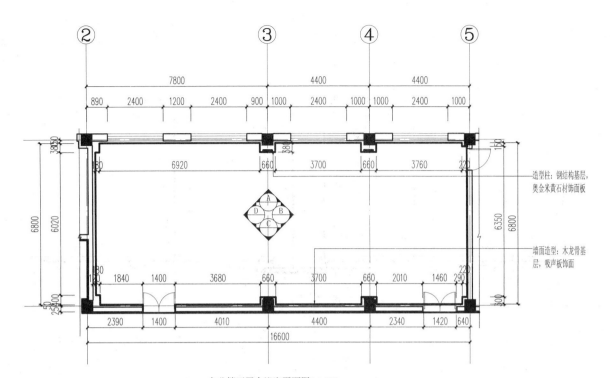

办公楼五层会议室平面图1:100

造型柱:钢结构基层,奥金米黄石材饰面板

墙面造型:木龙骨基层,吸声板饰面

办公楼五层会议室地面图1:100

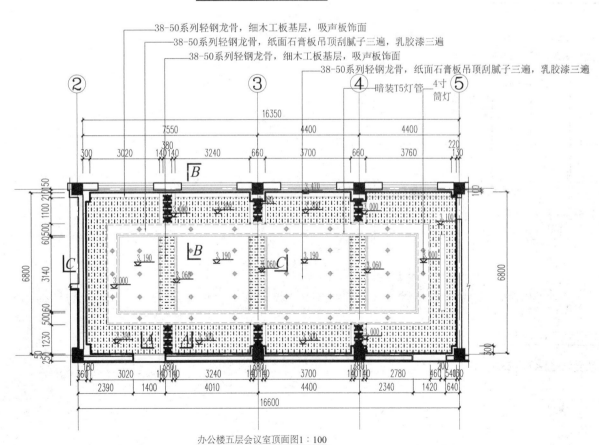

38-50系列轻钢龙骨,细木工板基层,吸声板饰面

38-50系列轻钢龙骨,纸面石膏板吊顶刮腻子三遍,乳胶漆三遍

38-50系列轻钢龙骨,细木工板基层,吸声板饰面

38-50系列轻钢龙骨,纸面石膏板吊顶刮腻子三遍,乳胶漆三遍

暗装T5灯管

4寸筒灯

办公楼五层会议室顶面图1:100

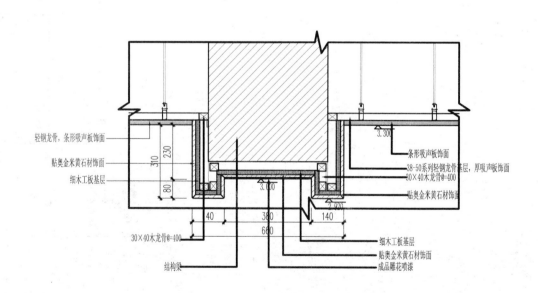

轻钢龙骨,条形吸声板饰面

贴奥金米黄石材饰面

细木工板基层

30×40木龙骨@400

结构梁

条形吸声板饰面

38-50系列轻钢龙骨基层,厚吸声板饰面

60×40木龙骨@400

贴奥金米黄石材饰面

细木工板基层

贴奥金米黄石材饰面

成品雕花喷漆

办公楼五层会议室顶面A—A剖面图1:10

图3-62 行政会议室装饰施工图(六)

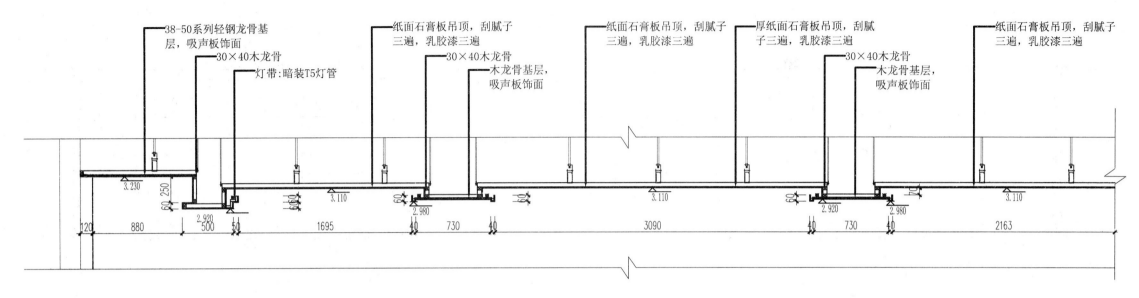

38-50系列轻钢龙骨基
层,吸声板饰面

30×40木龙骨

灯带:暗装T5灯管

纸面石膏板吊顶,刮腻子
三遍,乳胶漆三遍

30×40木龙骨

木龙骨基层,
吸声板饰面

纸面石膏板吊顶,刮腻子
三遍,乳胶漆三遍

厚纸面石膏板吊顶,刮腻
子三遍,乳胶漆三遍

30×40木龙骨

木龙骨基层,
吸声板饰面

纸面石膏板吊顶,刮腻子
三遍,乳胶漆三遍

办公楼五层会议室顶面B—B剖面图 1:25

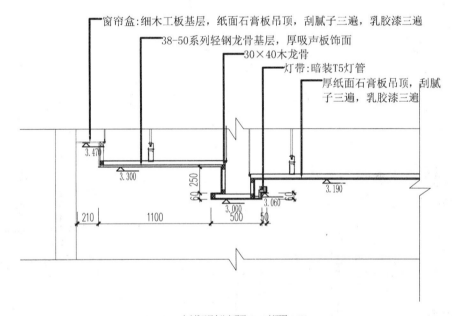

窗帘盒:细木工板基层,纸面石膏板吊顶,刮腻子三遍,乳胶漆三遍

38-50系列轻钢龙骨基层,厚吸声板饰面

30×40木龙骨

灯带:暗装T5灯管

厚纸面石膏板吊顶,刮腻
子三遍,乳胶漆三遍

办公楼五层会议室顶面C—C剖面图 1:25

图 3-62 行政会议室装饰施工图(七)

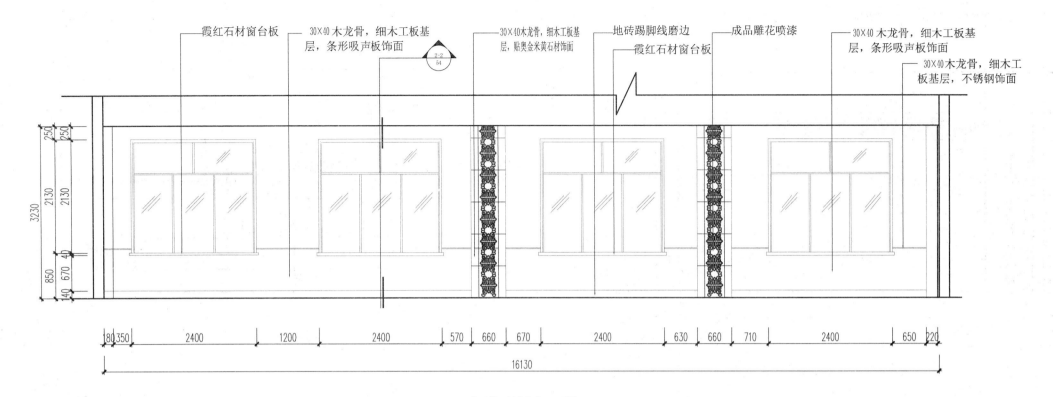

霞红石材窗台板　　　30×40木龙骨，细木工板基层，条形吸声板饰面　　　30×40木龙骨，细木工板基层，贴奥金米黄石材饰面　　　地砖踢脚线磨边　　　成品雕花喷漆　　　30×40木龙骨，细木工板基层，条形吸声板饰面

2-2/54

霞红石材窗台板　　　30×40木龙骨，细木工板基层，不锈钢饰面

250　250
3230　2130　2130
850　670　40　140

80　350　2400　1200　2400　570　660　670　2400　630　660　710　2400　650　220

16130

办公楼五层会议室A立面图1∶50

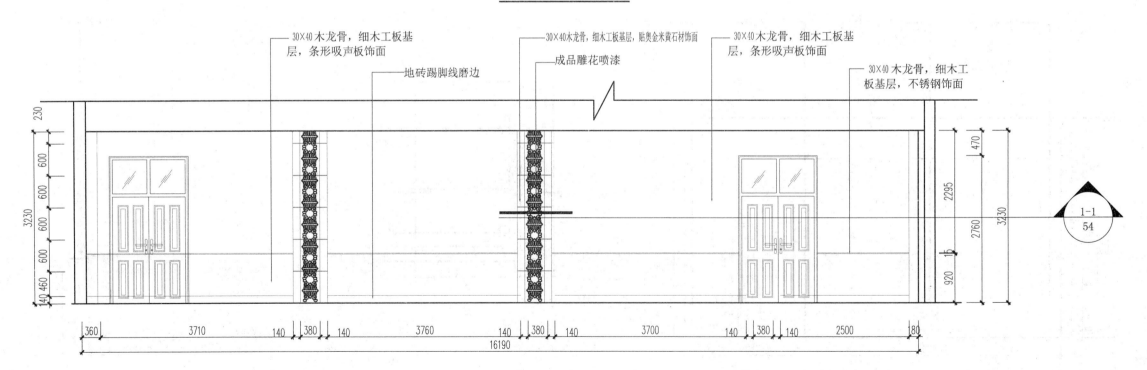

30×40木龙骨，细木工板基层，条形吸声板饰面　　　30×40木龙骨，细木工板基层，贴奥金米黄石材饰面　　　30×40木龙骨，细木工板基层，条形吸声板饰面

地砖踢脚线磨边　　　成品雕花喷漆　　　30×40木龙骨，细木工板基层，不锈钢饰面

230
3230　600　600　600　600　140　460

470
2295
1-1/54
3230　2760
920　15

360　3710　140　380　140　3760　140　380　140　3700　140　380　140　2500　80

16190

办公楼五层会议室C立面图1∶50

图 3-62　行政会议室装饰施工图(八)

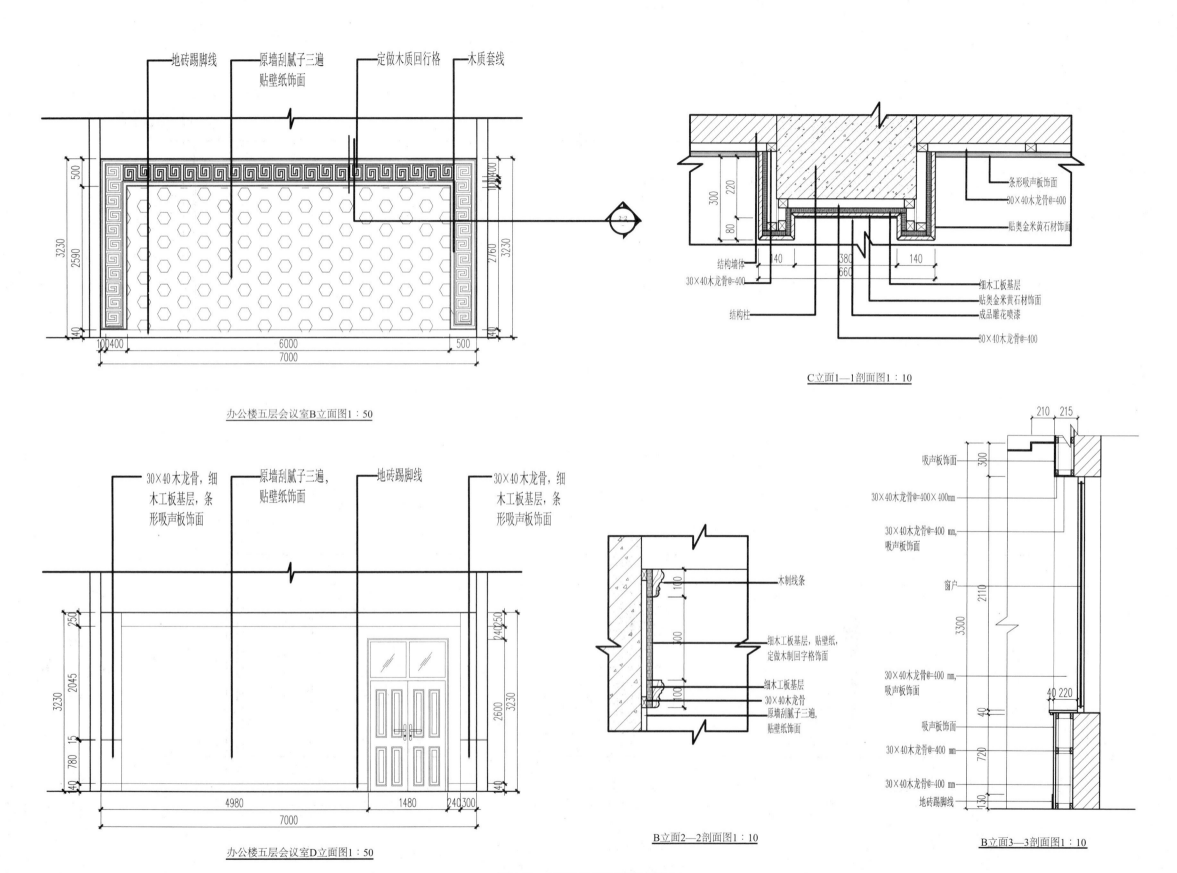

地砖踢脚线　　原墙刮腻子三遍　　定做木质回行格　　木质套线
　　　　　　　贴壁纸饰面

条形吸声板饰面
30×40木龙骨@=400
贴奥金米黄石材饰面

结构墙体
30×40木龙骨@=400
结构柱

细木工板基层
贴奥金米黄石材饰面
成品雕花喷漆
30×40木龙骨@=400

C立面1—1剖面图1：10

办公楼五层会议室B立面图1：50

30×40木龙骨，细　　原墙刮腻子三遍，　　地砖踢脚线　　30×40木龙骨，细
木工板基层，条　　　贴壁纸饰面　　　　　　　　　　　　木工板基层，条
形吸声板饰面　　　　　　　　　　　　　　　　　　　　　形吸声板饰面

木制线条

细木工板基层，贴壁纸，
定做木制回字格饰面

细木工板基层
30×40木龙骨
原墙刮腻子三遍，
贴壁纸饰面

吸声板饰面
30×40木龙骨@=400×400mm
30×40木龙骨@=400mm，
吸声板饰面

窗户

30×40木龙骨@=400mm，
吸声板饰面

吸声板饰面
30×40木龙骨@=400
30×40木龙骨@=400mm
地砖踢脚线

办公楼五层会议室D立面图1：50

B立面2—2剖面图1：10

B立面3—3剖面图1：10

图3-62　行政会议室装饰施工图(九)

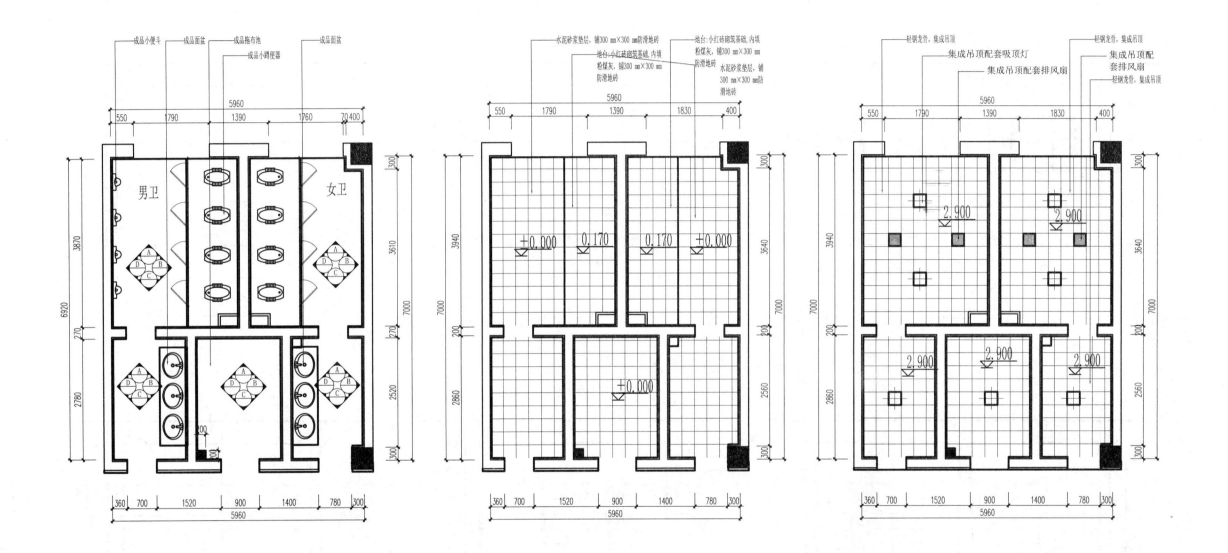

成品小便斗　　成品面盆　　成品拖布池　　　　成品面盆
　　　　　成品小蹲便器

男卫　　女卫

5960
550　　1790　　1390　　1760　70 400

3870
270
2780
6920

3610
270
2520
7000
300
300

360　700　1520　900　1400　780　300
5960

卫生间平面图1:100

水泥砂浆垫层，铺300 mm×300 mm防滑地砖　　地台:小红砖砌筑基础，内填
地台:小红砖砌筑基础，内填　　　　　粉煤灰，铺300 mm×300 mm
粉煤灰，铺300 mm×300 mm　　　　防滑地砖
防滑地砖　　　　　　　　　　水泥砂浆垫层，铺
　　　　　　　　　　　　300 mm×300 mm防
　　　　　　　　　　　　滑地砖

5960
550　　1790　　1390　　1830　　400

+0.000　　0.170　　0.170　　+0.000

+0.000

3940
200
2860
7000

3640
200
2560
300
300

360　700　1520　900　1400　780　300
5960

卫生间地面图1:100

轻钢龙骨，集成吊顶　　　　　轻钢龙骨，集成吊顶
集成吊顶配套吸顶灯
集成吊顶配套排风扇　　　集成吊顶配
　　　　　　套排风扇
　　　　轻钢龙骨，集成吊顶

5960
550　　1790　　1390　　1830　　400

2.900　　　　2.900

2.900　　2.900　　2.900

3940
200
2860
7000

3640
200
2560
300
300

360　700　1520　900　1400　780　300
5960

卫生间吊顶图1:100

图3-63　卫生间装饰施工图(一)

- 163 -

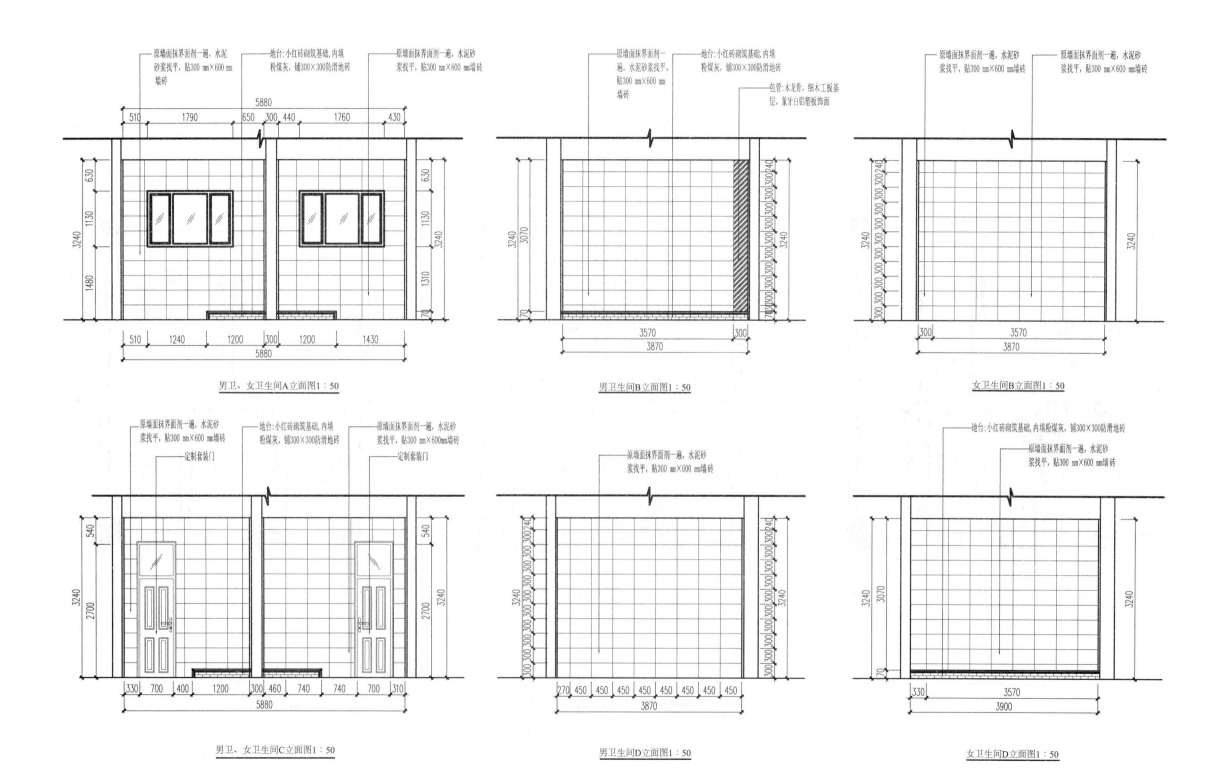

原墙面抹界面剂一遍，水泥砂浆找平，贴300 mm×600 mm墙砖
地台:小红砖砌筑基础，内填粉煤灰，铺300×300防滑地砖
原墙面抹界面剂一遍，水泥砂浆找平，贴300 mm×600 mm墙砖

5880
510　1790　650　300　440　1760　430

630
1130
3240
1480

510　1240　1200　300　1200　1430
5880

男卫、女卫生间A立面图1∶50

原墙面抹界面剂一遍，水泥砂浆找平，贴300 mm×600 mm墙砖
地台:小红砖砌筑基础，内填粉煤灰，铺300×300防滑地砖
包管:木龙骨，细木工板基层，象牙白铝塑板饰面

3240
3070

3570　300
3870

男卫生间B立面图1∶50

原墙面抹界面剂一遍，水泥砂浆找平，贴300 mm×600 mm墙砖
原墙面抹界面剂一遍，水泥砂浆找平，贴300 mm×600 mm墙砖

3240
3240

300　3570
3870

女卫生间B立面图1∶50

原墙面抹界面剂一遍，水泥砂浆找平，贴300 mm×600 mm墙砖
定制套装门
地台:小红砖砌筑基础，内填粉煤灰，铺300×300防滑地砖
原墙面抹界面剂一遍，水泥砂浆找平，贴300 mm×600 mm墙砖
定制套装门

540
3240
2700

540
3240
2700

330　700　400　1200　300　460　740　740　700　310
5880

男卫、女卫生间C立面图1∶50

原墙面抹界面剂一遍，水泥砂浆找平，贴300 mm×600 mm墙砖

3240

270　450　450　450　450　450　450　450
3870

男卫生间D立面图1∶50

地台:小红砖砌筑基础，内填粉煤灰，铺300×300防滑地砖
原墙面抹界面剂一遍，水泥砂浆找平，贴300 mm×600 mm墙砖

3240
3070

330　3570
3900

女卫生间D立面图1∶50

图 3-63　卫生间装饰施工图(二)

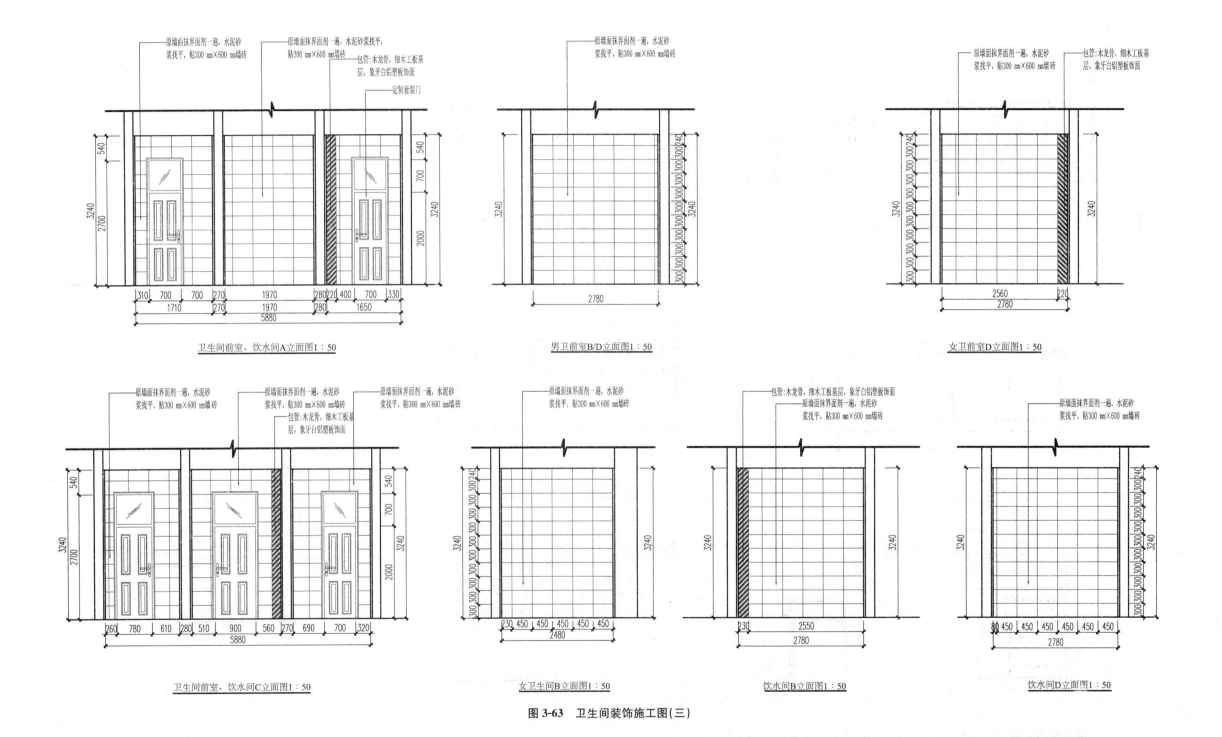

原墙面抹界面剂一遍，水泥砂浆找平，贴300 mm×600 mm墙砖

原墙面抹界面剂一遍，水泥砂浆找平，贴300 mm×600 mm墙砖

包管:木龙骨,细木工板基层,象牙白铝塑板饰面

定制套装门

原墙面抹界面剂一遍，水泥砂浆找平，贴300 mm×600 mm墙砖

原墙面抹界面剂一遍，水泥砂浆找平，贴300 mm×600 mm墙砖

包管:木龙骨,细木工板基层,象牙白铝塑板饰面

卫生间前室、饮水间A立面图1：50

男卫前室B/D立面图1：50

女卫前室D立面图1：50

原墙面抹界面剂一遍，水泥砂浆找平，贴300 mm×600 mm墙砖

原墙面抹界面剂一遍，水泥砂浆找平，贴300 mm×600 mm墙砖

原墙面抹界面剂一遍，水泥砂浆找平，贴300 mm×600 mm墙砖

包管:木龙骨,细木工板基层,象牙白铝塑板饰面

原墙面抹界面剂一遍，水泥砂浆找平，贴300 mm×600 mm墙砖

包管:木龙骨,细木工板基层,象牙白铝塑板饰面

原墙面抹界面剂一遍，水泥砂浆找平，贴300 mm×600 mm墙砖

原墙面抹界面剂一遍，水泥砂浆找平，贴300 mm×600 mm墙砖

卫生间前室、饮水间C立面图1：50

女卫生间B立面图1：50

饮水间B立面图1：50

饮水间D立面图1：50

图 3-63　卫生间装饰施工图(三)

· 165 ·

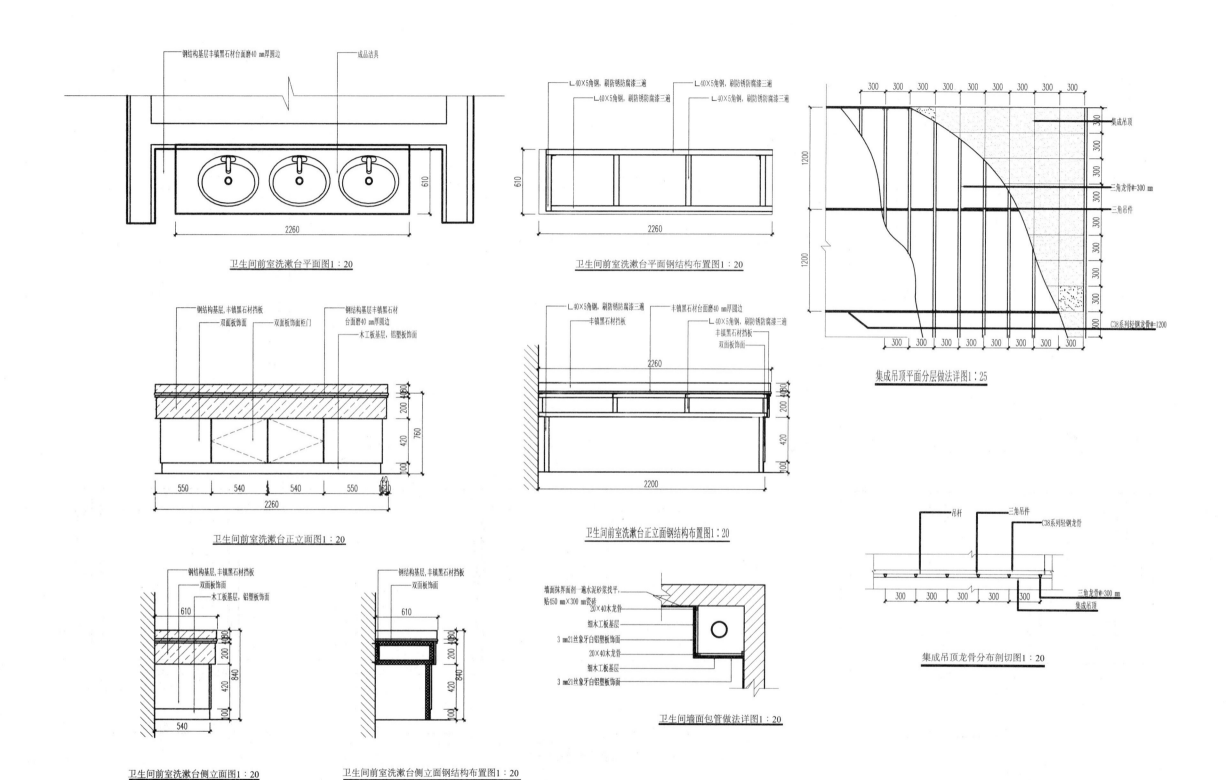

钢结构基层丰镇黑石材台面磨40 mm厚圆边　　成品洁具

610

2260

卫生间前室洗漱台平面图1∶20

L40×5角钢，刷防锈防腐漆三遍　　L40×5角钢，刷防锈防腐漆三遍

L40×5角钢，刷防锈防腐漆三遍　　L40×5角钢，刷防锈防腐漆三遍

610

2260

卫生间前室洗漱台平面钢结构布置图1∶20

300 300 300 300 300 300 300 300 300

集成吊顶

300

1200

三角龙骨#=300 mm

三角吊件

300

300

1200

C38系列轻钢龙骨#=1200

300 300 300 300 300 300 300 300 300

集成吊顶平面分层做法详图1∶25

钢结构基层，丰镇黑石材挡板
双面板饰面
双面板饰面柜门
钢结构基层丰镇黑石材台面磨40 mm厚圆边
木工板基层，铝塑板饰面

200 40
200
420
760
100

550 540 540 550 40
2260

卫生间前室洗漱台正立面图1∶20

L40×5角钢，刷防锈防腐漆三遍　　丰镇黑石材台面磨40 mm厚圆边
丰镇黑石材挡板　　L40×5角钢，刷防锈防腐漆三遍
丰镇黑石材挡板
双面板饰面

2260

200 40
200
420
100

2200

卫生间前室洗漱台正立面钢结构布置图1∶20

吊杆　　三角吊件　　C38系列轻钢龙骨

300 300 300 300 300

三角龙骨#=300 mm
集成吊顶

集成吊顶龙骨分布剖切图1∶20

钢结构基层，丰镇黑石材挡板
双面板饰面
木工板基层，铝塑板饰面

610

200 40
200
840
420
100

540

卫生间前室洗漱台侧立面图1∶20

钢结构基层，丰镇黑石材挡板
双面板饰面

610

200 40
200
840
420
100

卫生间前室洗漱台侧立面钢结构布置图1∶20

墙面抹界面剂一遍水泥砂浆找平，
贴450 mm×300 mm瓷砖
20×40木龙骨
细木工板基层
3 mm21丝象牙白铝塑板饰面
20×40木龙骨
细木工板基层
3 mm21丝象牙白铝塑板饰面

卫生间墙面包管做法详图1∶20

图3-63　卫生间装饰施工图(四)

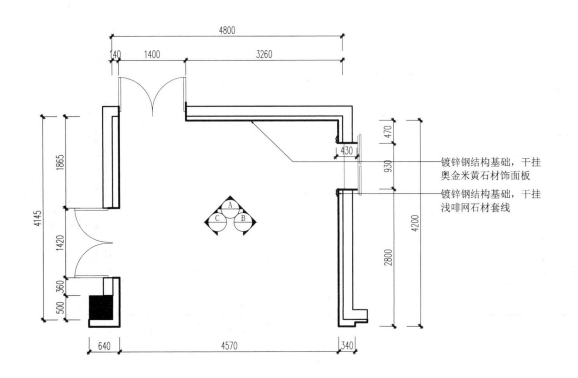

镀锌钢结构基础，干挂奥金米黄石材饰面板

镀锌钢结构基础，干挂浅啡网石材套线

办公楼一~五层电梯间平面图1:50

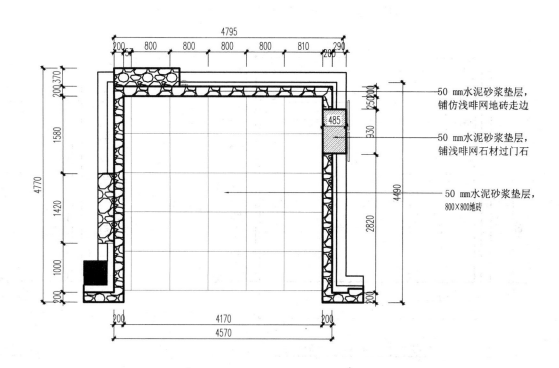

50 mm水泥砂浆垫层，铺仿浅啡网地砖走边

50 mm水泥砂浆垫层，铺浅啡网石材过门石

50 mm水泥砂浆垫层，800×800地砖

办公楼一~五层电梯间地面图1:50

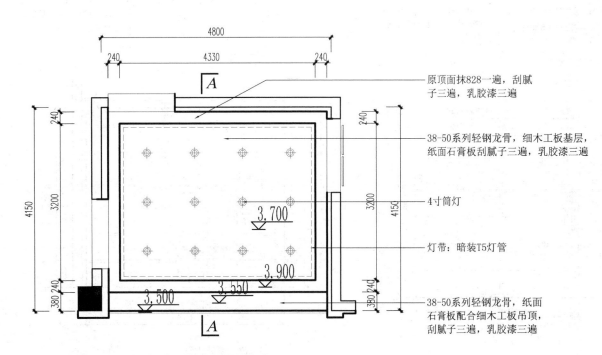

原顶面抹828一遍，刮腻子三遍，乳胶漆三遍

38-50系列轻钢龙骨，细木工板基层，纸面石膏板刮腻子三遍，乳胶漆三遍

4寸筒灯

灯带：暗装T5灯管

38-50系列轻钢龙骨，纸面石膏板配合细木工板吊顶，刮腻子三遍，乳胶漆三遍

办公楼一~五层电梯间顶面图1:50

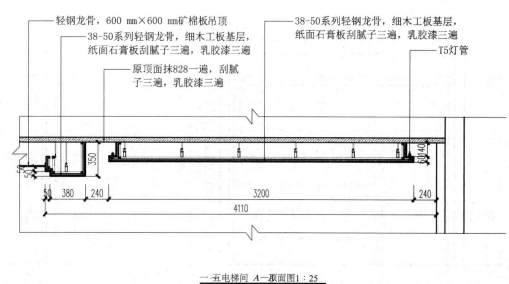

轻钢龙骨，600 mm×600 mm矿棉板吊顶

38-50系列轻钢龙骨，细木工板基层，纸面石膏板刮腻子三遍，乳胶漆三遍

原顶面抹828一遍，刮腻子三遍，乳胶漆三遍

38-50系列轻钢龙骨，细木工板基层，纸面石膏板刮腻子三遍，乳胶漆三遍

T5灯管

一~五电梯间 A—顶面图1:25

图3-64　电梯、楼梯间装饰施工图(一)

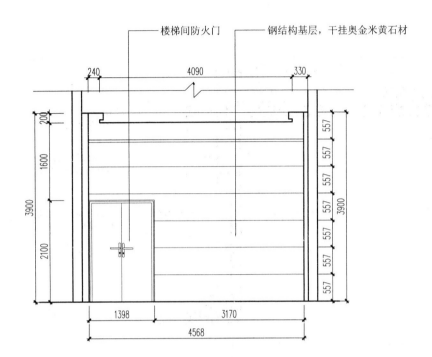

楼梯间防火门　　　钢结构基层，干挂奥金米黄石材

办公楼一~五层电梯间A立面图1：50

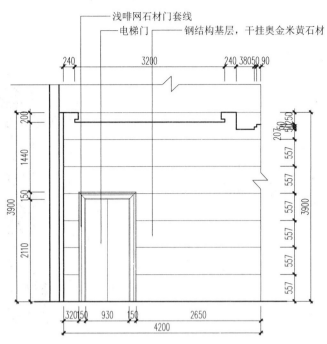

浅啡网石材门套线
电梯门　　钢结构基层，干挂奥金米黄石材

办公楼一~五层电梯间B立面图1：50

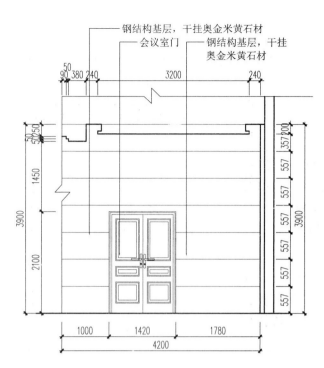

钢结构基层，干挂奥金米黄石材
会议室门　　钢结构基层，干挂奥金米黄石材

办公楼一~五层电梯间C立面图1：50

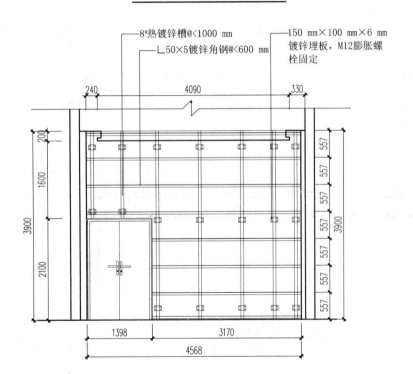

8#热镀锌槽@<1000 mm
L 50×5镀锌角钢@<600 mm
150 mm×100 mm×6 mm 镀锌埋板，M12膨胀螺栓固定

办公楼一~五层电梯间A立面钢龙骨排布图1：50

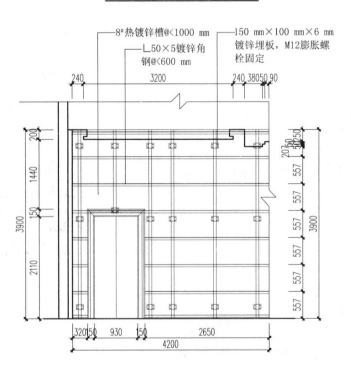

8#热镀锌槽@<1000 mm
L 50×5镀锌角钢@<600 mm
150 mm×100 mm×6 mm 镀锌埋板，M12膨胀螺栓固定

办公楼一~五层电梯间B立面钢龙骨排布图1：50

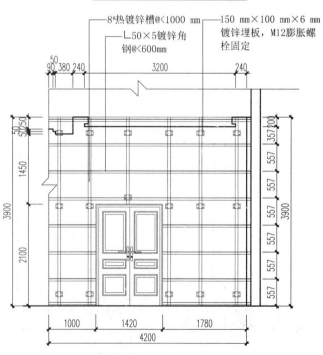

8#热镀锌槽@<1000 mm
L 50×5镀锌角钢@<600mm
150 mm×100 mm×6 mm 镀锌埋板，M12膨胀螺栓固定

办公楼一~五层电梯间C立面钢龙骨排布图1：50

图 3-64　电梯、楼梯间装饰施工图（二）

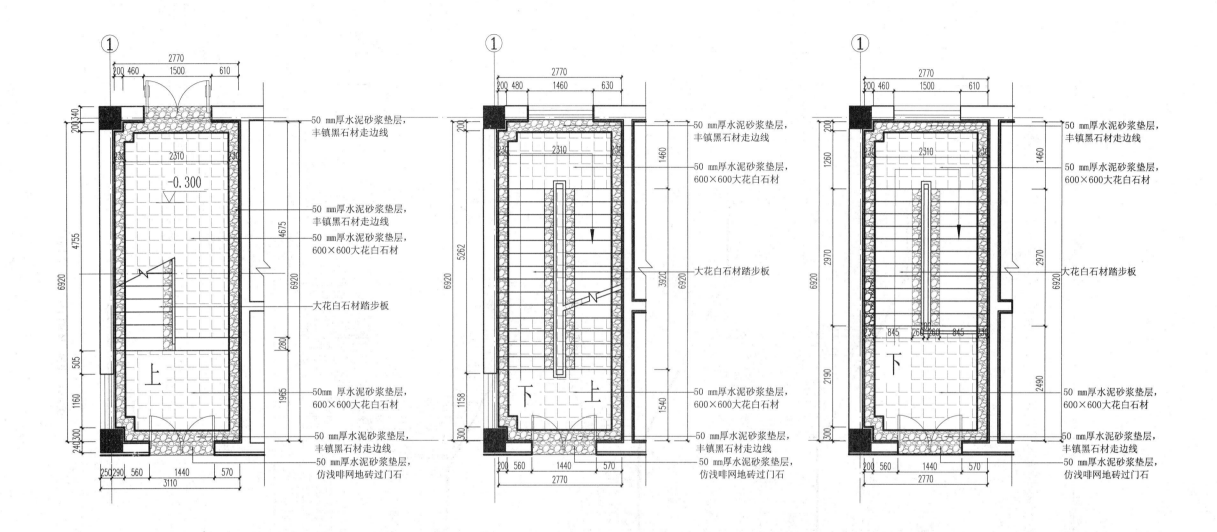

办公楼1号楼梯一层平面图1：50　　　　　　办公楼1号楼梯二~四层平面图1：50　　　　　　办公楼1号楼梯五层平面图1：50

图 3-64　电梯、楼梯间装饰施工图（三）

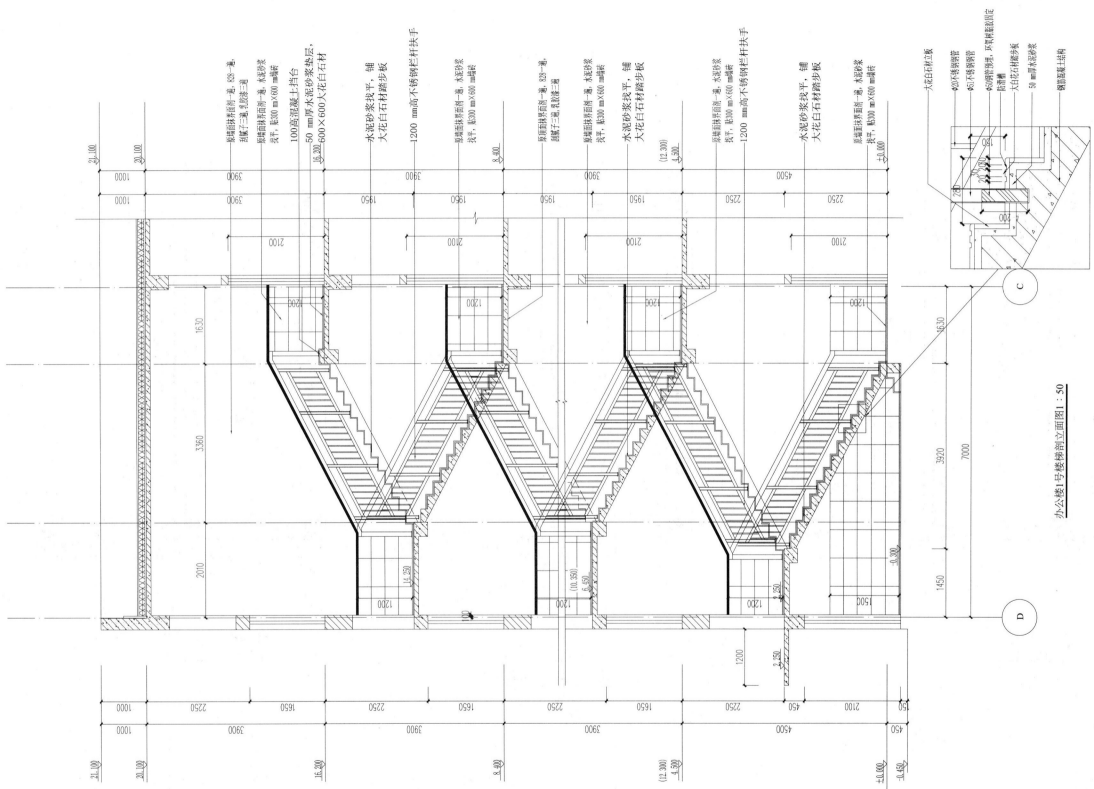

办公楼1号楼梯剖立面图1 : 50

图3-64 电梯、楼梯间装饰施工图（四）

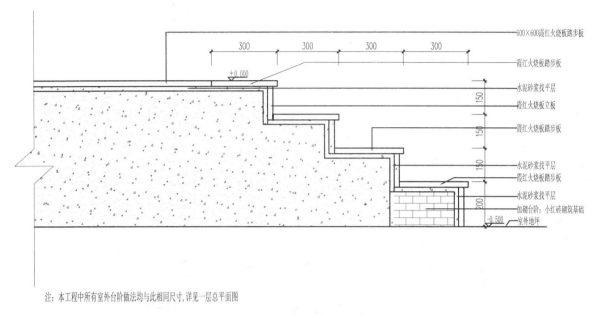

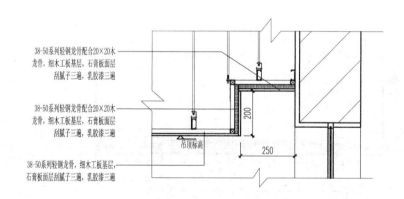

注: 本工程中所有室外台阶做法均与此相同尺寸,详见一层总平面图

室外台阶节点图1:10

办公楼阳面窗窗帘盒详图1:10

注: 本工程中共做地面检修口4个,做法及大小均与此相同

走廊地面检修口详图1:10

办公楼阴面窗窗帘盒详图1:10

图3-65 其他装饰施工图(一)

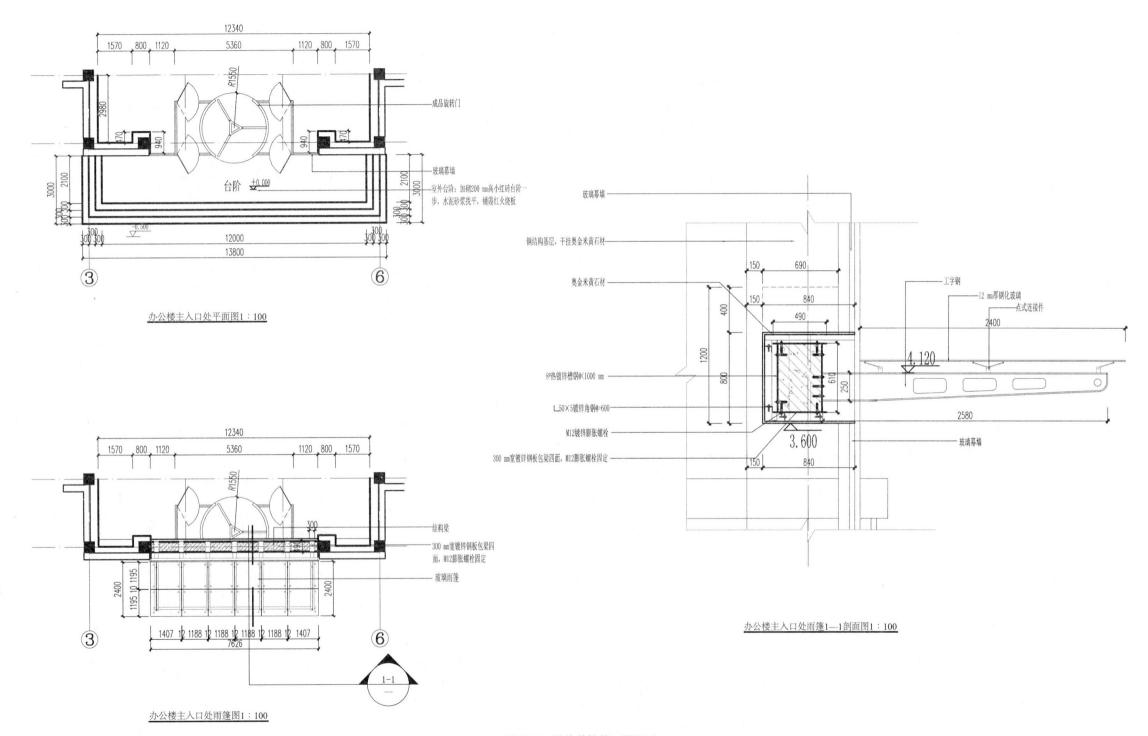

成品旋转门

玻璃幕墙

室外台阶：加砌200 mm高小红砖台阶一步，水泥砂浆找平，铺霞红火烧板

台阶 ±0.000

办公楼主入口处平面图1：100

③ ⑥

玻璃幕墙

钢结构基层，干挂奥金米黄石材

奥金米黄石材

工字钢

12 mm厚钢化玻璃

点式连接件

4.120

8#热镀锌槽钢#K1000 mm

L 50×5镀锌角钢#=600

M12镀锌膨胀螺栓

3.600

300 mm宽镀锌钢板包梁四面，M12膨胀螺栓固定

玻璃幕墙

办公楼主入口处雨篷1—1剖面图1：100

结构梁

300 mm宽镀锌钢板包梁四面，M12膨胀螺栓固定

玻璃雨篷

1—1

办公楼主入口处雨篷图1：100

③ ⑥

图3-65 其他装饰施工图（二）

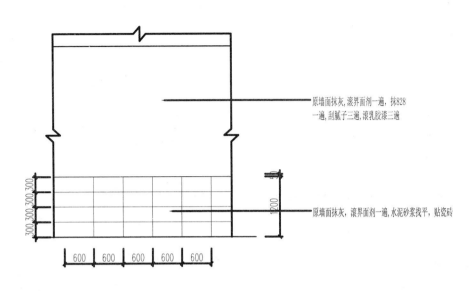

原墙面抹灰,滚界面剂一遍,抹828一遍,刮腻子三遍,滚乳胶漆三遍

原墙面抹灰,滚界面剂一遍,水泥砂浆找平,贴瓷砖

走廊墙面立面图1:50

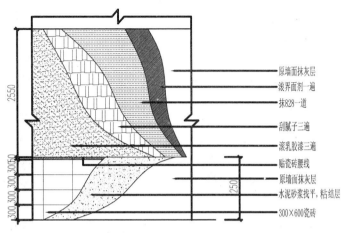

原墙面抹灰层
滚界面剂一遍
抹828一道
刮腻子三遍
滚乳胶漆三遍
贴瓷砖腰线
原墙面抹灰层
水泥砂浆找平,粘结层
300×600瓷砖

走廊墙面做法示意图1:50

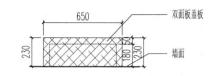

双面板盖板
墙面

分水器安置柜平面图1:20

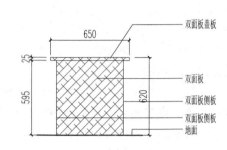

双面板盖板
双面板
双面板侧板
双面板侧板
地面

分水器安置柜立面图1:20

注:办公楼一~五层做分水器安置柜,共计40套

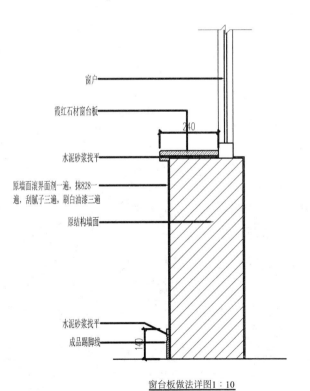

窗户
霞红石材窗台板
水泥砂浆找平
原墙面滚界面剂一遍,抹828一遍,刮腻子三遍,刷白油漆三遍
原结构墙面
水泥砂浆找平
成品踢脚线

窗台板做法详图1:10

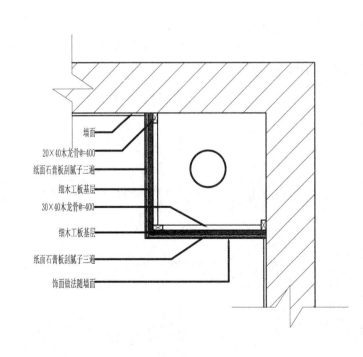

墙面
20×40木龙骨@=400
纸面石膏板刮腻子三遍
细木工板基层
30×40木龙骨@=400
细木工板基层
纸面石膏板刮腻子三遍
饰面做法随墙面

墙面包管做法详图1:10

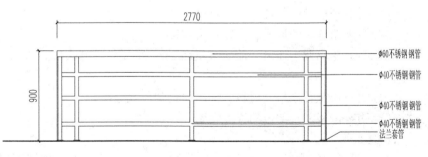

φ60不锈钢钢管
φ40不锈钢钢管
φ40不锈钢钢管
φ40不锈钢钢管
法兰套管

室外护栏大样图1:25

图3-65 其他装饰施工图(三)

装饰施工图综合实训完成成果

(1)装饰平面布置图,任选一层(比例1:100)。

(2)装饰地面布置图,任选一层(比例1:100)。

(3)装饰吊顶棚平面布置图,任选一层(比例1:100)。

(4)校长室、会议室和行政会议室装饰施工图,任选一套(比例1:100)。

(5)共享大厅、接待室、卫生间装饰施工图,任选一套(比例1:100)。

(6)详图(比例1:5~1:50)。

(7)要求:用白纸、铅笔绘制;以A2(2号)幅面为主,必要时可采用A2加长幅面,少量图可采用A3幅面,图纸封面和目录采用A2幅面。

综合实训的图纸内容与深度要求

1. 平面图

(1)装饰平面施工图。

①标明室内平面功能的组织、房间的布局;

②原有建筑的轴线、编号及尺寸;

③标明建筑平面布置、空间的划分及分隔尺寸;

④标明家具、设备布局及尺寸、数量、材质;

⑤标明楼地面的平面位置、形状、材料、分格尺寸及工程做法;

⑥标明有关部位的详图索引;

⑦标明平面中各立面图内视符号;

⑧标明门、窗的位置尺寸和开启方向及走道、楼梯、防火通道、安全门、防火门或其他流动空间的位置和尺寸;

⑨标明台阶、水池、组景、踏步、雨篷、阳台及绿化等设施、装饰小品的平面轮廓与位置尺寸。

(2)顶棚平面施工图。

①原有建筑平面图和轴线编号及尺寸;

②标明顶棚造型的位置、形状及尺寸;

③标明天花灯具的形式、位置及尺寸;

④标明天花空调、通风、消防等设备的位置,空调出风口、通风回风口,设备形状及尺寸;

⑤标明吊顶龙骨规格及材料、饰面材料颜色及品质;

⑥标明有造型复杂部位的详图索引。

2. 立面图

(1)标明室内轮廓线,墙面与吊顶的收口形式,可见的灯具投影图形等。

(2)标明墙面装饰造型及陈设(如壁挂、工艺品等)、门窗、墙面造型壁灯、暖气罩等内容。

(3)标明饰面材料、造型及分格等。做法的标注采用细实线引出。图外标注1~2道竖向及水平向尺寸,以及楼地面、顶棚等的装饰标高;图内应标注主要装饰造型尺寸。

(4)标明立面装饰的造型,饰面材料的品名、规格、色彩和工艺要求。

(5)标明依附墙体的固定家具及造型。

(6)标明各种饰面材料的连接收口形式。

(7)标明索引符号、说明文字、图名及比例等。

3. 剖面图及节点详图

(1)剖开部位的构造层次。

(2)标明造型材料之间的连接方法。

(3)标明构造做法和造型尺寸。

(4)标明装饰结构和装饰面上的设备安装方式和固定方法。

(5)标明装饰造型材料和建筑主体结构之间的连接方式与衔接尺寸。

(6)标明节点和构配件的详图索引。

时间分配

本课程设计以专用周的形式进行,大纲计入学时28学时,学生实际需用6天时间完成。

(1)熟悉任务书(0.5天)。

(2)装饰平面和地面布置图绘制(2天)。

(3)顶棚平面图绘制(1.5天)。

(4)剖面图及节点详图绘制(1.5天)。

(5)设计说明绘制(0.5天)。

设计步骤和方法

同单元3项目1。

设计成绩考评

同单元3项目1。

实训中参考资料目录

(1)教材有关内容。

(2)《建筑内部装修设计防火规范》(GB 50222—2017)。

附录　实训参考资料

附录1　常用装饰构造设计参考尺寸

1. 墙面

(1)踢脚板高：100～150 mm。

(2)墙裙高：800～1500 mm。

(3)挂镜线高：1600～1800 mm(画中心距地面高度)。

2. 餐厅

(1)餐桌高：750～790 mm。

(2)餐椅高：420～440 mm。

(3)圆桌直径：二人 500 mm；三人 800 mm；四人 900 mm；五人 1100 mm；六人 1100～1250 mm；八人 1300 mm；十人 1500 mm；十二人 1800 mm。

(4)方餐桌尺寸：二人 700 mm×850 mm；四人 1350 mm×850 mm；八人 2250 mm×850 mm。

(5)餐桌转盘直径：700～800 mm。

(6)餐桌间距：(其中座椅占 500 mm)应大于 500 mm。

(7)主通道宽：1200～1300 mm。

(8)内部工作道宽：600～900 mm。

(9)酒吧台：高 900～1050 mm；宽 500 mm。

(10)酒吧凳高：600～750 mm。

3. 商场营业厅

(1)单边双人走道宽：1600 mm。

(2)双边双人走道宽：2000 mm。

(3)双边三人走道宽：2300 mm。

(4)双边四人走道宽：3000 mm。

(5)营业员柜台走道宽：800 mm。

(6)营业员货柜台：厚 600 mm；高 800～1000 mm。

(7)单头背立货架：厚 300～500 mm；高 1800～2300 mm。

(8)双头背立货架：厚 600～800 mm；高 1800～2300 mm。

(9)小商品橱窗：厚 500～800 mm；高 400～1200 mm。

(10)陈列地台高：400～800 mm。

(11)敞开式货架：400～600 mm。

(12)放射式售货架：直径 2000 mm。

(13)收款台：长 1600 mm；宽 600 mm。

4. 饭店客房

(1)标准面积：大 25 m²；中 16～18 m²；小 16 m²。

(2)床：高 400～450 mm；床屏高 850～950 mm。

(3)床头柜：高 500～700 mm；宽 500～800 mm。

(4)写字台：长 1100～1500 mm；宽 450～600 mm；高 700～750 mm。

(5)行李台：长 910～1070 mm；宽 500 mm；高 400 mm。

(6)衣柜：宽 800～1200 mm；高 1600～2000 mm；深 500 mm。

(7)沙发：宽 600～800 mm；高 350～400 mm；靠背高 1000 mm。

(8)衣架高：1700～1900 mm。

5. 卫生间

(1)卫生间面积：3～5 m²。

(2)浴缸长度：一般有三种 1220 mm、1520 mm、1680 mm；宽 720 mm；高 450 mm。

(3)坐便器：750 mm×350 mm。

(4)冲洗器：690 mm×350 mm。

(5)洗盆：550×410 mm。

(6)淋浴器高：2100 mm。

(7)洗面台：宽 550～650 mm；高 700～800 mm。

6. 会议室

(1)中心会议室客容量：会议桌边长 600 mm。

(2)环式高级会议室客容量：环形内线长 700～1000 mm。

(3)环式会议室服务通道宽：600～800 mm。

7. 交通空间

(1)楼梯间休息平台净空：等于或大于 2100 mm。

(2)楼梯跑道净空：等于或大于 2300 mm。

(3)客房走廊高：等于或大于 2400 mm。

(4)两侧设座的综合式走廊宽度等于或大于 2500 mm。

(5)楼梯扶手高：850～1100 mm。

(6)门的常用尺寸：宽 850～1000 mm。

(7)窗的常用尺寸：宽 400～1800 mm(不包括组合式窗子)。

(8)窗台高：800～1200 mm。

8. 灯具

(1)大吊灯最小高度：2400 mm。

(2)壁灯高：1500～1800 mm。

(3)反光灯槽最小直径：等于或大于灯管直径两倍。

（4）壁式床头灯高：1200～1400 mm。

（5）照明开关高：1000 mm。

9. 办公家具

（1）办公桌：长 1200～1600 mm；宽 650～760 mm；高 700～750 mm。

（2）办公椅：高 400～450 mm；长×宽 450 mm×450 mm。

（3）沙发：宽 600～800 mm；高 350～400 mm；靠背：1000 mm。

（4）茶几：前置型 900 mm×400 mm×400 mm（高）；中心型 900 mm×900 mm×400 mm、700 mm×700 mm×400 mm；左右型 600 mm×400 mm×400 mm。

（5）书柜：高 1800 mm；宽 1200～1500 mm；深 450～500 mm。

（6）书架：高 1800 mm；宽 1000～1300 mm；深 350～450 mm。

附录2　常用建筑与装饰构造材料图例［摘自《房屋建筑制图统一标准》(GB/T 50001—2017)］

附表1　常用建筑材料图例表

序号	名称	图例	备注
1	自然土壤		包括各种自然土壤
2	夯实土壤		—
3	砂、灰土		—
4	砂砾石、碎砖三合土		—
5	石材		—
6	毛石		—
7	实心砖、多孔砖		包括普通砖、多孔砖、混凝土砖等砌体
8	耐火砖		包括耐酸砖等砌体
9	空心砖、空心砌块		包括空心砖、普通或轻骨料混凝土小型空心砌块等砌体
10	加气混凝土		包括加气混凝土砌块砌体、加气混凝土墙板及加气混凝土材料制品等
11	饰面砖		包括铺地砖、马赛克、陶瓷锦砖、人造大理石等
12	焦渣、矿渣		包括与水泥、石灰等混合而成的材料

序号	名称	图例	备注
13	混凝土		1. 包括各种强度等级、骨料、添加剂的混凝土 2. 在剖面图上绘制表达钢筋时，则不需绘制图例线 3. 断面图形较小，不易绘制表达图例线时，可填黑或深灰（灰度宜70%）
14	钢筋混凝土		
15	多孔材料		包括水泥珍珠岩、沥青珍珠岩、泡沫混凝土、软木、蛭石制品等
16	纤维材料		包括矿棉、岩棉、玻璃棉、麻丝、木丝板、纤维板等
17	泡沫塑料材料		包括聚苯乙烯、聚乙烯、聚氨酯等多孔聚合物类材料
18	木材		1. 上图为横断面，左上图为垫木、木砖或木龙骨 2. 下图为纵断面
19	胶合板		应注明为×层胶合板
20	石膏板		包括圆孔或方孔石膏板、防水石膏板、硅钙板、防火石膏板等
21	金属		1. 包括各种金属 2. 图形小时，可涂黑或深灰（灰度宜70%）
22	网状材料		1. 包括金属、塑料网状材料 2. 应注明具体材料名称
23	液体		应注明具体液体名称
24	玻璃		包括平板玻璃、磨砂玻璃、夹丝玻璃、钢化玻璃、中空玻璃、夹层玻璃、镀膜玻璃等
25	橡胶		—
26	塑料		包括各种软、硬塑料及有机玻璃等
27	防水材料		构造层次多或绘制比例大时，采用上面的图例
28	粉刷		本图例采用较稀的点

注：1. 本表中所列图例通常在 1：50 及以上比例的详图中绘制表达

　　2. 如需表达砖、砌块等砌体墙的承重情况时，可通过在原有建筑材料图例上增加填灰等方式进行区分，灰度宜为 25%左右。

　　3. 序号 1、2、5、7、8、15、21 图例中的斜线、短斜线、交叉斜线等均为 45°。

附表2 常用构造及配件图例表

序号	名称	图例	备注
1	墙体		1. 上图为外墙，下图为内墙 2. 外墙粗线表示有保温层或有幕墙 3. 应加注文字或涂色或图案填充表示各种材料的墙体 4. 在各层平面图中防火墙宜着重以特殊图案填充表示
2	隔断		1. 加注文字或涂色或图案填充表示各种材料的轻质隔断 2. 适用于到顶与不到顶隔断
3	玻璃幕墙		幕墙龙骨是否表示由项目设计决定
4	栏杆		—
5	楼梯		1. 上图为顶层楼梯平面，中图为中间层楼梯平面，下图为底层楼梯平面 2. 需设置靠墙扶手或中间扶手时，应在图中表示
6	坡道		长坡道 上图为两侧垂直的门口坡道，中图为有挡墙的门口坡道，下图为两侧找坡的门口坡道
7	台阶		—
8	平面高差		用于高差小的地面或楼面交接处，并应与门的开启方向协调

序号	名称	图例	备注
9	检查口		左图为可见检查口，右图为不可见检查口
10	孔洞		阴影部分亦可填充灰度或涂色代替
11	坑槽		—
12	墙预留洞、槽		1. 上图为预留洞，下图为预留槽 2. 平面以洞(槽)中心定位 3. 标高以洞(槽)底或中心定位 4. 宜以涂色区别墙体和预留洞(槽)
13	空门洞		h 为门洞高度
14	单面开启单扇门(包括平开或单面弹簧)		1. 门的名称代号用 M 表示 2. 平面图中，下为外，上为内。门开启线为90°、60°或45°，开启弧线宜绘出 3. 立面图中，开启线实线为外开，虚线为内开，开启线交角的一侧为安装合页一侧。开启线在建筑立面图中可不表示，在立面大样图中可根据需要绘出 4. 剖面图中，左为外，右为内 5. 附加纱扇应以文字说明，在平、立、剖面图中均不表示 6. 立面形式应按实际情况绘制
14	双面开启单扇门(包括双面平开或双面弹簧)		
14	双层单扇平开门		
14	单面开启双扇门(包括平开或单面弹簧)		

序号	名称	图例	备注
15	双面开启双扇门（包括双面平开或双面弹簧）		1. 门的名称代号用 M 表示 2. 平面图中，下为外，上为内。门开启线为 90°、60° 或 45°，开启弧线宜绘出 3. 立面图中，开启线实线为外开，虚线为内开。开启线交角的一侧为安装合页一侧。开启线在建筑立面图中可不表示，在立面大样图中可根据需要绘出 4. 剖面图中，左为外，右为内 5. 附加纱扇应以文字说明，在平、立、剖面图中均不表示 6. 立面形式应按实际情况绘制
	双层双扇平开门		
16	折叠门		1. 门的名称代号用 M 表示 2. 平面图中，下为外，上为内 3. 立面图中，开启线实线为外开，虚线为内开，开启线交角的一侧为安装合页一侧 4. 剖面图中，左为外，右为内 5. 立面形式应按实际情况绘制
	推拉折叠门		
17	墙洞外单扇推拉门		1. 门的名称代号用 M 表示 2. 平面图中，下为外，上为内 3. 剖面图中，左为外，右为内 4. 立面形式应按实际情况绘制
	墙洞外双扇推拉门		
	墙中单扇推拉门		1. 门的名称代号用 M 表示 2. 立面形式应按实际情况绘制
	墙中双扇推拉门		

序号	名称	图例	备注
18	推杠门		1. 门的名称代号用 M 表示 2. 平面图中，下为外，上为内。门开启线为 90°、60° 或 45° 3. 立面图中，开启线实线为外开，虚线为内开，开启线交角的一侧为安装合页一侧。开启线在建筑立面图中可不表示，在室内设计门窗立面大样图中需绘出 4. 剖面图中，左为外，右为内 5. 立面形式应按实际情况绘制
19	门连窗		
20	单层推拉窗		1. 窗的名称代号用 C 表示 2. 立面形式应按实际情况绘制
	双层推拉窗		
21	上推窗		1. 窗的名称代号用 C 表示 2. 立面形式应按实际情况绘制
22	高窗		1. 窗的名称代号用 C 表示 2. 立面图中，开启线实线为外开，虚线为内开。开启线交角的一侧为安装合页一侧。开启线在建筑立面图中可不表示，在门窗立面大样图中需绘出 3. 剖面图中，左为外，右为内 4. 立面形式应按实际情况绘制 5. h 表示高窗底距本层地面高度 6. 高窗开启方式参考其他窗型
23	平推窗		1. 窗的名称代号用 C 表示 2. 立面形式应按实际情况绘制

附录 4　建筑与装饰建筑施工图中常用符号

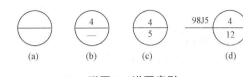

附图 1　详图索引

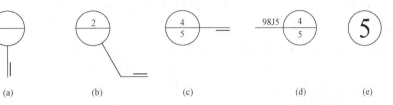

附图 2　用于详图剖面的索引符号

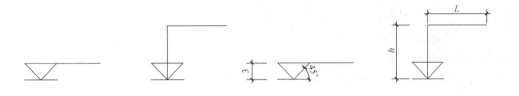

附图 3　标高符号

附图 4　总平面室外地坪标高符号 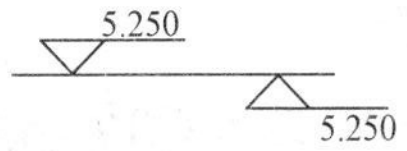　　　附图 5　建筑标高的指向

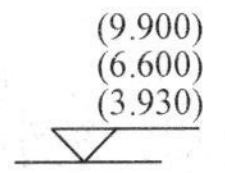

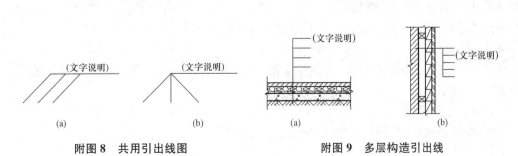

附图 6　同一位置注写多个标高数字 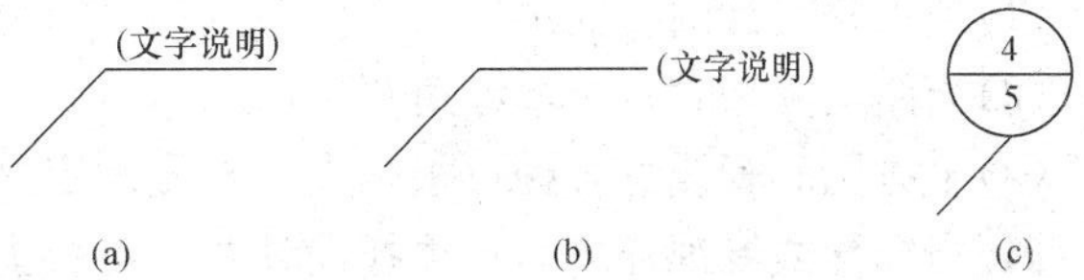　　　附图 7　引出线

附图 8　共用引出线图　　　附图 9　多层构造引出线

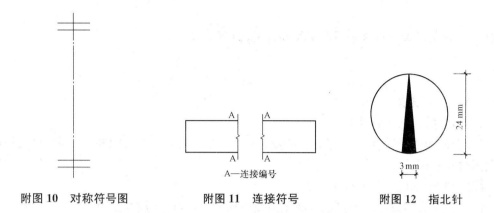

附图 10　对称符号图　　　附图 11　连接符号　　　附图 12　指北针

附录 5　建筑与装饰建筑施工图中常用图线的线型、线宽及用途

附表 3　常用图线的线型、线宽及用途表

名称		线型	线宽	用途
实线	粗		b	主要可见轮廓线。 平面图及剖面图中被剖到部分的轮廓线、建筑物或构筑物的外轮廓线、结构图中的钢筋线、剖切位置线、地面线、详图符号的圆圈、图纸的图框线
	中		$0.5b$	可见轮廓线。 剖面图中未被剖到但能看到需要画出的轮廓线、标注尺寸起止 45°短线、剖面图及立面图上门窗等构配件外轮廓线、家具和装饰结构轮廓线
	细		$0.25b$	尺寸线、尺寸界线、引出线及材料图例线、索引符号的圆圈、标高符号线、重合断面的轮廓线、较小图样中的中心线
虚线	粗		b	总平面图及运输图中的地下建筑物或构筑物，如房屋地下通道、地沟等中心线
	中		$0.5b$	需要画出的看不见的轮廓线、拟建的建筑工程轮廓线
	细		$0.25b$	不可见轮廓线、平面图上高窗位置线、搁板（吊柜）的轮廓线
点画线	粗		b	结构图中梁、屋架位置线，吊车轨道线
	中		$0.5b$	土方填挖区的零点线
	细		$0.25b$	中心线、定位轴线、对称线
双点画线	粗		b	预应力钢筋线
	中		$0.5b$	见各有关专业制图标准
	细		$0.25b$	假想轮廓线、成型前轮廓线
折断线			$0.25b$	用以表示假想折断的边缘
波浪线			$0.25b$	构造层次断开界线

附录6 《建筑工程设计文件编制深度规定》部分摘录

施工图设计

4.1 一般要求

4.1.1 施工图设计文件

（1）合同要求所涉及的所有专业的设计图纸（含图纸目录、说明和必要的设备材料表），以及图纸总封面。

（2）合同要求的工程预算书。

注：对于方案设计后直接进入施工图设计的项目，若合同未要求编制工程预算书，施工图设计文件应包括工程概算书。

4.1.2 总封面应标明以下内容：

（1）项目名称。

（2）编制单位名称。

（3）项目的设计编号。

（4）设计阶段。

（5）编制单位法定代表人、技术总负责人和项目总负责人的姓名及其签字或授权盖章。

（6）编制年月（即出图年、月）。

4.2 总平面

4.2.1 在施工图设计阶段，总平面专业设计文件应包括图纸目录、设计说明、设计图纸、计算书。

4.2.2 图纸目录

应先列新绘制的图纸，后列选用的标准图和重复利用图。

4.2.3 设计说明

一般工程分别写在有关的图纸上。如重复利用某工程的施工图图纸及其说明书时，应详细注明其编制单位、工程名称、设计编号和编制日期，列出主要技术经济指标表（此表也可列在总平面图上）。

4.2.4 总平面图

（1）保留的地形和地物。

（2）测量坐标网、坐标值。

（3）场地四界的测量坐标（或定位尺寸），道路红线和建筑红线或用地界线的位置。

（4）场地四邻原有及规划道路的位置（主要坐标值或定位尺寸），以及主要建筑物和构筑物的位置、名称、层数。

（5）建筑物、构筑物（人防工程、地下车库、油库、贮水池等隐蔽工程以虚线表示）的名称或编号、层数、定位（坐标或相互关系尺寸）。

（6）广场、停车场、运动场地、道路、无障碍设施、排水沟、挡土墙、护坡的定位（坐标或相互关系）尺寸。

（7）指北针或风玫瑰图。

（8）建筑物、构筑物使用编号时，应列出"建筑物和构筑物名称编号表"。

（9）注明施工图设计的依据、尺寸单位、比例、坐标及高程系统（如为场地建筑坐标网

时，应注明与测量坐标网的相互关系）、补充图例等。

4.2.5 竖向布置图

（1）场地测量坐标网、坐标值。

（2）场地四邻的道路、水面、地面的关键性标高。

（3）建筑物、构筑物名称或编号、室内外地面设计标高。

（4）广场、停车场、运动场地的设计标高。

（5）道路、排水沟的起点、变坡点、转折点和终点的设计标高（路面中心和排水沟顶及沟底）、纵坡度、纵坡距、关键性坐标，道路表明双面坡或单面坡，必要时标明道路平曲线及竖曲线要素。

（6）挡土墙、护坡或土坎顶部和底部的主要设计标高及护坡坡度。

（7）用坡向箭头表明地面坡向，当对场地平整要求严格或地形起伏较大时，可用设计等高线表示。

（8）指北针或风玫瑰图。

（9）注明尺寸单位、比例、补充图例等。

4.2.6 土方图（略）

4.2.7 管道综合图（略）

4.2.8 绿化及建筑小品布置图

（1）绘出总平面布置。

（2）绿地（含水面）、人行步道及硬质铺地的定位。

（3）建筑小品的位置（坐标或定位尺寸）、设计标高、详图索引。

（4）指北针。

（5）注明尺寸单位、比例、图例、施工要求等。

4.2.9 详图

道路横断面、路面结构、挡土墙、护坡、排水沟、池壁、广场、运动场地、活动场地、停车场地等详图。

4.2.10 设计图纸的增减

（1）当工程设计内容简单时，竖向布置图可与总平面图合并。

（2）当路网复杂时，可增绘道路平面图。

（3）土方图和管线综合图可根据设计需要确定是否出图。

（4）当绿化或景观环境另行委托设计时，可根据需要绘制绿化及建筑小品的示意性和控制性布置图。

4.2.11 计算书（供内部使用）

设计依据、简图、计算公式、计算过程及成果资料均作为技术文件归档。

4.3 建筑

4.3.1 在施工图设计阶段，建筑专业设计文件应包括图纸目录、施工图设计说明、设计图纸、计算书。

4.3.2 图纸目录

先列新绘制图纸，后列选用的标准图或重复利用图。

4.3.3 施工图设计说明

（1）本子项工程施工图设计的依据性文件、批文和相关规范。

（2）项目概况。

内容一般包括建筑名称、建设地点、建设单位、建筑面积、建筑基底面积、建筑工程等级、设计使用年限、建筑层数和建筑高度、防火设计建筑分类和耐火等级、人防工程防护等级、屋面防水等级、地下室防水等级、抗震设防烈度等，以及能反映建筑规模的主要技术经济指标，如住宅的套型和套数(包括每套的建筑面积、使用面积、阳台建筑面积。房间的使用面积可在平面图中标注)、旅馆的客房间数和床位数、医院的门诊人次和住院部的床位数、车库的停车泊位数等。

（3）设计标高。

本子项的相对标高与总图绝对标高的关系。

（4）用料说明和室内外装修。

①墙体、墙身防潮层、地下室防水、屋面、外墙面、勒脚、散水、台阶、坡道、油漆、涂料等的材料和做法，可用文字说明或部分文字说明，部分直接在图上引注或加注索引号。

②室内装修部分除用文字说明以外亦可用表格形式表达，在表上填写相应的做法或代号；较复杂或较高级的民用建筑应另行委托室内装修设计；凡属二次装修的部分可不列装修做法表和进行室内施工图设计，但对原建筑设计、结构和设备设计有较大改动时，应征得设计单位和设计人员的同意(附表4)。

附表4　部位室内装修做法表

名称	楼、地面	踢脚板	墙裙	内墙面	顶棚	备注
门厅						
走廊						
……						

注：表列项目可增减。

（5）对采用新技术、新材料的做法说明及对特殊建筑造型和必要的建筑构造的说明。

（6）门窗表(附表5)及门窗性能(防火、隔声、防护、抗风压、保温、空气渗透、雨水渗透等)、用料、颜色、玻璃、五金件等的设计要求。

附表5　门窗表

类别	设计编号	洞口尺寸/mm		樘数	采用标准图集及编号		备注
		宽	高		图集代号	编号	
门							
窗							

注：采用标准图集的门窗应绘制门窗立面图及开启方式。

（7）幕墙工程(包括玻璃、金属、石材等)及特殊的屋面工程(包括金属、玻璃、膜结构等)的性能及制作要求、平面图、预埋件安装图等以及防火、安全、隔声构造。

（8）电梯(自动扶梯)选择及性能说明(功能、载重量、速度、停站数、提升高度等)。

（9）墙体及楼板预留孔洞需封堵时的封堵方式说明。

（10）其他需要说明的问题。

4.3.4　设计图纸

（1）平面图。

①承重墙、柱及其定位轴线和轴线编号，内外门窗位置、编号及定位尺寸，门的开启方向，注明房间名称和编号；

②轴线总尺寸(或外包总尺寸)、轴线间尺寸(柱距、跨度)、门窗洞口尺寸、分段尺寸；

③墙身厚度(包括承重墙和非承重墙)，柱与壁柱宽、深尺寸(必要时)及其与轴线关系尺寸；

④变形缝位置、尺寸及做法索引；

⑤主要建筑设备和固定家具的位置及相关做法索引，如卫生器具、雨水管、水池、台、橱、柜、隔断等；

⑥电梯、自动扶梯及步道(注明规格)、楼梯(爬梯)位置和楼梯上下方向示意和编号索引；

⑦主要结构和建筑构造部件的位置、尺寸和做法索引，如中庭、天窗、地沟、地坑、重要设备或设备机座的位置尺寸、各种平台、夹层、人孔、阳台、雨篷、台阶、坡道、散水、明沟等；

⑧楼地面预留孔洞和通气管道、管线竖井、烟囱、垃圾道等位置、尺寸和做法索引，以及墙体(主要为填充墙、承重砌体墙)预留洞的位置、尺寸与标高或高度等；

⑨车库的停车位和通行路线；

⑩特殊工艺要求的土建配合尺寸；

⑪室外地面标高、底层地面标高、各楼层标高、地下室各层标高；

⑫剖切线位置及编号(一般只注在底层平面或需要剖切的平面位置)；

⑬有关平面节点详图或详图索引号；

⑭指北针(画在底层平面)；

⑮每层建筑平面中防火分区面积和防火分区分隔位置示意(宜单独成图，如为一个防火分区，可不注防火分区面积)；

⑯屋面平面应有女儿墙、檐口、天沟、坡度、坡向、雨水口、屋脊(分水线)、变形缝、楼梯间、水箱间、电梯间、天窗及挡风板、屋面上人孔、检修梯、室外消防楼梯及其他构筑物，必要的详图索引号、标高等；表述内容单一的屋面可缩小比例绘制；

⑰根据工程性质及复杂程度，必要时可选择绘制局部放大平面图；

⑱可自由分割的大开间建筑平面宜绘制平面分隔示例系列，其分割方案应符合有关标准及规定(分隔示例平面可缩小比例绘制)；

⑲建筑平面较长、较大时，可分区绘制，但须在各分区平面图适当位置上绘出分区组合示意图，并明显表示本分区部位编号；

⑳图纸名称、比例；

㉑图纸的省略：如为对称平面，对称部分的内部尺寸可省略，对称轴部用对称符号表示，但轴线号不得省略；楼层平面除轴线间等主要尺寸及轴线编号外，与底层相同的尺寸可省略；楼层标准层可共用同一平面，但需注明层次范围及各层的标高。

（2）立面图。

①两端轴线编号，立面转折较复杂时可用展开立面表示，但应准确注明转角处的轴线编号；

②立面外轮廓及主要结构和建筑构造部件的位置，如女儿墙顶、檐口、柱、变形缝、室外楼梯和垂直爬梯、室外空调机搁板、阳台、栏杆、台阶、坡道、花台、雨篷、烟囱、勒脚、门窗、幕墙、洞口、门头、雨水管，以及其他装饰构件、线脚和粉刷分格线等，以及关键控制标高的标注，如屋面或女儿墙标高等；外墙的留洞应注尺寸与标高或高度尺寸；

③平、剖面未能表示出来的屋顶、檐口、女儿墙、窗台以及其他装饰构件、线脚等的标高或高度；

④在平面图上表达不清的窗编号；

⑤各部分装饰用料名称或代号，构造节点详图索引；

⑥图纸名称、比例；

⑦各个方向的立面应绘齐全，但差异小、左右对称的立面或部分不难推定的立面可简略，内部院落或看不到的局部立面，可在相关剖面图上表示；若剖面图未能表示完全时，则需单独绘出。

（3）剖面图。

①剖视位置应选在层高不同、层数不同、内外部空间比较复杂，具有代表性的部位；建筑空间局部不同处以及平面、立面均表达不清的部位，可绘制局部剖面；

②墙、柱、轴线和轴线编号；

③剖切到或可见的主要结构和建筑构造部件，如室外地面、底层地（楼）面、地坑、地沟、各层楼板、夹层、平台、吊顶、屋架、屋顶、出屋顶烟囱、天窗、挡风板、檐口、女儿墙、爬梯、门、窗、楼梯、台阶、坡道、散水、平台、阳台、雨篷、洞口及其他装修等可见的内容；

④高度尺寸。外部尺寸：门、窗、洞口高度、层间高度、室内外高差、女儿墙高度、总高度；内部尺寸：地坑（沟）深度、隔断、内窗、洞口、平台、吊顶等；

⑤标高：主要结构和建筑构造部件的标高，如地面、楼面（含地下室）、平台、吊顶、屋面板、屋面檐口、女儿墙顶、高出屋面的建筑物、构筑物及其他屋面特殊构件等的标高，室外地面标高；

⑥节点构造详图索引号；

⑦图纸名称、比例。

（4）详图。

①内外墙节点、楼梯、电梯、厨房、卫生间等局部平面较大的构造详图；

②室内外装饰方面的构造、线脚、图案等；

③特殊的或非标准门、窗、幕墙等应有构造详图。如属另行委托设计加工者，要绘制立面分格图，对开启面积大小和开启方式，与主体结构的连接方式、预埋件、用料材质、颜色等作出规定；

④其他凡在平、立、剖面或文字说明中无法交代或交代不清的建筑构配件和建筑构造。

（5）对紧邻的原有建筑，应绘出其局部的平、立、剖面，并索引新建筑与原有建筑结合处的详图号。

4.3.5　计算书（供内部使用）

根据工程性质特点进行热工、视线、防护、防水、安全疏散等方面的计算。计算书作为技术文件归档。

参 考 文 献

[1] 康海飞.室内设计资料图集[M].北京：中国建筑工业出版社，2009.

[2] 冯美宇.建筑装饰装修构造[M].北京：机械工业出版社，2004.

[3] 崔丽萍、杨青山.建筑识图与构造[M].北京：中国电力出版社，2010.

[4] 中华人民共和国国家标准.GB 50352—2019 民用建筑设计统一标准[S].北京：中国建筑工业出版社，2019.

[5] 崔丽萍.建筑装饰与装修构造[M].北京：清华大学出版社，2011.

[6] 杨青山、崔丽萍.建筑设计基础[M].北京：中国建筑工业出版社，2011.

[7] 中华人民共和国住房和城乡建设部.GB/T 50001—2017 房屋建筑制图统一标准[S].北京：中国计划出版社，2018.

[8] 中华人民共和国住房和城乡建设部.GB 50016—2014 建筑设计防火规范（2018 年版）[S].北京：中国计划出版社，2014.